Diese Seiten helfen dir beim Lernen:

Durch **Methoden** lernst du verschiedene Arbeitsweisen kennen.

Im **Mathe-Lexikon** kannst du Begriffe nachschlagen.

Methoden-Lexikon

Methode:	Schritte	Beispiel
Meinen Lernerfolg betrachten	1. Ich schätze ein. • Ich lese die Aufgaben auf der Seite genau. Was soll ich tun? • Ich schätze vor dem Bearbeiten ein: Wie gut kann ich die Aufgabe? Ich kann die Aufgabe ... noch nicht. etwas.	3 Runde zum Zehner: 57; 321; 795 Ich kann Aufgabe 3 etwas. Ich male 1 von 3 Smileys aus. 3:

…ikon

…ol	Erklärung	Beispiel(e)
	ist ohne Rest durch 2 teilbar	2, 4, 6, 8, 10, 12, ...
…l	ist nicht ohne Rest durch 2 teilbar	1, 3, 5, 7, 9, 11, 13, ...
…ga|be	Plusaufgabe	35 + 12
+	zusammenzählen	12 und 35 addieren
	1. Zahl der Plusaufgabe	Der 1. Summand ist 35.
der 2. Sum|mand	2. Zahl der Plusaufgabe	Der 2. Summand ist 12.
die Sum|me	Ergebnis der Plusaufgabe	Die Summe ist 47.
die Sub|trak|ti|ons|auf|ga|be	Minusaufgabe	47 – 12
sub|tra|hie|ren von –	abziehen	12 von 47 subtrahieren

Diese Seiten helfen dir, deinen Lernerfolg zu betrachten:

Das kann ich! Teste dich am Ende von einzelnen Kapiteln.

Bist du fit? Trainiere mit Aufgaben zu verschiedenen Kapiteln.

Das kann ich!

Schätze zuerst deinen Lernerfolg ein.

- Ich lese die Aufgaben auf der Seite genau. Was soll ich tun?
- Ich schätze vor dem Bearbeiten ein: Wie gut kann ich die Aufgabe?

Ich kann die Aufgabe ...
noch nicht.
etwas.
gut.
sicher.

1 Berechne die Umfänge.

a) 9 cm, 8 cm b) 2 m, 1 m, 3 m c) 45 mm, 30 mm

…u fit?

…ben auf der Doppelseite an.
…Kapiteln sind die Aufgaben?
…Seiten findest du die Kapitel?

Hier sind Aufgaben aus verschiedenen Kapiteln.

…Kopf.

a) 5 300 + 2 600 b) 4 600 – 3 500 c) 6 300 + ▢ = 7 000

2 Berechne halbschriftlich.

In der **Cornelsen Lernen App** findest du viele Angebote für dieses Buch.
Eine Anleitung findest du auf **Seite 7**.

6

Klick!

Mathematik

Herausgegeben von
Daniel Jacob, Petra Kühne,
Markus Ledebur

Erarbeitet von
Theresa Ameling, Dr. Thomas Breucker,
Daniel Jacob, Elisabeth Jenert,
Petra Kühne, Markus Ledebur,
Christina Wolf

In der **Cornelsen Lernen App** findest du passend zu deinem Mathematikbuch

- Videos
- digitale Hilfen
- interaktive Elemente

Cornelsen

Klick!

Mathematik

Klassenstufe 6

Teile dieses Unterrichtswerkes basieren auf Inhalten bereits erschienener Lehrwerke. Diese wurden herausgegeben von Prof. Dr. Franz B. Wember sowie erarbeitet von: Dr. Thomas Breucker, Christel Gerling, Petra Kühne, Maike Schindler, Ines Zemkalis

erarbeitet von: Theresa Ameling, Dr. Thomas Breucker, Daniel Jacob, Elisabeth Jenert, Petra Kühne, Markus Ledebur, Christina Wolf
herausgegeben von: Daniel Jacob, Petra Kühne, Markus Ledebur
unter Beratung von: Meike Busch, Daniela Buss, Birgit Leuermann, Daniela Linde

Redaktion: Inga Knoff, Cornelia Seidel

Layoutkonzept: Klein & Halm, Berlin
Umschlaggestaltung: Anja Rosendahl, Berlin
Layout und technische Umsetzung: Reemers Publishing Services GmbH, Krefeld
Illustrationen: Timo Grubing, Bochum, Matthias Pflügner, Berlin, Nils Fliegner, Hamburg (Umschlag)
Grafik: Martin Frech, Tübingen

Begleitmaterial:

Arbeitsheft	978-3-06-002154-3
Handreichungen	978-3-06-002155-0
Schulbuch als E-Book mit Medien	1100031961
Unterrichtsmanager Plus mit E-Book und Begleitmaterialien	1100031963
Lösungen zum Schulbuch als Download	1100032994

Druck: Mohn Media Mohndruck, Gütersloh

PEFC-zertifiziert
Dieses Produkt stammt aus nachhaltig bewirtschafteten Wäldern und kontrollierten Quellen
www.pefc.de
PEFC
PEFC/04-31-1033

www.cornelsen.de

Jetzt mit barrierefreiem Farbkonzept
Mehr Informationen auf *cornelsen.de/bf*

1. Auflage, 1. Druck 2025

Alle Drucke dieser Auflage sind inhaltlich unverändert und können im Unterricht nebeneinander verwendet werden.

ISBN 978-3-06-002153-6

Inhaltsverzeichnis

Start ins Schuljahr

Start ins Schuljahr . . . 8
Mein Mathematikbuch erforschen . . . 9
Addition und Subtraktion bis 1 000 . . . 10
Multiplikation und Division bis 1 000 . . . 11
Methode: Ein Regelheft führen . . . 12
Rechnen bis 1 000 . . . 13
Vorrangregeln . . . 14
Aufgaben-Profi: Sachaufgaben lesen . . . 16

Winkel

Winkel . . . 18
Winkel messen . . . 20
Winkel zeichnen . . . 21

Zahlenraum bis 10 000

Start ins Thema . . . 22
Zahlen darstellen mit dem Dienes-Material . . . 24
Übungen mit den Stellenwerten . . . 26
Der Zahlenstrahl . . . 28
Nachbarn auf dem Zahlenstrahl . . . 30
Runden . . . 31
Üben und Vertiefen . . . 32
Zahlenraum bis 100 000 . . . 33
Das kann ich! . . . 35

Daten und Zufall

Daten und Zufall . . . 36
Diagramme . . . 38
Methode: Diagramme mit dem Computer zeichnen . . . 40
Zufall . . . 41

Addition und Subtraktion

Start ins Thema . . . 42
Addition und Subtraktion über den Tausender . . . 44
Methode: Überschlagen . . . 45
Schriftliche Addition ohne Übertrag und mit Übertrag . . . 47
Schriftliche Addition mit Überträgen . . . 48
Schriftliche Subtraktion ohne Übertrag und mit Übertrag . . . 49
Schriftliche Subtraktion mit Überträgen . . . 50
Schriftliche Subtraktion mit Übertrag bei der Null . . . 51
Aufgaben-Profi: Umgang mit Sachaufgaben . . . 52
Alexeys Videokanal . . . 53
Vermischte Übungen . . . 54
Radfahren in den Bergen . . . 56
Das kann ich! . . . 57

Inhaltsverzeichnis

Gewichte

Start ins Thema 58
Kilogramm und Gramm 60
Kilogramm und Tonne 62
Addition und Subtraktion von Gewichten 64
Schwere Fahrzeuge 65
Milligramm in der Biologie 66
Das kann ich! 67

Längen

Start ins Thema 68
Zentimeter und Millimeter 70
Meter und Zentimeter 71
Meter, Dezimeter und Zentimeter 73
Kilometer und Meter 74
Addition und Subtraktion von Längen 76
Das kann ich! 77

Umfang

Start ins Thema 78
Variablen verwenden 80
Formeln verwenden: Umfänge von Dreiecken 81
Formeln verwenden: Umfänge von Rechtecken 82
Formeln verwenden: Umfänge von Quadraten 83
Formeln verwenden: Seitenlängen von Quadraten 84
Formeln selbst aufstellen 85
Aufgaben-Profi: Eine Skizze kann mir helfen 86
Vermischte Übungen 87
Das kann ich! 89

Kreis

Start ins Thema 90
Radius und Durchmesser 92
Kreise zeichnen 93
Kreisumfang 94
Mit Kreisen gestalten 96
Das kann ich! 97

Bist du fit? 98

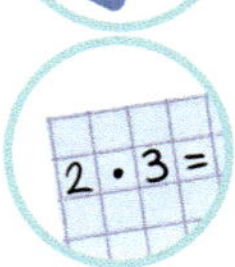

Multiplikation

Start ins Thema 100
Halbschriftliche Multiplikation 102
Schriftliche Multiplikation mit einstelligen Zahlen 104
Es muss nicht immer schriftlich sein 106
Schriftliche Multiplikation mit zweistelligen Zahlen 107

Methode: Überschlagen 109
Aufgaben-Profi: Ergebnisse überprüfen 111
Das kann ich! 113

Flächeninhalt

Start ins Thema 114
Kästchen zählen bei verschiedenen Figuren 116
Anzahl von Kästchen berechnen bei Quadraten und Rechtecken 117
Quadratzentimeter und Quadratmeter 118
Flächeninhalt berechnen von Rechteck und Quadrat 119
Formeln verwenden: Flächeninhalte von Rechtecken 120
Formeln verwenden: Flächeninhalte von Quadraten 121
Zusammengesetzte Figuren 122
Flächeninhalt oder Umfang? 124
Das kann ich! 125

Achsenspiegelung

Achsenspiegelung 126
Figuren spiegeln 128

Division

Start ins Thema 130
Division mit Rest 132
Teilbarkeit 133
Division mit System 134
Halbschriftliche Division 135
Schriftliche Division: Einführung 136
Schriftliche Division 138
Schriftliche Division mit Rest 139
Die Null in der schriftlichen Division 140
Schriftliche Division mit Zehnerzahlen 142
Das kann ich! 143

Zeit

Start ins Thema 144
Wie spät ist es genau? 146
Stunden und Minuten 147
Minuten und Sekunden 148
Zeitpunkte 149
Zeitdauern 150
Zeitpunkte und Zeitdauern 151
Fahrpläne lesen 152
Das kann ich! 153

Inhaltsverzeichnis

Brüche
Start ins Thema 154
Die Teile haben Namen 156
Anteile vom Ganzen 157
Die Anteile kann man als Bruch schreiben 159
Bruchteile von Größen 161
Bruchteile von Anzahlen 162
Das kann ich! 163

Maßstab
Maßstab 164

Körper
Start ins Thema 166
Grundfläche, Deckfläche und Seitenflächen 168
Quadernetze und Würfelnetze 169
Würfelgebäude 171
Ansichten von Würfelgebäuden 172
Das kann ich! 173

Rauminhalte
Rauminhalte 174
Liter und Milliliter 176

Rechnen mit System
Start ins Thema 178
Rechnen mit System 180
Sachaufgaben rechnen mit System 181
Rechengesetze 182
Sachaufgaben mit Rechengesetzen 184
Das kann ich! 185

Temperaturen
Temperaturen 186

Bist du fit? 188

Schriftliche Subtraktion im Abziehverfahren
Schriftliche Subtraktion mit Überträgen 190
Schriftliche Subtraktion mit Übertrag bei der Null 191

Strategien: Aufgaben-Profi, Lese-Profi 192

Methoden-Lexikon 194

Mathe-Lexikon 197

Lösungen: Das kann ich! 201

Bildquellenverzeichnis 216

In der Cornelsen Lernen App findest du viele Angebote für dieses Buch. Achte in deinem Buch auf diese Zeichen:

▶ Video	Schaue den Erklärfilm in der App an.
▶ Hilfe	Hole dir Hilfe für die Aufgabe in der App.
▶ Quiz	Mache das Quiz in der App.
▶ Üben	Gehe zum weiteren Üben in die App.
Teste dich!	Bearbeite das Teste dich! in der App. Überprüfe, was du in dem Kapitel gelernt hast.

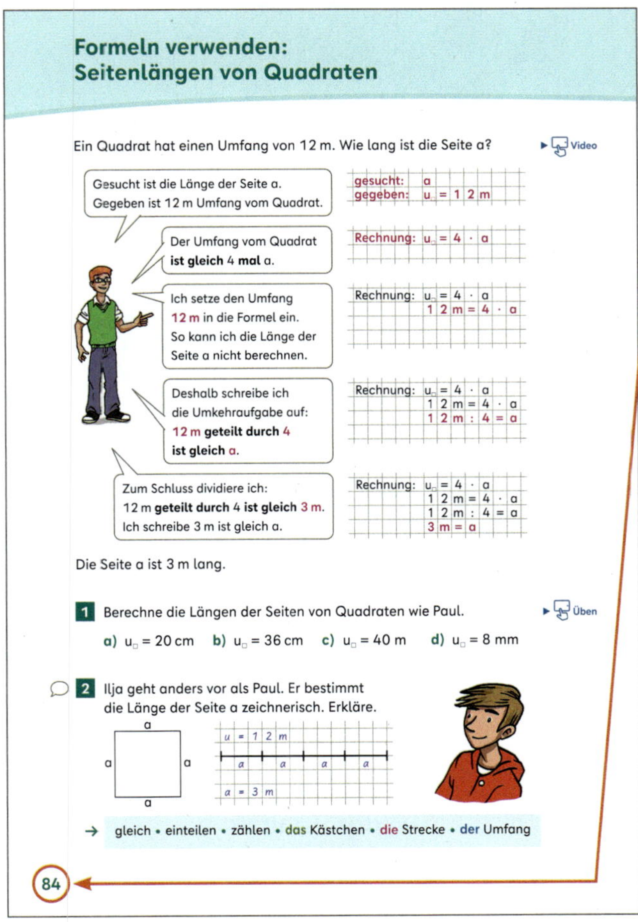

Formeln verwenden: Seitenlängen von Quadraten

Ein Quadrat hat einen Umfang von 12 m. Wie lang ist die Seite a? ▶ Video

Gesucht ist die Länge der Seite a. Gegeben ist 12 m Umfang vom Quadrat.

gesucht: a
gegeben: $u_□ = 12$ m

Der Umfang vom Quadrat **ist gleich** 4 **mal** a.

Rechnung: $u_□ = 4 \cdot a$

Ich setze den Umfang 12 m in die Formel ein. So kann ich die Länge der Seite a nicht berechnen.

Rechnung: $u_□ = 4 \cdot a$
12 m = $4 \cdot a$

Deshalb schreibe ich die Umkehraufgabe auf: 12 m **geteilt durch** 4 **ist gleich** a.

Rechnung: $u_□ = 4 \cdot a$
12 m = $4 \cdot a$
12 m : 4 = a

Zum Schluss dividiere ich: 12 m **geteilt durch** 4 **ist gleich** 3 m. Ich schreibe 3 m ist gleich a.

Rechnung: $u_□ = 4 \cdot a$
12 m = $4 \cdot a$
12 m : 4 = a
3 m = a

Die Seite a ist 3 m lang.

1 Berechne die Längen der Seiten von Quadraten wie Paul. ▶ Üben

a) $u_□ = 20$ cm **b)** $u_□ = 36$ cm **c)** $u_□ = 40$ m **d)** $u_□ = 8$ mm

2 Ilja geht anders vor als Paul. Er bestimmt die Länge der Seite a zeichnerisch. Erkläre.

u = 12 m
a a a a
a = 3 m

→ gleich • einteilen • zählen • das Kästchen • die Strecke • der Umfang

84

1. Gib die Seitenzahl aus deinem Buch ein.

2. Du siehst Angebote, die es zu dieser Seite gibt.

3. Wähle das Angebot, das du brauchst.

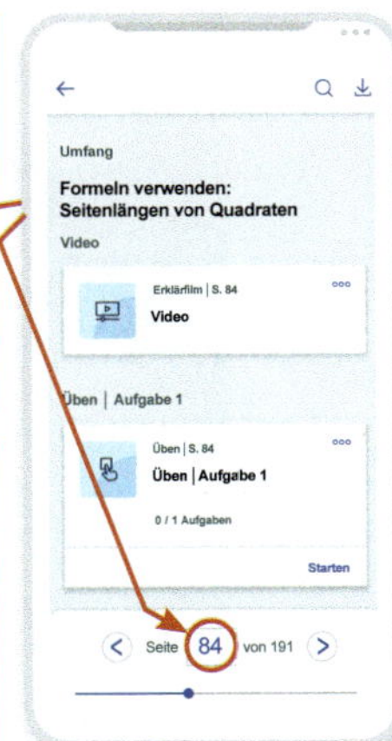

Start ins Schuljahr

I Was erkennst du wieder?

II Wo findest du Darstellungen von Zahlen?

III Welche Aufgaben und Hilfen findest du zur Division?

→
- das Dienes-Material
- die Fachsprache
- die Stellenwerttafel
- das Tausenderfeld
- das Zahlbild
- der Zahlenstrahl

Mein Mathematikbuch erforschen

1 Sieh im Inhaltsverzeichnis nach.
Erstelle eine Strichliste
und zähle dann.

a) Kapitel: ~~||||~~ ~~||||~~ ~~||||~~ ~~||||~~

Das Buch hat ▢▢ Kapitel.

a) Wie viele Kapitel hat das Buch?

b) Wie viele Seiten **Bist du fit?** gibt es?

c) Wie viele Seiten hat das Kapitel **Addition und Subtraktion**?

2 Sieh am Anfang des Buches nach.

a) Was bedeuten die Zeichen und ?

b) Auf welcher Seite findest du die Anleitung für die **Cornelsen Lernen App**?

▶ Quiz

3 Sieh im Inhaltsverzeichnis nach.

a) Welche Kapitel haben nur 2 Seiten?

b) Auf welchen Kapitel-Seiten findest du den **Aufgaben-Profi**?
Welche Schritte werden dort geübt?

☆ **c)** Auf welcher Seite wird das Regelheft eingeführt?

4 Seht am Ende des Buches nach.

a) Zu welchen 2 Seitentypen gibt es **Lösungen**?

b) Wählt jeweils einen Begriff aus dem **Mathe-Lexikon**.
Erklärt ihn euch gegenseitig.

c) Welche Methoden werden im **Methoden-Lexikon** erklärt?

5 Findet selbst Aufgaben mit denen ihr das Buch erforschen könnt.
Stellt sie euch gegenseitig.

6 Welche Kapitel interessieren dich besonders?

Addition und Subtraktion bis 1 000

1 Wie heißt die Aufgabe? Schreibe sie ins Heft. Löse. ▶ Üben

a) 

b) 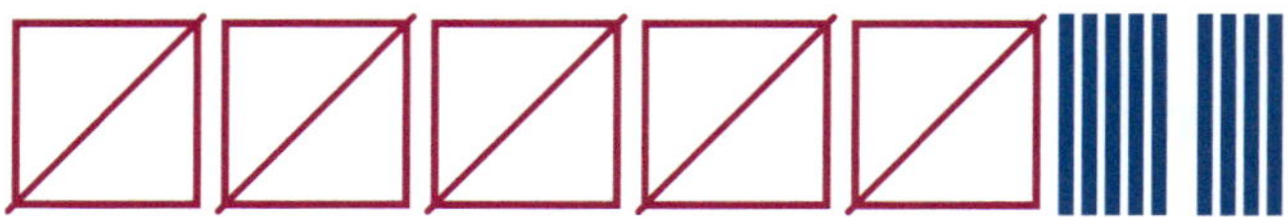

c) 

d) 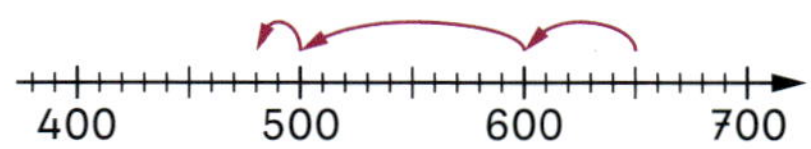

2 Löse die Aufgabe und die **Tauschaufgabe** im Heft. ▶ Mathe-Lexikon S. 197

a) 300 + 500
500 + 300

b) 620 + 200
▢ + ▢

c) 250 + 410
▢ + ▢

d) 190 + 280
☆ ▢ + ▢

3 Löse die Aufgabe und die **Umkehraufgabe** im Heft. ▶ Mathe-Lexikon S. 198

a) 400 + 300
700 – 300

b) 780 + 200
▢ – 200

c) 340 + 520
▢ – 520

d) 470 + 250
☆ ▢ – ▢

4 Beschreibe den Rechenweg. Addiere halbschriftlich. ▶ Video

Ich zerlege 260 in ▢.
Ich addiere zuerst ▢.
Zu dem Ergebnis
addiere ich nun ▢.

a)

4	8	0	+	2	6	0	=	▢	▢	▢
▢	▢	▢	+	▢	▢	▢	=	▢	▢	▢
▢	▢	▢	+		▢	▢	=	▢	▢	▢

b) 350 + 230 c) 580 + 420

d) 640 + 170 e) 430 + 390

5 Beschreibe den Rechenweg. Subtrahiere halbschriftlich. ▶ Video

Ich zerlege 450 in ▢.
Ich subtrahiere zuerst ▢.
Von dem Ergebnis
subtrahiere ich nun ▢.

a)

7	2	0	–	4	5	0	=	▢	▢	▢
▢	▢	▢	–	▢	▢	▢	=	▢	▢	▢
▢	▢	▢	–		▢	▢	=	▢	▢	▢

b) 530 – 240 c) 370 – 180

d) 810 – 660 e) 950 – 490

1 Wie heißen die Aufgaben? Schreibe sie ins Heft und löse.

▶ Üben

a) 

a)	6	·	4	=	■	■	
	4	·	6	=	■	■	
	2	4	:	6	=	■	
	2	4	:	4	=	■	

b) 

c) 

d) 

e) 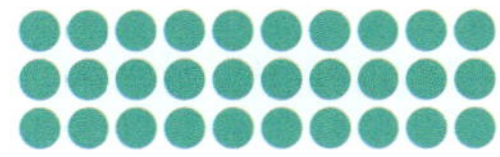

2 Löse die Aufgabe und die **Tauschaufgabe** im Heft.

▶ Mathe-Lexikon S. 197

a) 2 · 4
4 · 2

b) 3 · 5
■ · ■

c) 60 · 3
■ · ■

d) 80 · 6
■ · ■

3 Löse die Aufgabe und die **Umkehraufgabe** im Heft.

▶ Mathe-Lexikon S. 198

a) 7 · 5
35 : 5

b) 8 · 4
■ : 4

c) 50 · 3
■ : 3

d) 90 · 6
■ : ■

4 Lies den Rechenweg. Multipliziere halbschriftlich.

▶ Video

Ich zerlege 24
in Zehner und Einer.
Ich multipliziere.
Ich addiere die Ergebnisse.

a)

2	4	·	6	=	■	■	■
■	■	·	6	=	■	■	■
	■	·	6	=		■	■

b) 28 · 4
c) 37 · 5
d) 29 · 3
e) 42 · 8

5 Lies den Rechenweg. Dividiere halbschriftlich.

▶ Video

Ich zerlege 75
in Zahlen, die ich einfach
durch 5 teilen kann.
Ich dividiere.
Ich addiere die Ergebnisse.

a)

7	5	:	5	=	■	■
■	■	:	5	=	■	■
	■	:	5	=		■

b) 85 : 5
c) 64 : 4
d) 72 : 4
e) 42 : 3

Methode: Ein Regelheft führen

1 Mascha schreibt in ihr Regelheft.

Grundrechenarten

Addition
Ich addiere:
1. Summand plus 2. Summand ist gleich Summe.
35 + 12 = 47

a) Beschreibe Maschas Hefteintrag.

b) Welches Rechenzeichen gehört zur Addition?

c) Erkläre mit dem Hefteintrag den Begriff Summe.

d) Übertrage Maschas Eintrag ins Regelheft.

2 Wobei hilft dir ein Regelheft?

→ nachlesen • vorbereiten • weiterführen • wiederholen
die Klassenarbeit • die Prüfung • das Schuljahr • der Test

3 Schreibe auch die Begriffe der Subtraktion, der Multiplikation und der Division ins Regelheft.

Subtraktion
Ich subtrahiere:

Tipp
Ich schlage unbekannte Begriffe im Mathe-Lexikon nach.

Ich sammle in meinem **Regelheft**
wichtige Begriffe, Merksätze und Regeln der Mathematik.
Ich schreibe immer:

- eine Überschrift;
- einen Merksatz, einen Begriff oder eine Regel und
- ein Beispiel.

Ich fertige eine Zeichnung an, wenn es sinnvoll ist.

4 Sieh dir die Seiten 10 und 11 im Buch an.
Welche Begriffe kannst du noch im Regelheft ergänzen?

1 Was gehört zusammen? Ordne im Heft zu.

▶ Üben

Ich multipliziere 25 mit 7.	91 – 7
Der Dividend ist 91. Der Divisor ist 7.	25 · 7
Der 1. Summand ist 25. Der 2. Summand ist 7.	25 + 7
Ich subtrahiere 7 von 91.	91 : 7

2 **Zahlenmauern**. Berechne halbschriftlich im Heft.

▶ Mathe-Lexikon S. 198

a)
■
■ | ■
250 | 160 | 270

b)
980
400 | ■
190 | ■ | ■

c)
970
■ | 420
■ | ■ | 350

☑ 70 210 370 410 430 480 550 580 650 840

3 Rechentabellen. Übertrage ins Heft und ergänze.

▶ Hilfe

a)

·	4	6	8
2	■	■	■
20	■	■	■

b)

·	3	■	7
50	■	250	■
70	■	■	■

c)

·	2	6	9
30	■	■	■
■	■	480	■

4 **Aufgabenfamilien**. Schreibe die Aufgaben ins Heft. Berechne.

▶ Mathe-Lexikon S. 198

a) 270 | 540 | 810

270 + 540 = ■	810 – 540 = ■
540 + 270 = ■	810 – 270 = ■

b) 390 | 180 | 570

c) 430 | 290 | ■

d) 650 | 170 | ■

e) 60 | 3 | 180

60 · 3 = ■	180 : 3 = ■
3 · 60 = ■	180 : 60 = ■

f) 70 | 6 | 420

g) 40 | 8 | ■

h) 80 | 9 | ■

Vorrangregeln

1 Anna und Ilja haben unterschiedliche Ergebnisse erhalten. ▶ Video

$25 + 5 \cdot 3$
$= 30 \cdot 3 = 90$

…

$25 + 5 \cdot 3$
$= 25 + 15 = 40$

…

a) Ordne die Sprechblasen den Rechnungen zu. Begründe.

Ich habe die Vorrangregel **Punktrechnung vor Strichrechnung** beachtet.

Ich habe von links nach rechts gerechnet, also zuerst addiert.

b) Was bedeuten die Begriffe Punktrechnung und Strichrechnung?

Grundrechenarten
Punktrechnung: ▢
Strichrechnung: ▢

c) Wer hat richtig gerechnet? Begründe.

2 Berechne im Heft. Beachte: Punktrechnung vor Strichrechnung. ▶ Üben

a)
$40 + 7 \cdot 4$
$= 40 + 28 =$ ▢▢

$10 \cdot 8 - 2$
$=$ ▢▢ $- 2 =$ ▢▢

b) $50 - 3 \cdot 4$
$80 + 2 \cdot 9$

c) $60 : 6 + 4$
$25 - 5 \cdot 2$

d) $9 \cdot 8 + 8 \cdot 2$
☆ $70 - 30 : 5 + 2$

e) Formuliert ähnliche Aufgaben. Stellt sie euch gegenseitig.

3 Warum wird hier zuerst addiert? Beschreibe den Rechenweg.

$5 \cdot (3 + 7)$
$= 5 \cdot 10 =$ ▢▢

Was bedeutet die Klammer?

Hier gilt die Vorrangregel: **Klammern zuerst.**

→ zuerst • dann • zum Schluss • addieren • multiplizieren

4 Berechne. Beachte: Klammern zuerst.

▶ Video

a)
(4 + 8) : 2
= 12 : 2 = ■

9 · (7 − 5)
= 9 · ■ = ■■

b) 20 : (7 + 3)
(12 − 5) · 6

c) (9 + 9) : 3
40 : (5 + 3)

d) (4 + 1) · (9 − 4)
☆ (4 + 1) · 9 − 4

e) Formuliert ähnliche Aufgaben. Stellt sie euch gegenseitig.

5 Übertrage die Vorrangregeln ins Regelheft.

Ich kann auch beide Vorrangregeln
in einer Aufgabe anwenden.
Dabei muss ich eine Reihenfolge beachten.

Vorrangregeln

1. **Klammern** zuerst,
2. **Punktrechnung** vor **Strichrechnung**

40 − 2 · (7 + 3)
= 40 − 2 · 10
= 40 − 20 = 20

6 Berechne. Beachte die Vorrangregeln in der richtigen Reihenfolge.

a) 5 + 6 + (7 − 4) **b)** 8 · 3 + 9 · 7 **c)** 12 : 2 + 6 · 8

d) 6 + 11 · 4 − 40 **e)** (9 + 7) : 4 − 2 **f)** 6 − 2 · 2 + 8

g) 9 : 3 + 5 − 7 **h)** (25 − 15) : 5 + 8 **i)** 6 · 6 : 4 + 21

☑ 1 2 10 10 10 14 20 30 54 87

7 Welche Ergebnisse wurden falsch berechnet?
Beschreibe die Fehler.

A
(6 + 3) · (2 + 7)
= 9 · (2 + 7)
= 18 + 7 = 25

B
15 : (3 + 2) · 4
= 15 : 5 · 4
= 3 · 4 = 12

C
(9 + 1) · 5 − 2
= 10 · 5 − 2
= 50 − 2 = 48

D
7 + 3 · (8 − 6)
= 7 + 3 · 2
= 10 · 2 = 20

Aufgaben-Profi: Sachaufgaben lesen

1 Dennis hat von seinem Taschengeld 42 € gespart.
Murat hat schon das Doppelte zusammen.
Wie viel Geld hat Murat gespart?

a) Lies die Sachaufgabe. Erzähle sie mit eigenen Worten nach.

b) Warum ist es sinnvoll, eine Sachaufgabe mit eigenen Worten nachzuerzählen?

2 Was gehört zusammen? Ordne im Heft zu.

▶ Üben

Tim liest die Sachaufgaben …

Ⓐ Anna kauft eine Zeitschrift für 4 € und eine für 5 €. Wie viel bezahlt sie insgesamt?

Ⓑ Anna kauft eine Zeitschrift für 4 €. Sie bezahlt 5 €. Wie viel bekommt sie zurück?

Ⓒ Anna kauft 4 Wochen lang eine Zeitschrift für je 5 €. Wie viel bezahlt sie insgesamt?

… und erzählt sie mit eigenen Worten nach.

① Anna kauft 4-mal eine Zeitschrift für je 5 €. Wie viel kosten alle zusammen?

② Anna kauft zwei Zeitschriften: eine für 5 € und eine für 4 €. Wie viel kosten beide zusammen?

③ Anna hat 5 €. Sie kauft sich eine Zeitschrift für 4 €. Wie viel Geld bleibt übrig?

3 Lest die Sachaufgaben.

a) Erzählt sie euch gegenseitig mit eigenen Worten nach.

b) Was müsst ihr rechnen? Welche Informationen sind wichtig?

Ⓐ Die Oma hat in diesem Monat 50 € übrig und möchte diese auf ihre 5 Enkelkinder aufteilen. Wie viel Geld bekommt jedes Enkelkind?

Ⓑ Heute fährt Lisa mit dem Fahrrad 26 km. Gestern ist sie schon 33 km gefahren. Wie viele Kilometer ist sie insgesamt gefahren?

4 Auf einem Schiff sind 120 Passagiere. Am nächsten Hafen steigen noch 45 Passagiere zu. Wie alt ist der Kapitän?

a) Warum kannst du die Frage nicht beantworten?

b) Wie könnte die passende Frage lauten? Begründe.

Wie lang ist das Schiff?	Wie viele Matrosen sind auf dem Schiff?	Wie viele Passagiere sind auf dem Schiff?

! Manchmal passt die Frage nicht zu den Informationen der Sachaufgabe. Diese Aufgaben sind nicht lösbar ( ). Sie heißen **Kapitänsaufgaben**.

Beim Erkennen von Kapitänsaufgaben hilft mir das Nacherzählen mit eigenen Worten.

5 Welche Sachaufgabe ist eine Kapitänsaufgabe? Begründe. ▶ Üben

(A) Ilja bekommt 12 Monate lang jeden Monat 20 € Taschengeld. Wie viel Taschengeld bekommt er im ganzen Jahr?

(B) Zwei Klassen gehen ins Kino. In einer Klasse sind 25 Kinder, in der anderen 17 Kinder. Wie lange dauert der Film?

6 Welche Frage passt? Begründe. ▶ Üben
Hamid ist 12 Jahre alt. Seine Oma ist 5-mal so alt wie er.

Wie alt ist Hamids Mutter?	Wie alt ist Hamids Oma?	Wie groß ist Hamid?

7 Formuliert Fragen. Entscheidet, ob es Kapitänsaufgaben sind.

a) Die 16 Kinder der Klasse 6 machen eine Klassenfahrt. In jedem Zimmer schlafen 4 Kinder.

b) Tim möchte ein Fahrrad für 280 € kaufen. Er hat 190 € gespart.

Winkel

1 Beschreibe die Verkehrsschilder. Bestimme die Winkelarten. Woran erkennst du die verschiedenen Winkelarten? ▶ Hilfe

→ dreieckig • enger • quadratisch • sechseckig • senkrecht • weiter
rechter Winkel • **die** Seite • spitzer Winkel • stumpfer Winkel

Vorfahrtsstraße

Gefahrstelle

Halt! Vorfahrt gewähren!

2 Zeichnet verschiedene Winkel ins Heft. Bestimmt gegenseitig die Winkelarten. Kennzeichnet alle rechten Winkel mit ∟.

3 Untersuche Winkel mit deinem Geodreieck. ▶ Video

a) Welcher Winkel ist ein rechter Winkel?

A

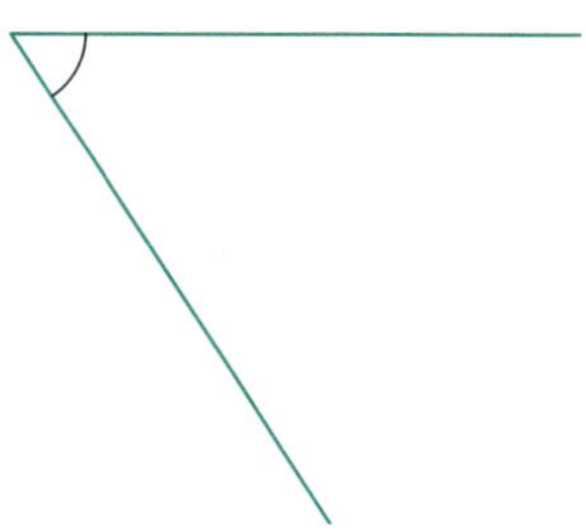

Tipp
Bei einem rechten Winkel liegt die zweite Linie genau auf der **Null-Linie** des Geodreiecks.

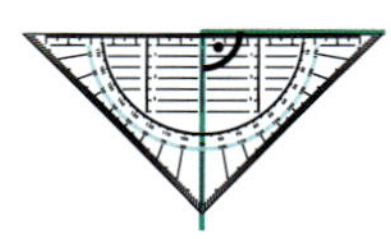

B

C

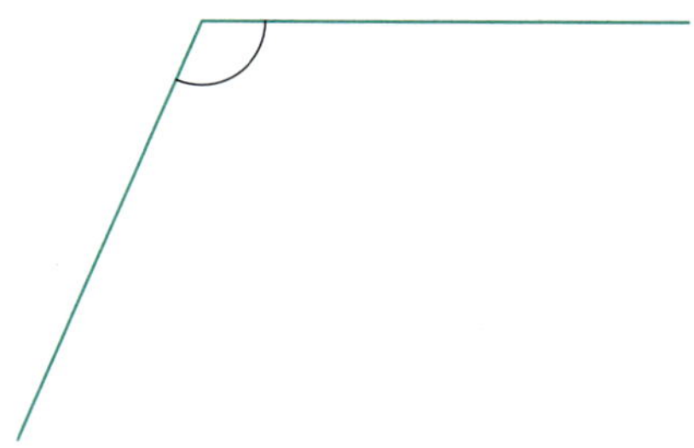

b) Wie überprüfst du **spitze Winkel** und **stumpfe Winkel** mit dem Geodreieck? Ergänze den Satz für jede Winkelart im Heft. ▶ Hilfe

Bei einem ▬ Winkel liegt die zweite Linie ▬ der Null-Linie des Geodreiecks.

→ • hinter
• vor

4 Wie werden Winkel benannt?

a) Lies mit dem **Lese-Profi**.

▶ Lese-Profi S. 193

Dieser Winkel heißt **Alpha α.**

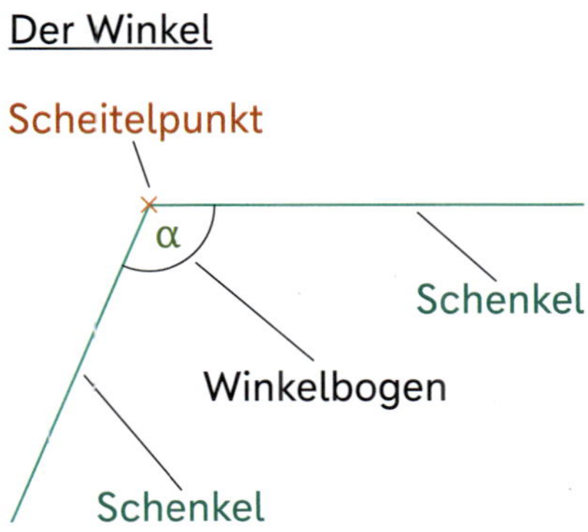

Ein **Winkel** hat zwei **Schenkel** und einen **Scheitelpunkt** ×.
Ich bezeichne Winkel mit griechischen Buchstaben, zum Beispiel α.

b) Zeichne verschiedene Winkel ins Heft.

c) Kennzeichne an den Winkeln den Scheitelpunkt mit einem Kreuz und zeichne die Schenkel farbig nach.

5 Vergleiche mit deinem Geodreieck.

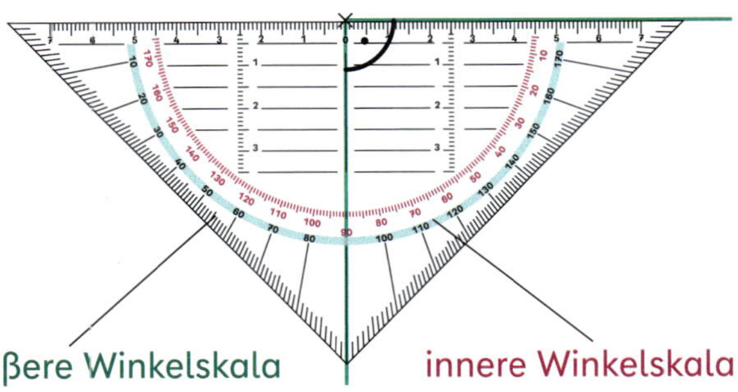

Ich messe die **Größe von Winkeln** in Grad (°).

a) Ergänze die Sätze im Heft.

Ein spitzer Winkel ist ▬ ein rechter Winkel. →
Ein stumpfer Winkel ist ▬ ein rechter Winkel.

- größer als
- kleiner als

b) Übertrage ins Heft. Setze ein: >, < und =.

▶ Mathe-Lexikon S. 200

▶ Hilfe

rechter Winkel:	spitzer Winkel:	stumpfer Winkel:
α ▬ 90°	α ▬ 90°	α ▬ 90°

6 Zeichnet Winkel mit dem Geodreieck. Bestimmt gegenseitig die Winkelarten. Überprüft eure Ergebnisse mit dem Geodreieck.

Winkel messen

Murat misst die Größe eines Winkels.

▶ Video

Ich bestimme zuerst die Winkelart:
Alpha ist ein spitzer Winkel.
Also ist Alpha kleiner als 90°.

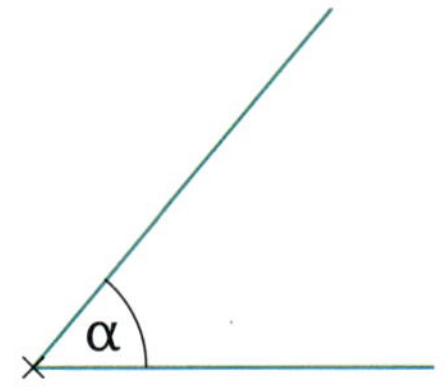

Ich lege die **Grundkante** des Geodreiecks an einen der beiden Schenkel. Dabei liegt **die Null** genau am Scheitelpunkt.

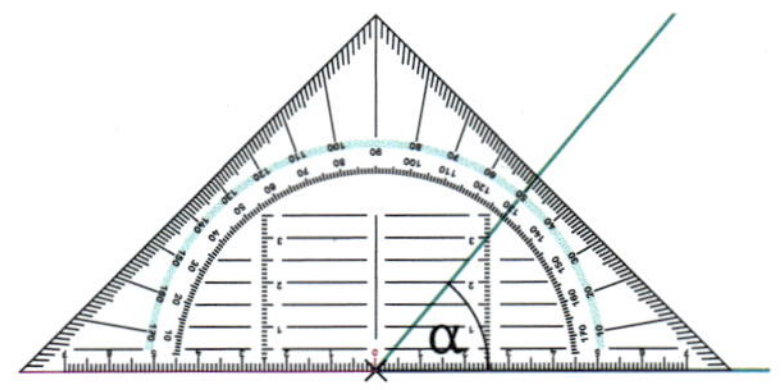

Ich wähle die **äußere Winkelskala** zum Ablesen der Winkelgröße, weil der Winkel kleiner als 90° ist.
Ich lese die Winkelgröße ab:
Alpha ist gleich **50°**.

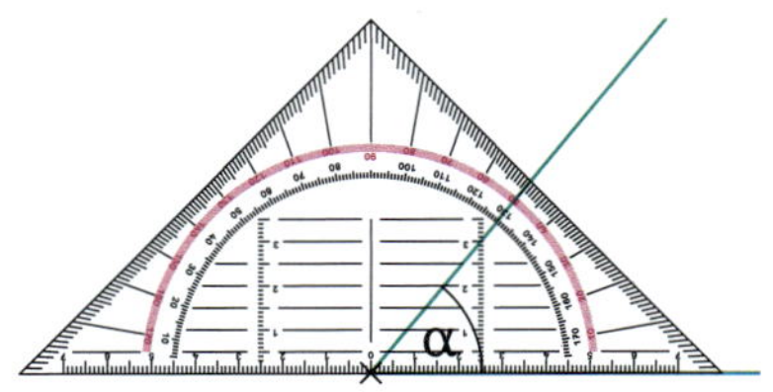

1 Miss die Größe der Winkel mit dem Geodreieck.

▶ Quiz

! **gestreckter Winkel**:
$\alpha = 180°$

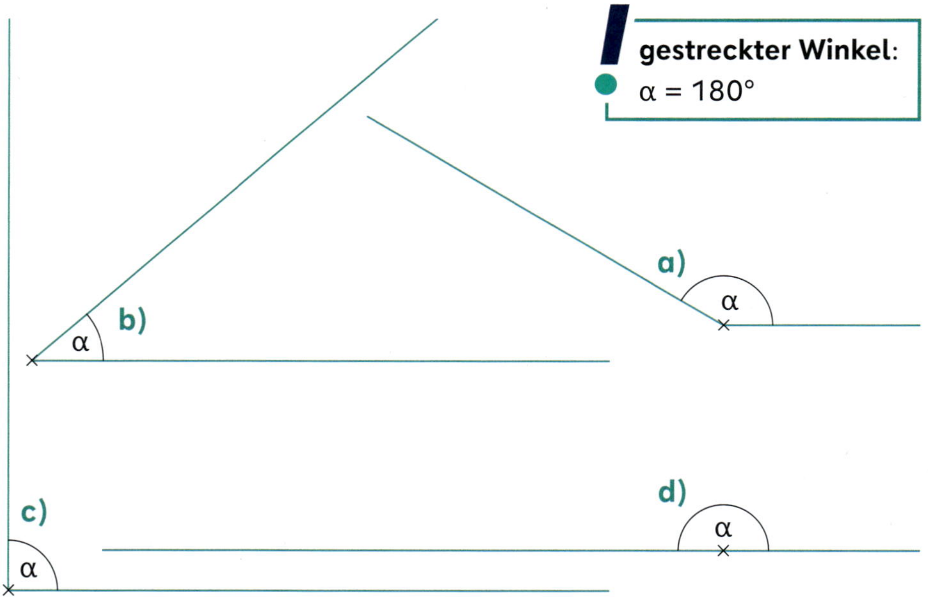

2 Zeichnet beliebige Winkel ins Heft. Tauscht eure Hefte.
Schätzt zuerst und messt dann: Wie groß sind die Winkel?

Winkel zeichnen

Anna zeichnet einen Winkel mit gegebener Größe: $\alpha = 30°$

▶ Video

Die Größe des Winkels Alpha α beträgt 30°.

Ich zeichne einen **Schenkel** und markiere den **Scheitelpunkt**.

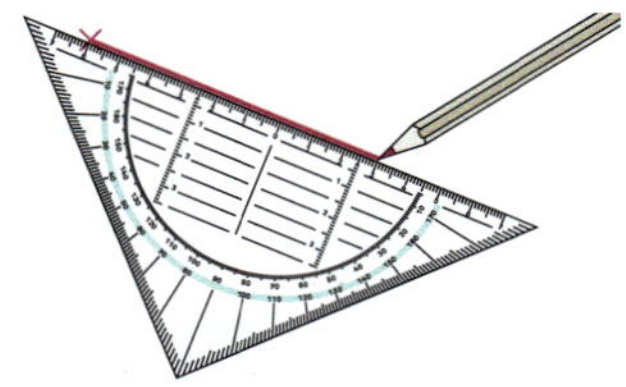

Ich lege das Geodreieck an. Dabei liegt die Null genau am Scheitelpunkt. Ich lese die Gradzahl an der äußeren Winkelskala ab und markiere die **Stelle**.

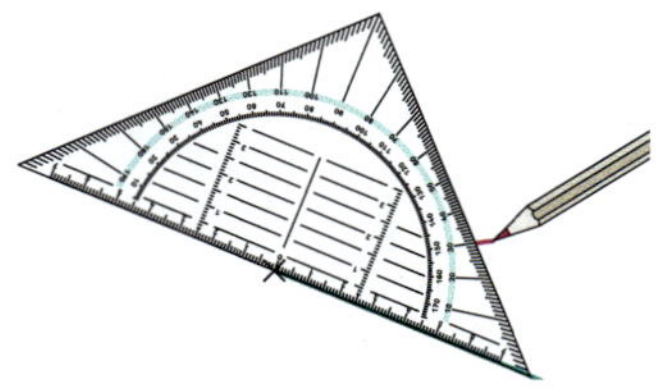

Ich zeichne den zweiten **Schenkel**.

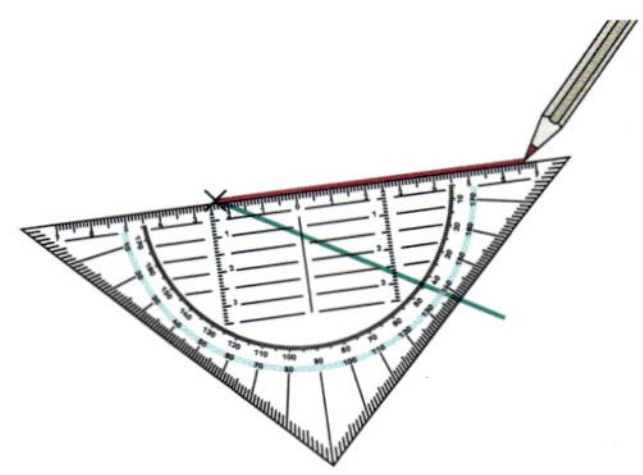

Ich ergänze den **Winkelbogen** und benenne den Winkel mit **Alpha**.

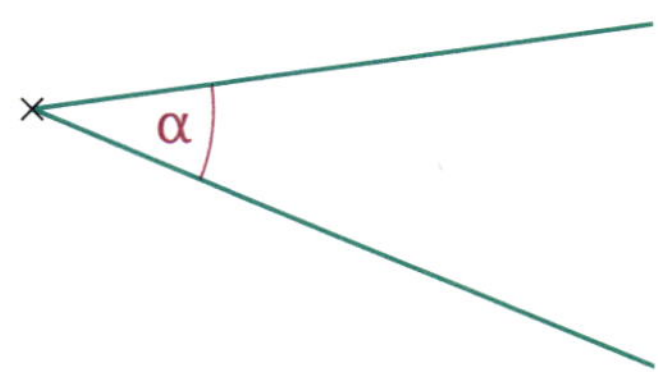

1 Zeichne die Winkel.

a) $\alpha = 30°$ **b)** $\alpha = 120°$ **c)** $\alpha = 70°$ **d)** $\alpha = 90°$

2 Miss die Größe der Winkel mit dem Geodreieck. Zeichne die Winkel anschließend ins Heft.

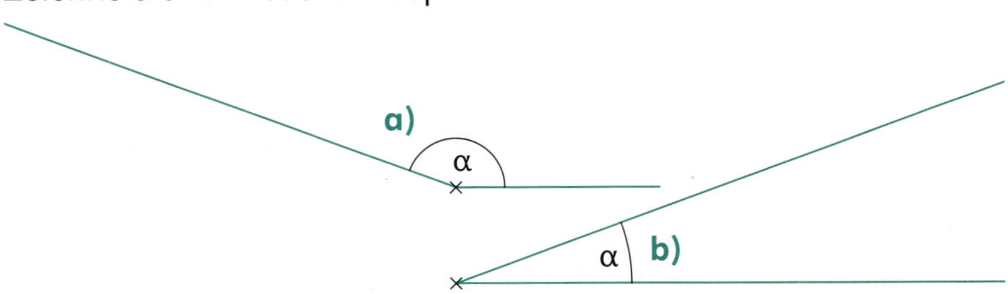

Teste dich!

Zahlenraum bis 10 000

▶ Quiz

I Was siehst du?

II Hat jedes Kind die Zahl 437 richtig dargestellt?

III Wie kannst du 528 darstellen?

→
- das Dienes-Material
- die Stellenwerttafel
- das Zahlbild
- der Zahlenstrahl
- das Zahlwort

Start ins Thema

1 Welche Darstellungen gehören zusammen? Erkläre.

▶ Üben

a)

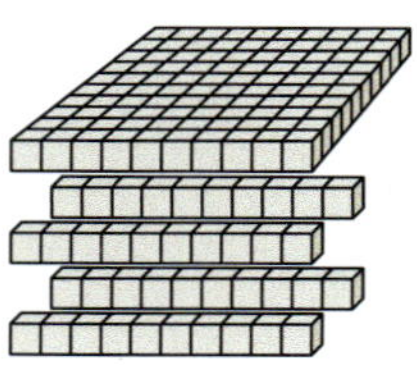

b)

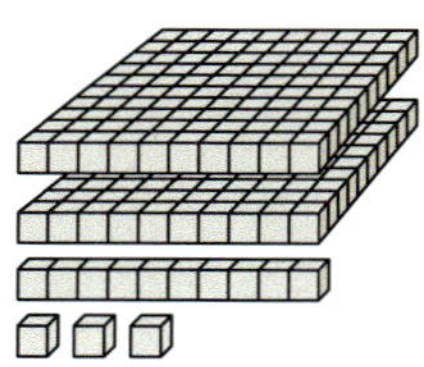

c)

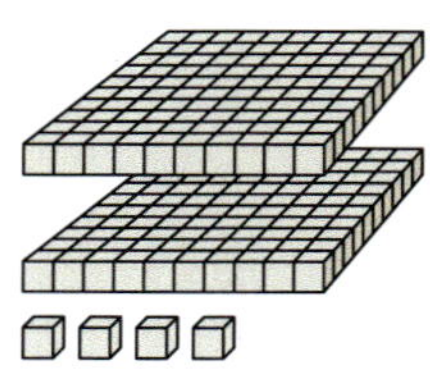

A

B

C

1

H	Z	E
2	1	3

2

H	Z	E
2	0	4

3

H	Z	E
1	4	0

2 Stelle die Zahlen als Zahlbild und in der Stellenwerttafel dar.

a) 123
154

b) 632
407

c) dreihundertsiebenundvierzig
zweihundertfünfundsechzig

3 Sucht eine Zahl aus und lest sie vor.
Lasst euch die Zahl auf den Kärtchen zeigen.

219	290	291
920	119	209

4 Wie heißen die markierten Zahlen? ▶ Üben

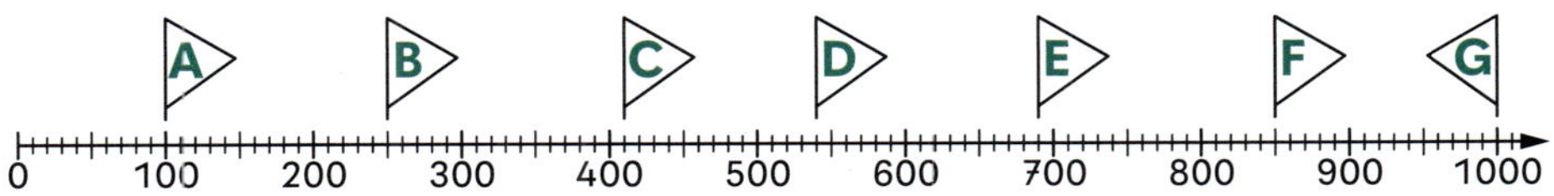

5 Welche Zahl liegt genau in der Mitte?
Nutze den Zahlenstrahl aus Aufgabe **4**.

a) 100; ___; 300
400; ___; 600

b) 100; ___; 200
600; ___; 700

c) 820; ___; 840
450; ___; 470

6 Ergänze die Reihen im Heft. ▶ Üben

a) 120; 140; 160; ...; 300

b) 0; 50; 100; ...; 500

c) 730; 720; 710; ...; 630

d) 840; 820; 800; ...; 640

e) 100; 125; 150; ...; 300

f) 900; 750; 600; ...; 0

7 Ordne. Beginne mit der kleinsten Zahl. ▶ Üben

a) 250; 400; 650; 100; 300; 850

b) 980; 350; 470; 620; 140; 340

☆ c) 456; 654; 546; 645; 465; 564

Zahlen darstellen mit dem Dienes-Material

1 Worum geht es?

Ⓐ Ein Igel hat ungefähr 8 000 Stacheln.

Ⓑ Ein Elefant wiegt ungefähr 4 500 kg.

Ⓒ Der Fluss Donau ist ungefähr 2 850 km lang.

Ⓓ Der Berg Zugspitze ist 2 962 m hoch.

2 Wie heißen die Zahlen?
Zu welchen Texten aus Aufgabe **1** passen sie jeweils?

▶ Üben

a)

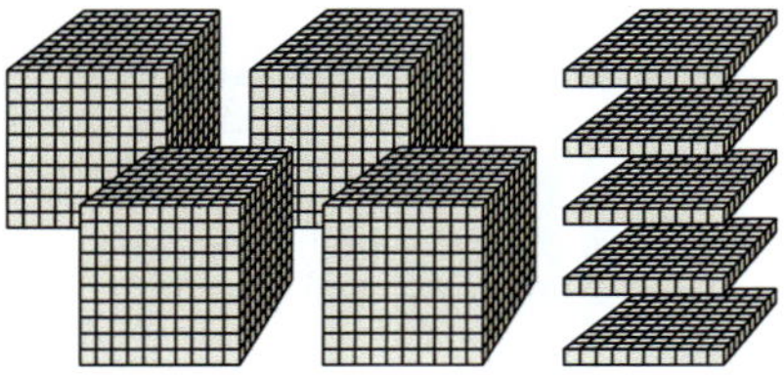

Ich habe 4 Tausenderblöcke und 5 Hunderterplatten, also heißt die Zahl viertausend ___.

b)

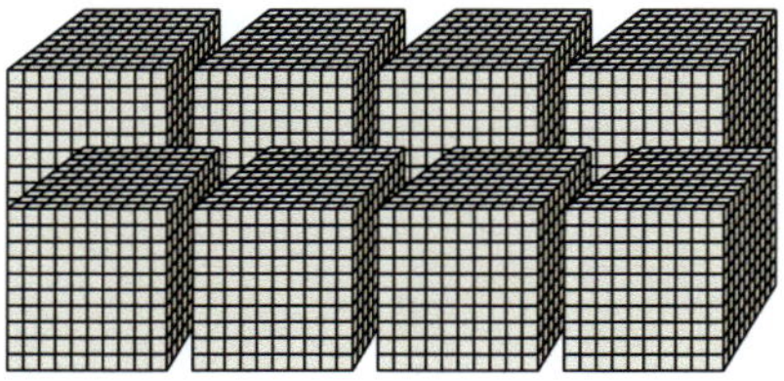

→
- der Einerwürfel
- die Zehnerstange
- die Hunderterplatte
- der Tausenderwürfel

c)

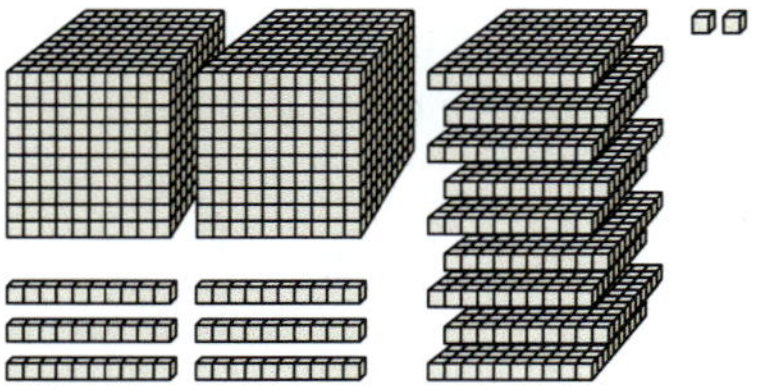

d)

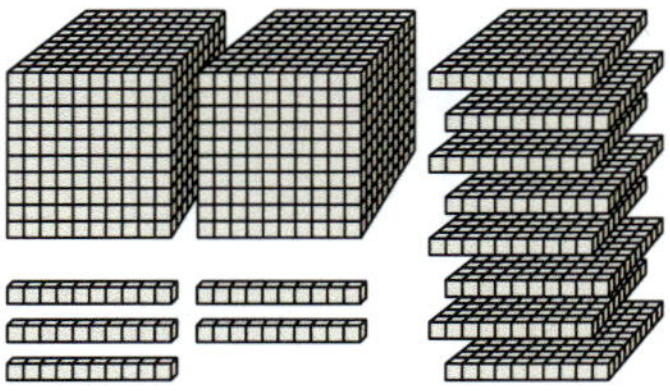

3 Finde Zahlen, die größer als 1 000 sind.

▶ Hilfe

Tipp Suche Berge, Flüsse, Tiere, Preise, Gewichte, Entfernungen, ...
Du findest sie im Internet, in Prospekten, in Atlanten, in Lexika, ...

Zahlen darstellen mit dem Dienes-Material

4 Übertrage die Zahlen aus Aufgabe **1** in eine Stellenwerttafel.

A Igel

T	H	Z	E
8	0	0	0

5 Legt mit Dienes-Material. Sprecht die Zahlen.

a)

T	H	Z	E
1	7	3	2

b)

T	H	Z	E
2	5	1	4

c)

T	H	Z	E
1	4	5	6

6 Schreibe in eine Stellenwerttafel und sprich die Zahl. Worauf musst du achten?

▶ Üben

a)

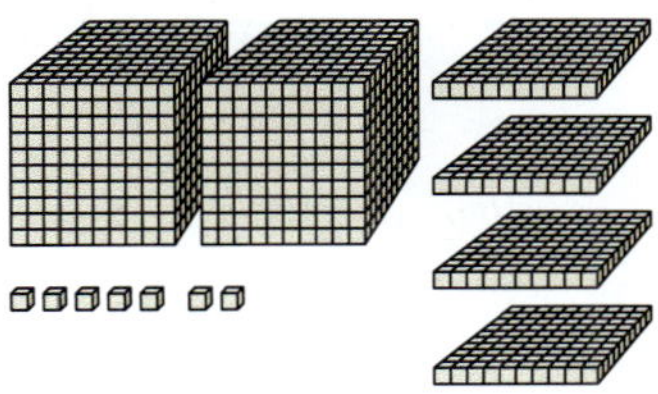

b)

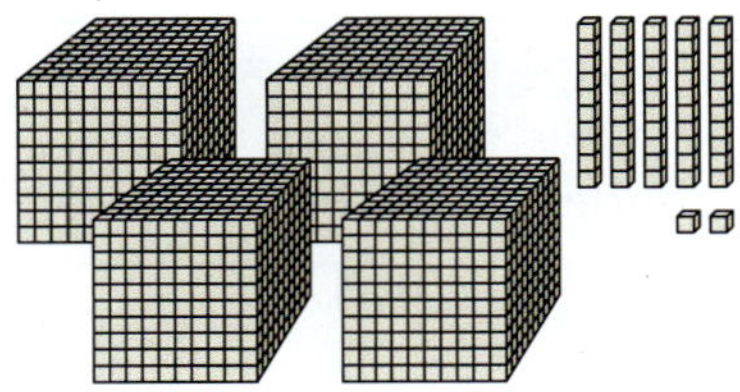

7 Beschreibe und erkläre.

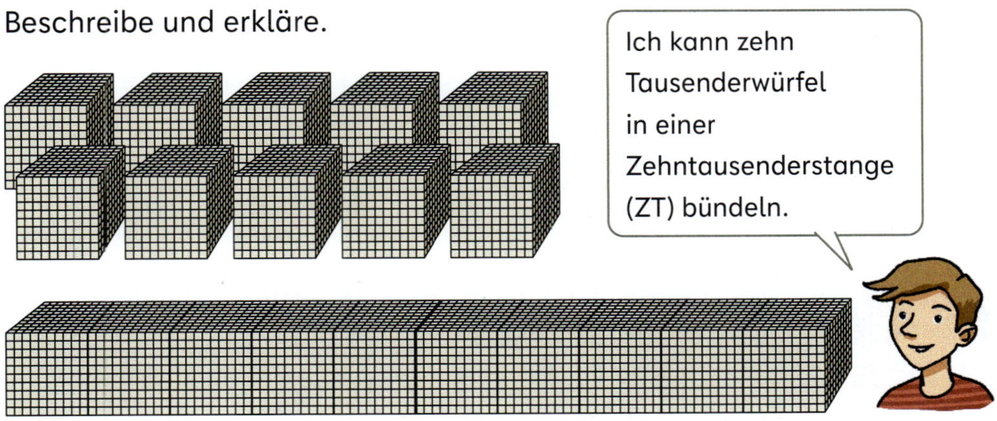

8 Übertrage ins Heft und ergänze.

a) 1 Zehnerstange besteht aus ▬ Einerwürfeln. 1 Z = ▬ E

b) 1 Hunderterplatte besteht aus ▬ Einerwürfeln. 1 H = ▬ E

c) 1 Tausenderwürfel besteht aus ▬ Einerwürfeln. 1 T = ▬ E

d) 1 Zehntausenderstange besteht aus ▬ Einerwürfeln. 1 ZT = ▬ E

Übungen mit den Stellenwerten

1 Was siehst du? Erkläre. ▸ Quiz

Ich kann Zahlen mit Zeichen darstellen:

Tausender Hunderter Zehner Einer

2 Schreibe die Zahlen in eine Stellenwerttafel. ▸ Üben

a) 

b) 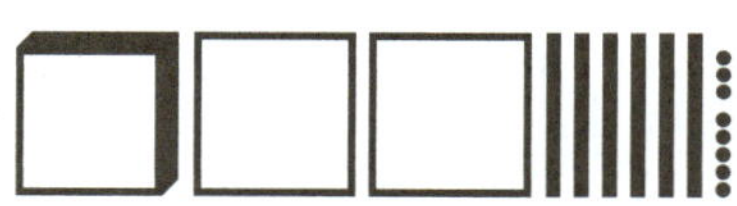

3 Zerlege und schreibe wie im Beispiel.

7542 = 7000 + 500 + 40 + 2

T	H	Z	E
7	5	4	2

a)	b)	c)	d)
8 653	6 363	3 042	9 080
4 871	9 999	8 109	☆ 5 005

4 Stelle die Zahlen mit Zeichen dar.

a)	b)	c)	d)
3 000	2 400	4 160	1 537
5 000	3 100	2 650	3 297

Übungen mit den Stellenwerten

5 Was siehst du? Erkläre.

6 Wie heißen die Zahlen?

a) 1 T + 5 H + 7 Z + 3 E = 1 5 ■ ■

a) 1T + 5H + 7Z + 3E **b)** 6T + 3H + 9Z + 7E

c) 7T + 7H + 8Z + 5E **d)** 5T + 3H + 0Z + 2E

7 Zerlege die Zahlen.

a) 5 3 2 4 = 5 T + 3 H + ■ Z + ■ E

▶ Üben

a) 5 324 **b)** 9 572 **c)** 6 093 **d)** 8 030

8 Ordne zuerst. Schreibe dann die Zahlen.

	T	H	Z	E
a) 8 T + 6 H + 3 Z + 1 E =	8	6	■	■

▶ Üben

a) 6H + 1E + 8T + 3Z
5Z + 2T + 1H + 1E

b) 7E + 9H + 3T
☆ 6Z + 5E + 4T

9 Fatima legt mit zwölf Plättchen Zahlen.

a) Fatima legt das letzte Plättchen auf die Zehner. Wie heißt die Zahl?

b) Wie kann Fatima mit den 12 Plättchen eine möglichst große Zahl legen?

c) Stellt euch gegenseitig Aufgaben und beantwortet sie.

Der Zahlenstrahl

1 Der Zahlenstrahl bis 10 000

▶ Üben

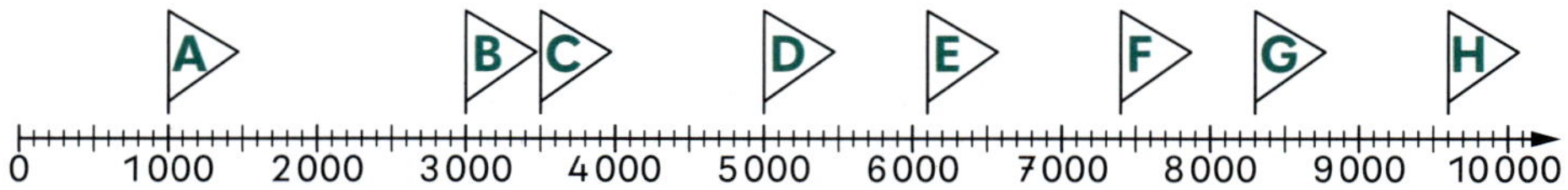

a) Schaue genau: Welche Striche stehen für 1 000er, für 100er und welche für 500er?

b) Wie heißen die Zahlen? Schreibe ins Heft.

2 Nutze den Zahlenstrahl bis 10 000. Vervollständige die Sätze.

10 000 liegt ganz ■ auf dem Zahlenstrahl.
0 liegt ganz ■ auf dem Zahlenstrahl.
5 000 liegt genau ■ auf dem Zahlenstrahl.
200 liegt weit ■ auf dem Zahlenstrahl.
9 800 liegt weit ■ auf dem Zahlenstrahl.

→
- links
- rechts
- in der Mitte

3 Übertrage ins Heft. Setze ein: >, < oder =.

▶ Üben
▶ Mathe-Lexikon S. 200

a) 4 000 ■ 6 000
720 ■ 2 600

b) 5 250 ■ 3 240
8 632 ■ 9 021

c) 4 567 ■ 4 567
4 321 ■ 4 231

4 Ordne der Größe nach. Beginne mit der kleinsten Zahl.

▶ Üben

a) 3 500; 2 980; 4 876; 800; 6 025

b) 500; 100; 5 000; 1 000; 5; 10 000; 10

5 Zähle in Zehnerschritten vorwärts oder rückwärts.

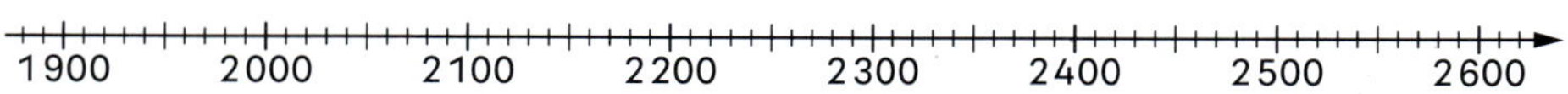

a) von 1 900 bis 2 000

b) von 1 980 bis 2 250

c) von 2 450 bis 2 600

d) von 2 030 bis 1 900

e) von 2 070 bis 1 960

f) von 2 100 bis 2 000

6 Zeige die Zahlen auf dem Zahlenstrahl.
Ergänze die Reihen im Heft.

▶ Video

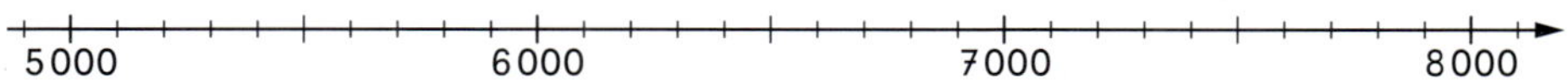

a) 5 000; 5 500; 6 000; ...; 8 000

b) 7 200; 7 000; 6 800; ...; 5 400

c) 5 800; 6 200; 6 600; ...; 8 200

7 Einen Zahlenstrahl bis 10 000 zeichnen

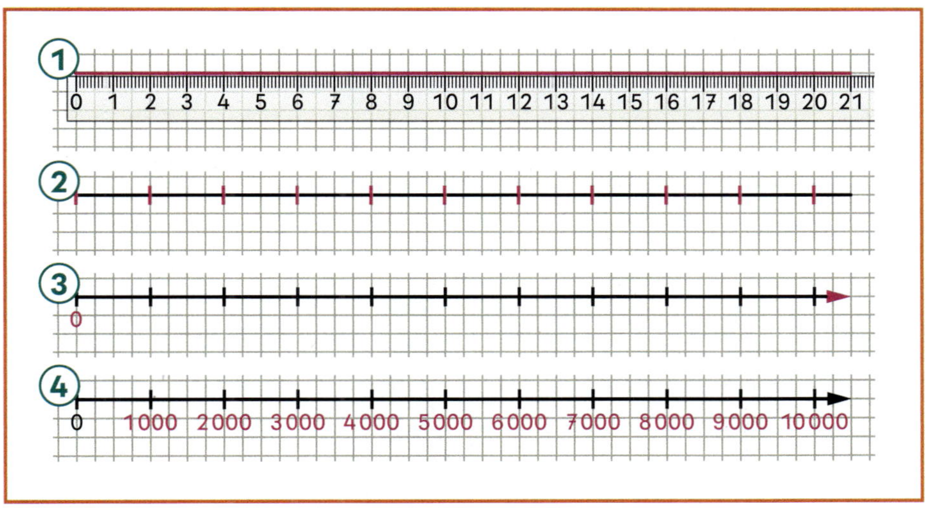

a) Beschreibe das Vorgehen. →

① Ich zeichne mit dem Lineal ...

② Ich zeichne in gleichen Abständen ...

③ Ich beschrifte ... und zeichne ...

④ Ich beschrifte ...

b) Lege dein Heft quer. Zeichne selbst einen Zahlenstrahl von 0 bis 10 000.

c) Zeichne die 500er-Striche in deinen Zahlenstrahl ein.

d) Markiere die Zahlen in deinem Zahlenstrahl.
A 1 000 **B** 4 000 **C** 8 000 **D** 2 500 **E** 4 500 **F** 9 500

e) Nennt eine Zahl. Lasst euch die Zahl am Zahlenstrahl zeigen.

Nachbarn auf dem Zahlenstrahl

1 Ergänze die beiden Nachbarzehner im Heft.
Welcher Nachbarzehner liegt näher? Markiere.

▶ Üben

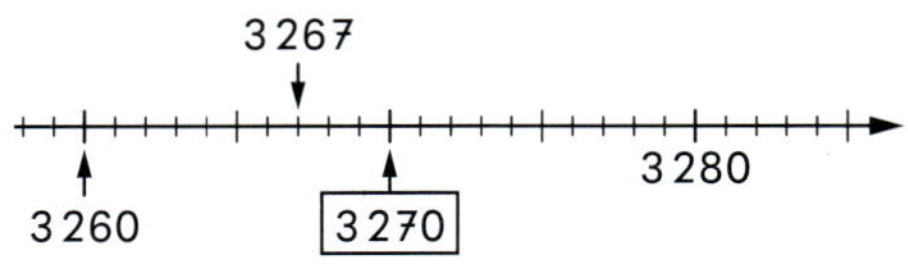

3260 | 3267 | **3270**

a) ___; 67; ___
___; 71; ___
___; 76; ___
___; 82; ___

b) ___; 267; ___
___; 271; ___
___; 3276; ___
___; 3282; ___

c) ___; 3266; ___
___; 3283; ___
___; 6233; ___
___; 7017; ___

2 Ergänze die beiden Nachbarhunderter im Heft.
Welcher Nachbarhunderter liegt näher? Markiere.

▶ Üben

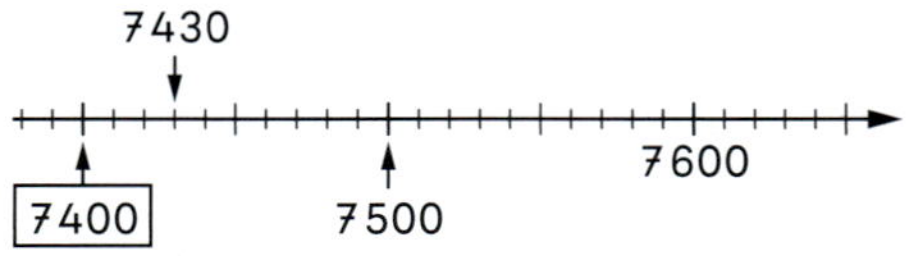

7400 | 7430 | 7500

a) ___; 430; ___
___; 470; ___
___; 520; ___
___; 560; ___

b) ___; 7430; ___
___; 7470; ___
___; 7520; ___
___; 7560; ___

c) ___; 7594; ___
___; 7612; ___
___; 2583; ___
___; 9918; ___

3 Ergänze die beiden Nachbartausender im Heft.
Welcher Nachbartausender liegt näher? Markiere.

▶ Üben

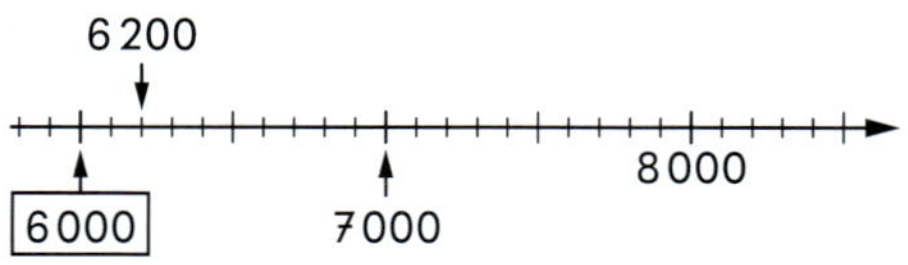

6000 | 6200 | 7000

a) ___; 6200; ___
___; 6600; ___
___; 7700; ___
___; 7800; ___

b) ___; 7400; ___
___; 8300; ___
___; 6960; ___
___; 7920; ___

c) ___; 6640; ___
___; 8730; ___
___; 3687; ___
___; 4052; ___

☆ **4** Finde eine möglichst kleine Zahl und eine möglichst große Zahl, deren Nachbartausender 2000 ist.

Runden

1 Übertrage ins Heft und ergänze.

Bei 0, 1, 2, 3, 4 **runde** ich ■.
Bei 5, 6, 7, 8, 9 **runde** ich ■.

! Das Zeichen ≈ bedeutet „ist ungefähr gleich".

▶ Video
▶ Methoden-Lexikon S. 196

2 Übertrage ins Heft. Runde zum **Zehner**.

a)	b)	c)
72 ≈ *70*	48 ≈ ■	95 ≈ ■
372 ≈ ■	648 ≈ ■	☆ 995 ≈ ■
4 372 ≈ ■	7 648 ≈ ■	9 995 ≈ ■

Tipp
Sieh dir die **Einer** an.

▶ Üben

3 Übertrage ins Heft. Runde zum **Hunderter**.

a)	b)	c)
582 ≈ *600*	619 ≈ ■	9 960 ≈ ■
799 ≈ ■	245 ≈ ■	☆ 3 501 ≈ ■
8 461 ≈ ■	1 831 ≈ ■	87 ≈ ■

Tipp
Sieh dir die **Zehner** an.

▶ Üben

4 Übertrage ins Heft. Runde zum **Tausender**.

a)	b)	c)
2 852 ≈ *3 000*	6 171 ≈ ■	2 051 ≈ ■
7 993 ≈ ■	2 475 ≈ ■	☆ 9 600 ≈ ■
2 634 ≈ ■	8 931 ≈ ■	6 570 ≈ ■

Tipp
Sieh dir die **Hunderter** an.

▶ Üben

5 Schreibe je drei Zahlen in dein Heft, die …

a) aufgerundet zum Tausender diese Zahlen ergeben:
2 000; 4 000; 6 000; 8 000; 10 000

a)	*1*	*9*	*0*	*0*	*≈*	*2*	*0*	*0*	*0*
	1	*8*	*9*	*0*	*≈*	*2*	*0*	*0*	*0*
	1	*7*	*7*	*7*	*≈*	*2*	*0*	*0*	*0*

b) abgerundet zum Tausender diese Zahlen ergeben:
1 000; 3 000; 5 000; 7 000; 9 000

6 Auf welche Stellen könnt ihr sinnvoll runden? Diskutiert.

a) 382 Kinder besuchen eine Schule.

b) 8 127 Personen besuchen ein Konzert.

Üben und Vertiefen

1 Vergleiche immer zwei Zahlen. Setze ein: <, > oder =.

▶ Üben
▶ Mathe-Lexikon S. 200

1 896	3 764	5 012	5 012	2 090	1 999
9 111	10 000	9 999	5 020	7 432	7 234

2 Erstelle Karten mit den Zahlen von 0 bis 9.

0 1 2 3 4 5 6 7 8 9

Ziehe 4 Karten.
Lege 5 verschiedene Zahlen mit den Karten und schreibe die Zahlen auf.
Ordne die Zahlen der Größe nach.
Beginne mit der kleinsten Zahl.

8 4 3 9

3	4	8	9
3	9	4	8
4	3	8	9
8	4	9	3
9	8	3	4

3 Welche Zahl liegt genau in der Mitte?

▶ Üben

a) 2 000; ■; 4 000 **b)** 6 500; ■; 6 700 **c)** 5 830; ■; 5 850

4 Zahlenrätsel. Finde die gesuchte Zahl.

▶ Üben

Ich suche die größte dreistellige Zahl, die aus 2, 6 und 8 besteht.

Ich suche die kleinste dreistellige Zahl, die aus 3, 7 und 4 besteht.

Meine Zahl hat drei gleiche Ziffern.
Sie ist **ungerade**.
Die Zahl ist größer als 800.

▶ Mathe-Lexikon S. 197

Ich suche die größte vierstellige Zahl.

5 Erfindet selbst Zahlenrätsel. Stellt sie euch gegenseitig.

1 Benenne die Materialien.

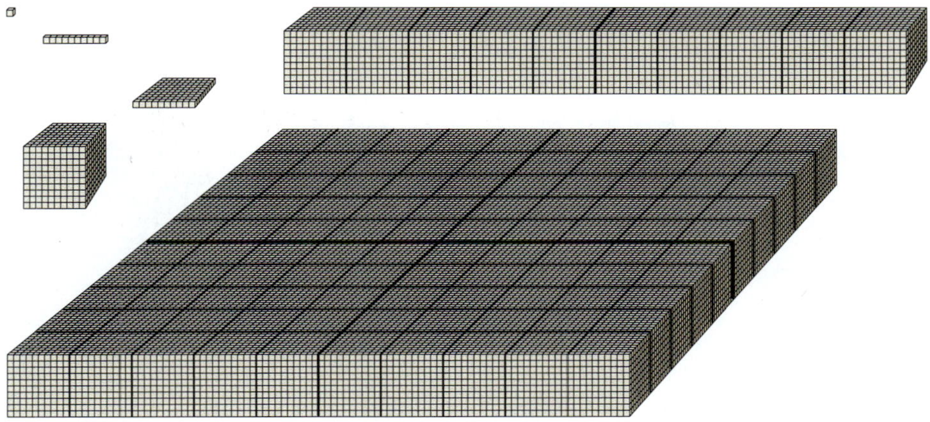

→ • Einerwürfel • Zehnerstange • Hunderterplatte • Tausenderwürfel • Zehntausenderstange • Hunderttausenderplatte

2 Übertrage ins Heft und ergänze.

a) 1 Zehnerstange besteht aus ___ Einerwürfeln. 1 Z = ___ E

b) 1 Hunderterplatte besteht aus ___ Zehnerstangen. 1 H = ___ Z

c) 1 Tausenderwürfel besteht aus ___ Hunderterplatten. 1 T = ___ H

d) 1 Zehntausenderstange besteht aus ___ Tausenderwürfeln. 1 ZT = ___ T

e) 1 Hunderttausenderplatte besteht aus ___ Zehntausenderstangen. 1 HT = ___ ZT

3 Lies die Zahlen vor. Worauf musst du achten?

a) In einem Bienenstock leben etwa 50 000 Bienen.

b) Im Stadion waren 79 350 Zuschauer.

c) Die Chinesische Mauer ist etwa 21 196 km lang.

4 Lies die Zahlen vor.

a) 80 000 **b)** 43 000 **c)** 54 900 **d)** 32 560 **e)** 47 872

5 Was siehst du?

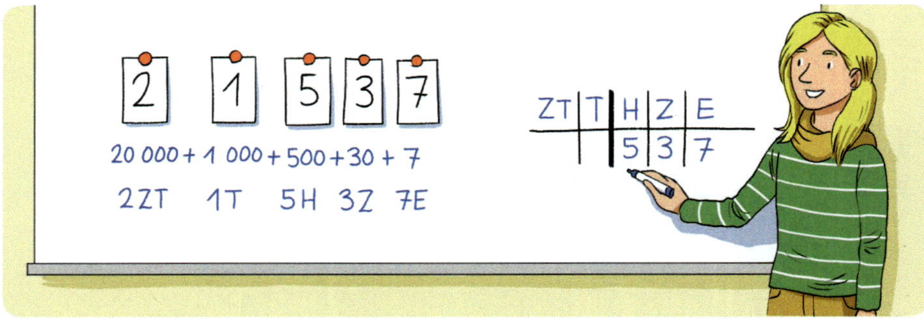

6 Schreibe in eine Stellenwerttafel. Wie heißen die Zahlen?

a) 7ZT + 8T + 4H + 9Z + 1E

b) 60 000 + 4 000 + 300 + 70 + 1

c) 50 + 30 000 + 2 + 900

7 Wie heißen die Zahlen? Schreibe ins Heft. ▶ Üben

a)

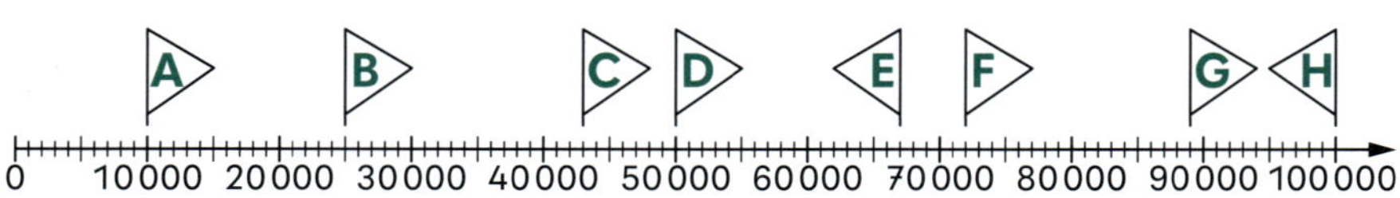

b)

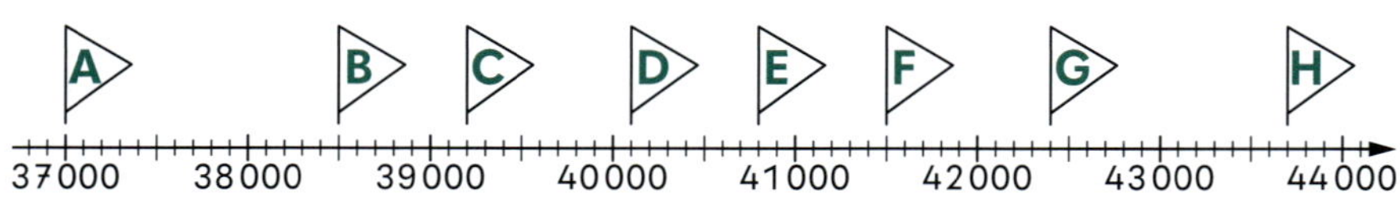

8 Ordne. Beginne mit der kleinsten Zahl. ▶ Üben

a) 20 000; 65 000; 12 000; 100 000; 86 000; 99 000

b) 84 925; 98 452; 94 825; 85 294; 29 458; 28 495

9 Finde … ▶ Üben

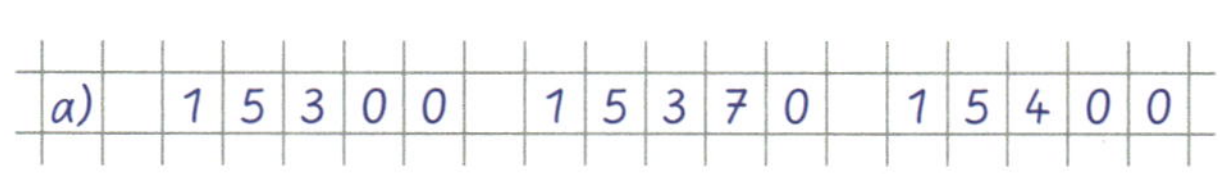

a) die Nachbar-Hunderter von: 15 370; 38 760 und 28 990.

b) die Nachbar-Tausender von: 67 400; 48 321 und 99 900.

c) die Nachbar-Zehntausender von: 14 600; 37 560 und 81 999.

☺ Das kann ich!

Schätze zuerst deinen Lernerfolg ein.

- Ich lese die Aufgaben auf der Seite genau.
  Was soll ich tun?
- Ich schätze vor dem Bearbeiten ein:
  Wie gut kann ich die Aufgabe?

Ich kann die Aufgabe ...	
noch nicht.	☺ ☺ ☺
etwas.	☻ ☺ ☺
gut.	☻ ☻ ☺
sicher.	☻ ☻ ☻

1 Schreibe in eine Stellenwerttafel.

a) 

b) 7 000 + 90 + 5

c) dreitausendundzwei

2 Lies die markierten Zahlen ab. Schreibe sie ins Heft.

a) 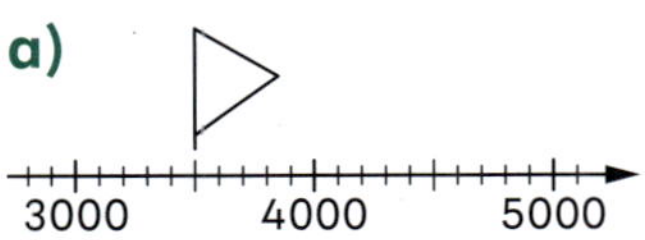

b) 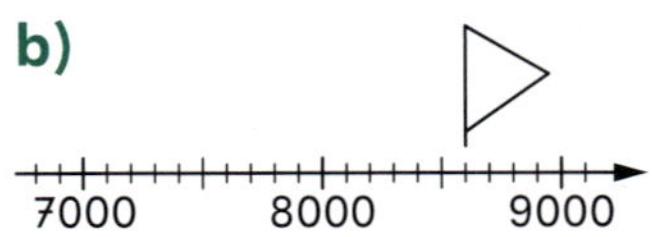

c) 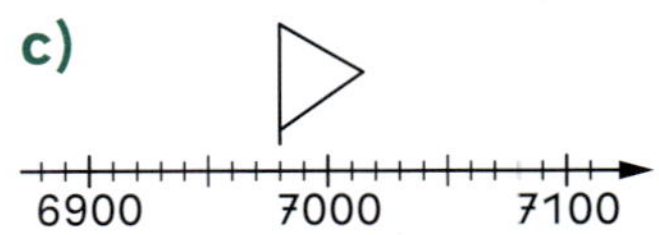

3 Ordne. Beginne mit der kleinsten Zahl.

a) 5 000; 4 800; 3 200 **b)** 8 560; 6 390; 6 710 **c)** 9 875; 9 785; 9 587

4 Runde 9 853 ...

a) zum Zehner. **b)** zum Hunderter. **c)** zum Tausender.

Übertrage ins Heft. Male die passende Anzahl von Smileys aus.

So gut kann ich ...	Meine Beurteilung
1 Zahlen in eine Stellenwerttafel schreiben.	☺ ☺ ☺
2 Zahlen am Zahlenstrahl ablesen.	☺ ☺ ☺
3 Zahlen ordnen.	☺ ☺ ☺
4 Zahlen runden.	☺ ☺ ☺

Daten und Zufall

1 Am Imbisswagen wurde eine Umfrage durchgeführt.

Umfrage:
Wie schmeckt dir der vegane Burger im Vergleich zu unserem Burger mit Fleisch?
- ■ gleich gut
- ■ besser
- ■ nicht so gut

a) Worum geht es in der Umfrage?

b) Übertrage und ergänze die Tabelle im Heft.

Tipp:
Jeder Strich steht für eine Antwort. Ich zähle die Striche und trage die Häufigkeit ein.

Umfrage: Wie gut schmeckt der vegane Burger?

Antwort	Strichliste	Häufigkeit
gleich gut	卌 卌 ||	12
besser	卌 |	
nicht so gut	|||	
gesamt		

c) Beantworte mithilfe der Tabelle:
Wie viele Personen wurden befragt?
Wie viele Personen fanden die veganen Burger besser?

d) Sollten weiterhin vegane Burger verkauft werden?

! Bei **Umfragen** werden viele Personen befragt.
In **Häufigkeitstabellen** kann ich die Antworten übersichtlich darstellen:
- In der **Strichliste** mache ich für jede Antwort einen Strich.
- Ich zähle die Striche und schreibe sie unter **Häufigkeit** als Zahl.

2 Welche Fragen könnte die Imbissbesitzerin noch auf ihrem Fragebogen haben?

a) Erstelle einen Fragebogen mit fünf Fragen.

b) Stellt euch gegenseitig eure Ergebnisse vor.

3 Bei einer Umfrage wurden folgende Antworten genannt.

Umfrage: Was ist deine liebste Freizeitbeschäftigung?
Medien, Fußball, Tanzen, Fußball, Lesen, Handball, Handball, Medien, Medien, Freunde, Freunde, Medien, Tanzen, Fußball, Handball, Handball, Medien, Musik, Lesen, Musik, Lesen, Freunde, Fußball, Freunde

a) Erstelle zu der Umfrage eine Häufigkeitstabelle. ▶ Video

- Ich schreibe eine Überschrift.
- Ich brauche 3 Spalten mit den Spalten-Überschriften: Antwort, Strichliste und Häufigkeit
- Für die Antworten brauche ich 7 Zeilen: Medien, Fußball, Tanzen, …

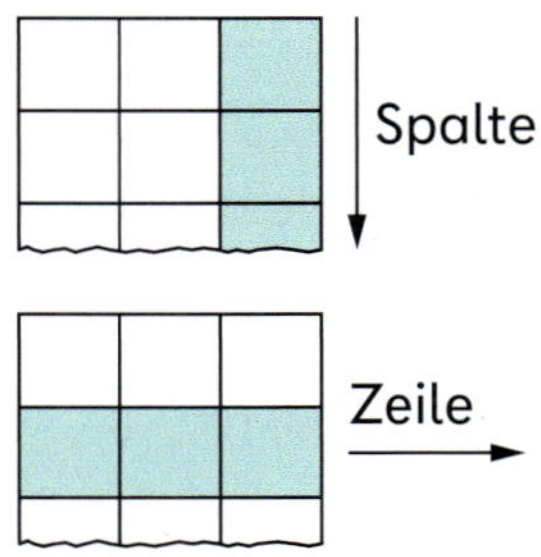

b) Beantworte mithilfe deiner Tabelle:
Wie viele Personen wurden befragt?
Wie viele Personen haben als liebste Freizeitbeschäftigung eine Sportart?

☆ **4** Der Fahrradstand einer Schule soll vergrößert werden. Dafür muss der Spielplatz verkleinert werden. ▶ Üben

Umfrage: Sollte der Fahrradstand vergrößert werden?

Antwort	ja	egal	nicht so gerne	auf keinen Fall
Häufigkeit	11	5	9	8

a) Wofür gab es am meisten Stimmen? Wofür gab es am wenigsten Stimmen?

b) Schau dir die Tabelle genau an. Hat der Zeitungsartikel recht?

c) Was ist eure Meinung zu dem Thema?

MEHR FAHRRADSTELLPLÄTZE
Nach einer Blitzumfrage auf dem Schulhof sind die meisten dafür, den Fahrradstand zu vergrößern und dafür den Spielplatz etwas zu verkleinern.

Diagramme

1 Mascha hat ihre Klasse nach Lieblingshaustieren befragt.
Die Antworten hat sie in einem **Säulendiagramm** dargestellt.

Umfrage: Lieblingshaustiere der Klasse 6

Haustier	Häufigkeit
Katze	6
Hund	8
Ratte	3

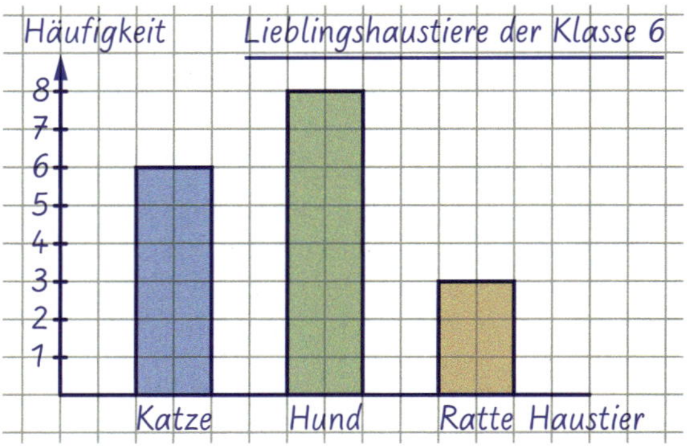

a) Wo findest du die Daten aus der Tabelle im Diagramm?

b) Woran erkennst du im Diagramm den höchsten Wert?
Woran erkennst du im Diagramm den niedrigsten Wert?

2 Zeige die Begriffe in Maschas Diagramm und erkläre sie.

! die Hochachse die Rechtsachse die Achsenbeschriftung

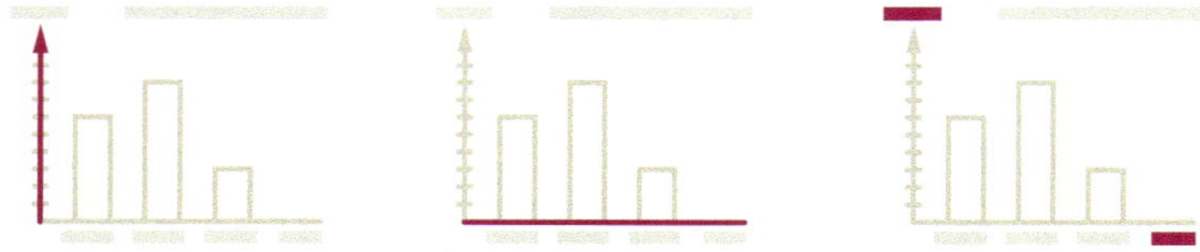

3 Die Klasse hat über die Themen des Klassenrates abgestimmt.
Die Antworten sind in einem **Balkendiagramm** und
in einem **Kreisdiagramm** dargestellt.

▸ Üben

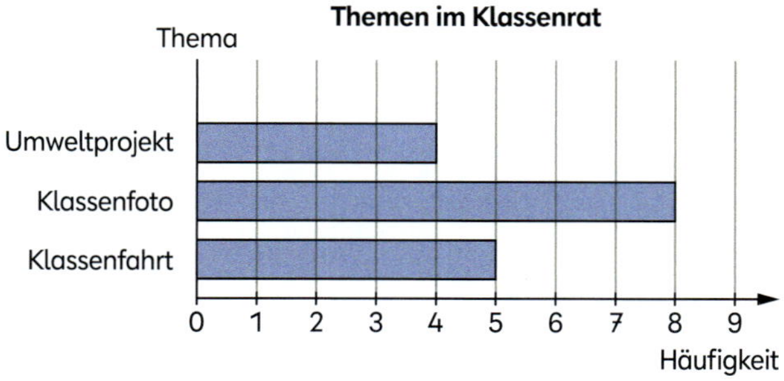

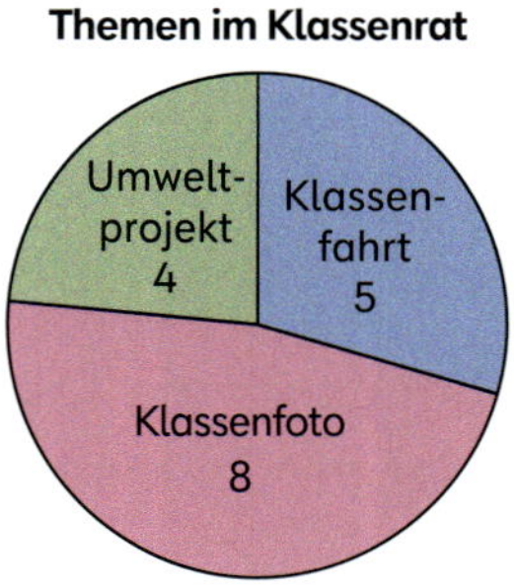

a) Wie liest du die Häufigkeiten in den Diagrammen ab?

b) Woran erkennst du jeweils den höchsten Wert?

4 Zeichne ein Säulendiagramm zu der Tabelle.

▶ Video

Müllsammelaktion

Tag	Mi	Do	Fr	Sa
Anzahl Freiwillige	5	2	6	5

①

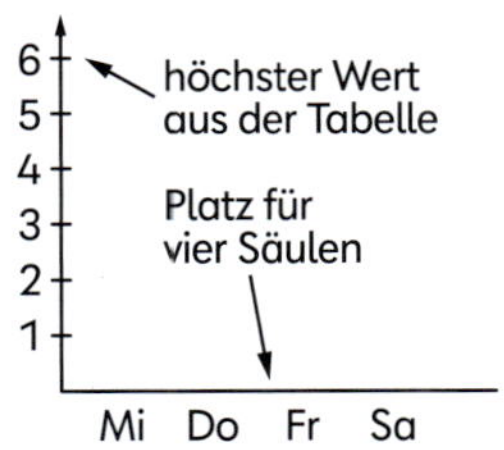

Ich zeichne die Achsen in der richtigen Länge und teile sie gleichmäßig ein.

②

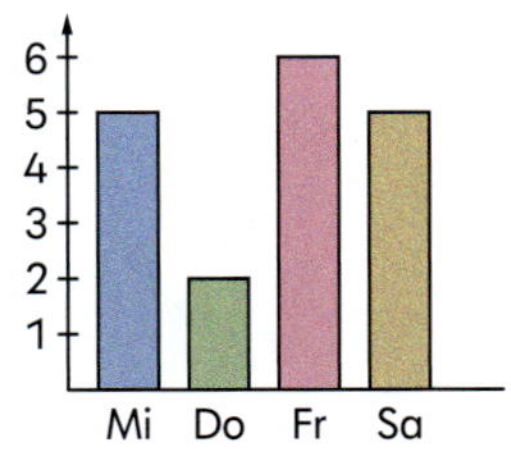

Ich zeichne die Säulen in der richtigen Höhe ein und beschrifte sie.

③

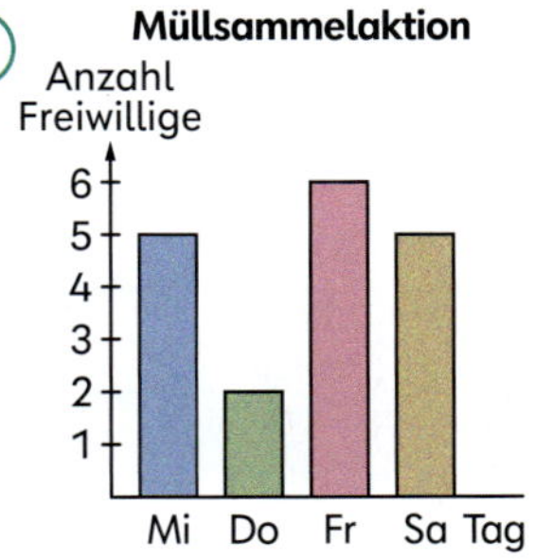

Ich ergänze die Überschrift und beschrifte die Achsen.

5 Zeichne ein Säulendiagramm zu der Tabelle.

Tipp: Der höchste Wert ist ___.
Ich zeichne ___ Säulen.

Wahl zur Klassenvertretung

Name	Anna	Juri	Ina	Tim	Dana
Anzahl Stimmen	6	11	3	2	4

☆ **6** Zeichne ein Balkendiagramm. Worauf musst du achten?

Umfrage: Welches ist dein Lieblingsgemüse?

Gemüse	Gurke	Tomate	Paprika	Möhre
Häufigkeit	6	13	10	7

7 Führt eine Umfrage zu einem eigenen Thema durch. Stellt die Ergebnisse in einem Diagramm dar.

Methode: Diagramme mit dem Computer zeichnen

1 Zeichne ein Diagramm mit einer Tabellenkalkulation.

①

	A	B
1	Umwelttag	Teilnehmer
2	Müll sammeln	5
3	Vortrag Tierschutz	8
4	Besuch Klärwerk	3
5		

Übertrage die Tabelle in eine Tabellenkalkulation.

②

	A	B
1	Umwelttag	Teilnehmer
2	Müll sammeln	5
3	Vortrag Tierschutz	8
4	Besuch Klärwerk	3
5		A

Markiere die Tabelle. In der Ecke erscheint ein Symbol (hier: **A**).

③

	A	B
1	Umwelttag	Teilnehmer
2	Müll sammeln	5
3	Vortrag Tierschutz	8
4	Besuch Klärwerk	3
5		A
6		
7		
8		
9		
10		

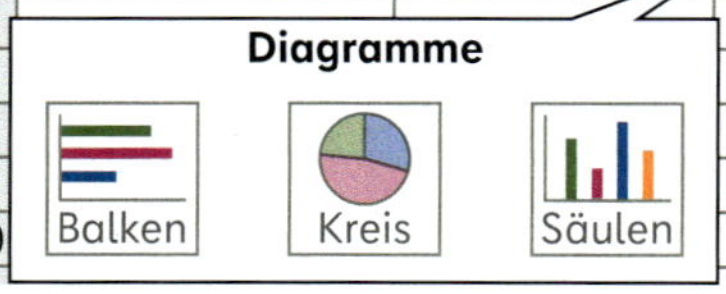

Klicke auf das Symbol **A**. Wähle unter **Diagramme** eine Diagramm-Art aus.

④

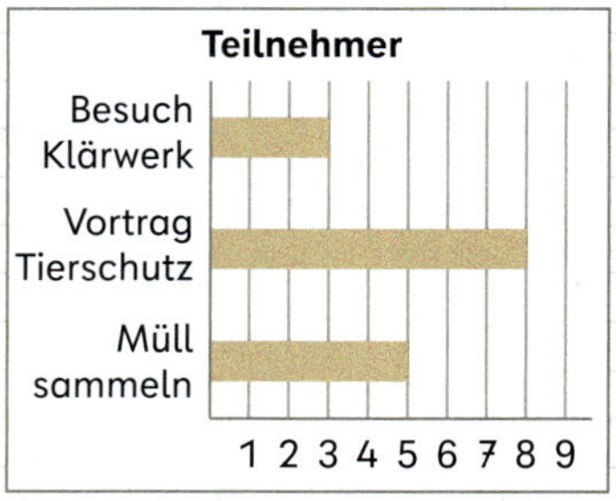

Klicke im Diagramm auf die Überschrift und ändere sie.

Tipp
Du kannst auch im Menü über **Einfügen** Diagramme einfügen.

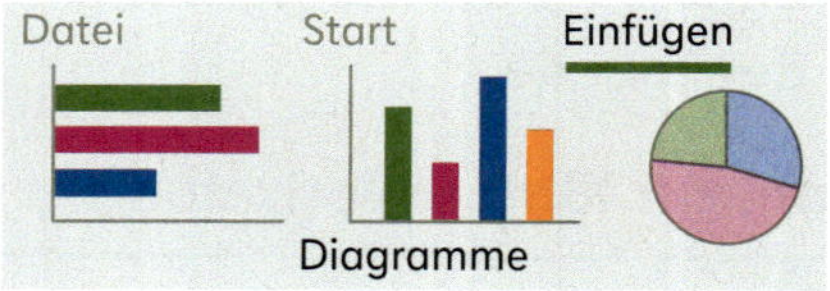

2 Ändere deine Tabelle. Wie ändert sich jeweils das Diagramm?

a) Ändere die Zahlen der Teilnehmer.

b) Ändere die Namen der Projekte.

c) Ändere die Spaltenüberschriften.

d) Ersetze „5“ durch „5 Teilnehmer“.

3 Erstelle ein Diagramm zu einem eigenen Thema.
Probiere verschiedene Diagramm-Arten aus.
Welche passt am besten?

1 Worum geht es?

→
- unwahrscheinlich
- wahrscheinlich
- zufällig
- **die** Chance
- **der** Zufall

2 Mira zieht mit geschlossenen Augen eine Kugel.

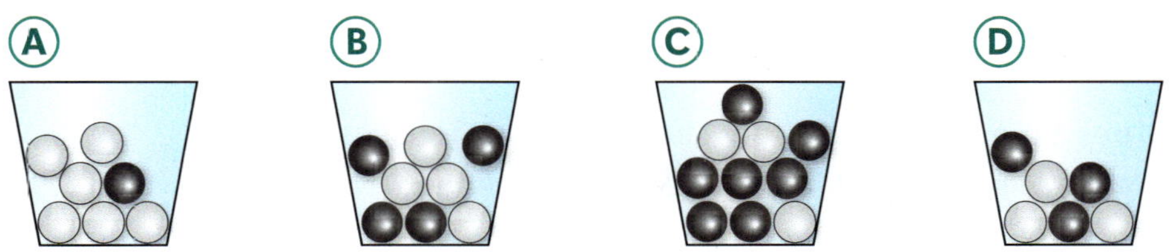

a) Aus welchem Gefäß sollte Mira ziehen, wenn sie …
– eine schwarze Kugel ziehen möchte?
– eine weiße Kugel ziehen möchte? Begründe.

b) Bei welchen Gefäßen ist die Chance Schwarz zu ziehen, genau so groß wie die Chance Weiß zu ziehen? Begründe.

3 Schätze zuerst: Welches Ergebnis kommt am häufigsten? Führe dann die Zufallsexperimente durch.

a) Wirf eine Münze 20-mal.

Ergebnis	Strichliste	Häufigkeit
Kopf		
Zahl		

b) Wirf einen Würfel 20-mal. Notiere nur die Ergebnisse für 5, 6 und 1 oder 2.

Ergebnis	Strichliste	Häufigkeit
5		
6		
1 oder 2		

c) Sammelt alle Ergebnisse in der Klasse. Was fällt euch auf?

Teste dich!

Addition und Subtraktion

▶ Quiz

I Was siehst du?

II Welche Subtraktionsaufgabe kannst du dazu bilden?

→
- **der** Einer, **der** Zehner, **der** Hunderter, **der** Tausender
- subtrahieren, **der** Minuend, **der** Subtrahend, **die** Differenz

III Welche Umkehraufgabe passt zur Subtraktionsaufgabe?

→
- addieren, **der** 1. Summand, **der** 2. Summand, **die** Summe

Start ins Thema

1 Löse die Additionsaufgaben mithilfe der Zahlbilder.

a)

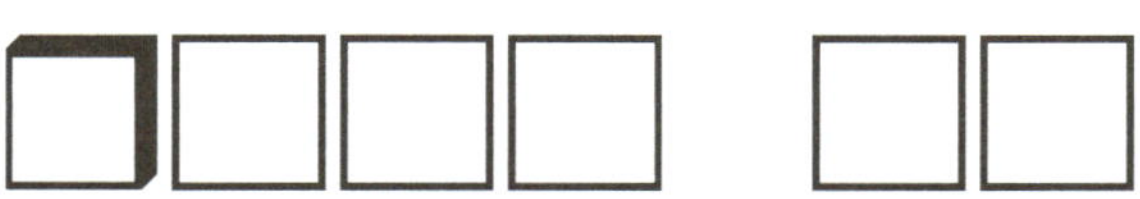

a)	1	T	3	H	+			2	H	=	1	T	5	H
	1	3	0	0	+		2	0	0	=	■	■	■	■

b)

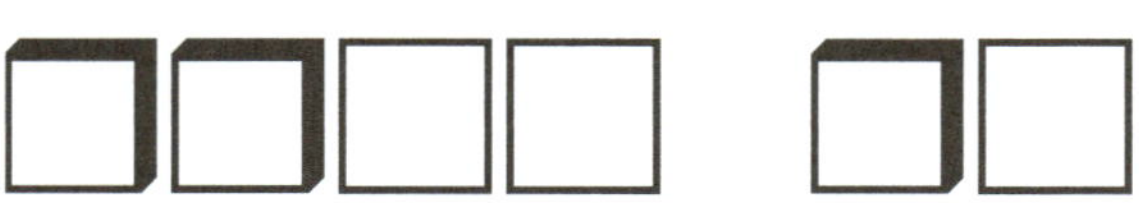

b)	■	T	■	H	+	■	T	■	H	=	■	T	■	H
	■	■	■	■	+	■	■	■	■	=	■	■	■	■

2 Addiere im Kopf.

▶ Üben

a) 2T 4H + 3T 2H
1T 5H + 5T 4H
7T 1H + 1T 8H

b) 3 200 + 700
6 300 + 500
8 100 + 700

c) 4 100 + 3 500
3 700 + 6 100
2 300 + 4 500

3 Löse die Subtraktionsaufgaben mithilfe der Zahlbilder.

a) 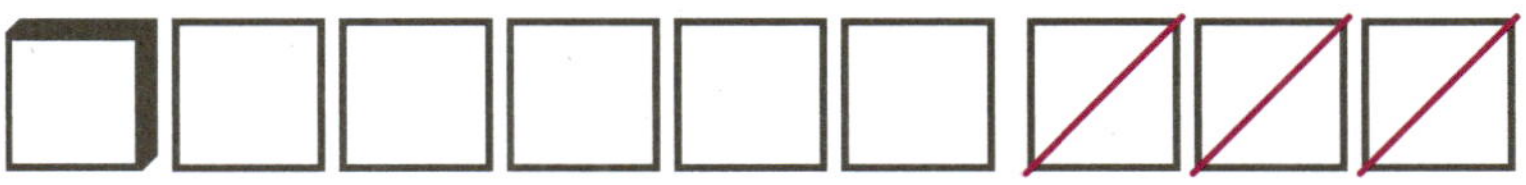

a) 1 T 8 H – 3 H = ___ T ___ H
1 8 0 0 – 3 0 0 = ___ ___ ___ ___

b) 

4 Subtrahiere im Kopf.

a) 8T 7H – 5T 4H
6T 5H – 5T 2H
7T 9H – 4T 8H

b) 9 700 – 200
2 600 – 300
5 800 – 800

c) 7 800 – 3 700
5 700 – 4 400
3 900 – 2 500

5 Löse die Aufgabe und die **Umkehraufgabe** im Heft.

▶ Mathe-Lexikon S. 198

a) 6 400 + 2 300
8 700 – 2 300

b) 7 400 – 5 100
___ + 5 100

c) 9 800 – 7 100
___ + ___

6 Ergänze die Zahlen zum nächsten Tausender.

▶ Üben

a) 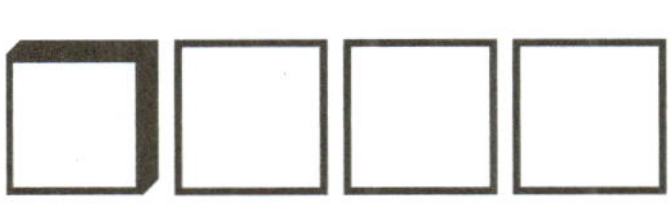

a) 1 T 3 H + ___ H = 2 T
1 3 0 0 + ___ ___ ___ = 2 0 0 0

b) 4T 7H + ___ = 5T
4 700 + ___ = 5 000

c) 8T 5H + ___ = ___
___ + ___ = ___

d) 7 900 + ___ = 8 000

e) 5 100 + ___ = 6 000

f) 3 700 + ___ = ___

g) 2 400 + ___ = ___

Addition und Subtraktion über den Tausender

1 Zerlege geschickt und addiere schrittweise.

> **Tipp**
> Ich ergänze bis zum nächsten Tausender.

▶ Üben

a) 6 800 + 500
6 800 + 200 + 300 = ▇

b) 2 900 + 500
2 900 + 100 + ▇ = ▇

c) 3 700 + 600
3 700 + ▇ + ▇ = ▇

d) 7 800 + 800

e) 6 900 + 400

2 Zerlege geschickt und subtrahiere schrittweise.

> **Tipp**
> Ich rechne zurück zum vorherigen Tausender.

▶ Üben

a) 5 400 – 700
5 400 – 400 – 300 = ▇

b) 6 100 – 500
6 100 – 100 – ▇ = ▇

c) 3 100 – 600
3 100 – ▇ – ▇ = ▇

d) 7 400 – 800

e) 2 300 – 400

3 Beschreibe den Rechenweg. Addiere halbschriftlich.

→
- zuerst, dann
- zerlegen
- das Ergebnis
- der Hunderter
- der Tausender

a)

5	4	0	0	+	3	8	0	0	=	▇	▇	▇	▇
5	4	0	0	+	3	0	0	0	=	▇	▇	▇	▇
▇	▇	▇	▇	+		8	0	0	=	▇	▇	▇	▇

b) 3 500 + 3 600
2 900 + 5 700

c) 4 600 + 2 800
1 700 + 6 400

d) 7 200 + 1 920
☆ 5 300 + 3 810

4 Beschreibe den Rechenweg. Subtrahiere halbschriftlich.

→
- zuerst, dann
- zerlegen
- das Ergebnis
- der Hunderter
- der Tausender

a)

7	3	0	0	–	4	5	0	0	=	▇	▇	▇	▇
7	3	0	0	–	4	0	0	0	=	▇	▇	▇	▇
▇	▇	▇	▇	–		5	0	0	=	▇	▇	▇	▇

b) 4 200 – 1 600
6 700 – 3 800

c) 9 300 – 6 700
8 400 – 3 800

d) 7 600 – 940
☆ 8 500 – 6 720

Methode: Überschlagen

1 Die beiden Klassen 6a und 6b veranstalten einen Flohmarkt.

Verkauf 6a: 283 €
Verkauf 6b: 212 €
Spenden: 97 €

Lass uns im Kopf überschlagen.

Das sind zusammen ungefähr 600 €.

a) Was bedeutet Überschlagen?

b) Wie könnte Tim gerechnet haben? Schreibt die Rechnung auf.

> Beim **Überschlagen** schätze ich ab, wie groß ein Ergebnis ist.
> 1. Ich runde die Zahlen.
> 2. Ich rechne mit den gerundeten Zahlen.
>
> 617 + 289
> 617 ≈ 600 und 289 ≈ 300
> Überschlag:
> 600 + 300 = 900

▶ Video

▶ Mathe-Lexikon S. 200

2 Überschlage. Runde dazu zum Hunderter.

a)	b)
617 + 394	893 – 751
487 + 215	679 – 441
526 + 281	939 – 169

☑ 100 200 300 700 700 800 1 000

Tipp
Ich sehe mir die Zehner an, wenn ich zum Hunderter runde.

3 Überschlage. Runde dazu zum Hunderter.

a)	b)	c)
4 713 + 1 199	7 319 – 5 123	6 107 + 3 819
2 381 + 5 429	6 497 – 3 371	4 857 – 1 099
7 739 + 1 099	5 911 – 2 793	3 247 + 5 365

4 Überschlage 764 + 128.

▶ Hilfe

a) Runde dazu … zum Hunderter, zum Zehner.

b) Welcher Überschlag ist einfacher zu berechnen? Erkläre.

c) Bei welchem Überschlag wird das Ergebnis genauer? Erkläre.

Methode: Überschlagen

5 Der Saalplan zeigt die Verteilung der Sitzplätze bei einem Konzert.

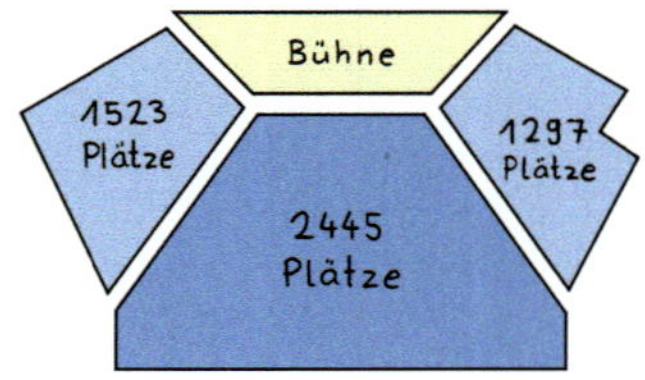

a) Überschlage die Gesamtanzahl.

b) Hast du dazu zum Zehner oder zum Hunderter gerundet? Begründe.

6 Mira, Lena und Lisa bearbeiten eine Sachaufgabe. ▸ Üben

Frau Dehnel hat 4 451 € gespart. Sie verkauft ihr altes Auto für 3 401 €.
Reicht das Geld für ein Auto zum Preis von 7 900 €?

Ich überschlage:
4 500 € + 3 400 € = 7 900 €.
Also reicht das Geld.

Ich überschlage:
4 450 € + 3 400 € = 7 850 €.
Also reicht das Geld nicht ganz.

Ich berechne das lieber ganz genau.

a) Wer hat recht? Begründet.

b) Worauf müsst ihr achten, wenn ihr mit Geldbeträgen rechnet?

7 Überprüfe Annas Ergebnis durch Überschlagen. Kann ihr Ergebnis stimmen? Begründe.

8753 - 3979 = 4256

8 Überschlage. Ordne im Heft den Aufgaben die Ergebnisse zu. ▸ Üben

a) 7 684 – 4 619　　b) 6 731 – 3 496

c) 5 175 + 3 381　　d) 5 658 + 2 343

8 001　　3 065　　3 235　　8 556

Schriftliche Addition ohne Übertrag und mit Übertrag

1 Übertrage die Additionsaufgabe ins Heft. Berechne.

2 Übertrage ins Heft. Addiere schriftlich.

a)

	T	H	Z	E
	2	5	1	7
+	1	3	2	1
	■	■	■	■

b)

	T	H	Z	E
	4	2	3	6
+	2	7	5	3
	■	■	■	■

c)

	T	H	Z	E
	5	4	3	4
+	3	2	1	5
	■	■	■	■

3 Schreibe ins Heft. Berechne. Beachte den Übertrag.

a)

	T	H	Z	E
	5	4	2	7
+	3	1	3	4
			1	
	■	■	■	1

4 **plus** 7 **ist gleich** 11.
Ich schreibe 1 Einer und
übertrage 1 Zehner.

b) 6 736 + 1 216

c) 7 254 + 1 482

d) 4 452 + 3 734

4 Schreibe **stellengerecht** ins Heft. Berechne.

▶ Mathe-Lexikon S. 197

a) 4 725 + 2 143
8 275 + 1 421
1 374 + 7 413

b) 4 527 + 3 215
1 270 + 3 414
5 136 + 2 435

c) 1 261 + 2 163
2 447 + 6 931
7 192 + 1 303

☑ 3 424 4 684 5 267 6 868 7 571 7 742 8 495 8 787 9 378 9 696

5 Schreibe stellengerecht ins Heft. Berechne.

▶ Üben

a) 4 325 + 264
6 082 + 417
364 + 7 134

b) 5 437 + 346
7 154 + 494
658 + 3 138

c) 4 725 + 951
4 635 + 454
832 + 2 437

☑ 3 269 3 796 4 589 5 089 5 676 5 783 6 499 6 793 7 498 7 648

Schriftliche Addition mit Überträgen

1 Tim fragt Ilja, ob er richtig rechnet.

▶ Video

	T	H	Z	E
	6	3	7	9
+	2	4	6	3
		1	1	
	■	■	4	2

a) Warum ist Tim wohl unsicher?

▶ Hilfe

→ addieren • beachten • übertragen • **der** Übertrag
der Einer • **der** Zehner • **der** Hunderter • **der** Tausender

b) Übertrage die Additionsaufgabe ins Heft. Rechne weiter.

2 Addiere schriftlich.

a) 5 453 + 1 258
7 496 + 2 445
5 364 + 3 189

b) 5 782 + 3 333
3 451 + 4 798
1 638 + 3 690

c) 3 863 + 3 165
5 748 + 2 562
2 345 + 2 655

3 Übertrage ins Heft. Addiere schriftlich mit 3 **Summanden**.

▶ Mathe-Lexikon S. 197

a)

	T	H	Z	E
	6	4	3	2
+	2	4	4	3
+	1	1	2	1
	■	■	■	6

b)

	T	H	Z	E
	4	2	5	5
+	3	1	5	3
+	1	2	5	1
	■	■	■	■

c)

	T	H	Z	E
	1	6	2	2
+	5	4	2	8
+	1	2	2	3
	■	■	■	■

4 Schreibe **stellengerecht** ins Heft. Addiere wie Lisa.

7 plus 9 plus 8 ist gleich 24.
Ich schreibe 4 Einer und
übertrage 2 Zehner.

a) 1 405 + 2 039 + 3 227

b) 2 141 + 3 330 + 1 472

c) 4 376 + 3 270 + 2 183

d) 1 954 + 4 833 + 2 812

Schriftliche Subtraktion ohne Übertrag und mit Übertrag

1 Übertrage die Subtraktionsaufgabe ins Heft. Rechne weiter.

Ich ergänze von 6 125 bis 8 537.

Zuerst ergänze ich bei den Einern.
Von 5 bis 7 sind es 2.

2 Schreibe **stellengerecht** ins Heft. Berechne.

▶ Mathe-Lexikon S. 197

a) 6 783 – 2 562
8 953 – 2 731

b) 6 954 – 4 124
5 642 – 4 501

c) 5 189 – 2 168
5 435 – 5 224

d) 3 674 – 222
☆ 7 572 – 441

e) 9 851 – 31
☆ 6 398 – 57

f) 5 262 – 162
☆ 8 374 – 270

▶ Hilfe

☑ 211 1 141 2 830 3 021 3 452 4 221 5 100 6 222 6 341 7 131 8 104 9 820

3 Übertrage die Subtraktionsaufgabe ins Heft. Rechne weiter.

Von 9 bis 5 kann ich nicht ergänzen.
Also ergänze ich bis 15.

Von 9 bis 15 sind es 6. Ich schreibe
6 Einer und übertrage 1 Zehner.

Dann ergänze ich bei den Zehnern. Ich beachte den Übertrag:
3 plus 1 ist gleich 4. Von 4 bis 8 sind es 4.

4 Schreibe stellengerecht ins Heft. Berechne.
Überprüfe deine Ergebnisse mit dem **Taschenrechner**.

▶ Methoden-Lexikon S. 195

a) 4 693 – 3 458
7 546 – 3 119

b) 4 316 – 2 125
7 853 – 2 471

c) 3 942 – 1 151
9 653 – 1 382

d) 8 268 – 4 952
5 463 – 2 842

e) 9 859 – 1 668
7 346 – 3 531

f) 4 534 – 218
☆ 6 485 – 192

Schriftliche Subtraktion mit Überträgen

1 Ina stößt beim Subtrahieren auf einen zweiten Übertrag.

▶ Video
▶ anderer Lösungsweg S. 190

a) Wie soll Ina weiterrechnen?

▶ Hilfe

→ beachten • ergänzen • übertragen • **der** Übertrag
der Einer • **der** Zehner • **der** Hunderter • **der** Tausender

b) Übertrage die Subtraktionsaufgabe ins Heft. Rechne weiter.

2 Übertrage ins Heft. Subtrahiere schriftlich.

a)

	T	H	Z	E
	4	6	9	3
−	3	3	5	8
	■	■	■	■

b)

	T	H	Z	E
	7	6	4	3
−	2	4	7	1
	■	■	■	■

c)

	T	H	Z	E
	5	2	6	7
−	4	9	6	2
	■	■	■	■

3 Schreibe **stellengerecht** ins Heft. Berechne.
Überprüfe deine Ergebnisse mit dem **Taschenrechner**.

▶ Mathe-Lexikon S. 197
▶ Methoden-Lexikon S. 195
▶ Üben

a) 7 662 − 1 389
6 468 − 4 289
4 954 − 3 575
6 243 − 2 716

b) 9 523 − 6 792
7 135 − 1 264
4 315 − 1 424
4 351 − 2 532

c) 3 174 − 368
☆ 5 373 − 592
9 426 − 158
8 567 − 848

4 Paul ist ein Fehler passiert.

a) Rechne nach. Was hat er falsch gemacht?

b) Worauf muss Paul achten?
Gib ihm einen Tipp.

	T	H	Z	E
			15	13
	4	9	~~5~~	~~3~~
−	1	6	4	6
		1	1	
	3	2	0	7

c) Schreibe 3 453 − 1 382 stellengerecht ins Heft. Berechne.

Schriftliche Subtraktion mit Übertrag bei der Null

1 Wie geht Fatima mit der Null um?

Ich beachte den Übertrag:
1 **plus** 4 **ist gleich** 5.
Von 5 bis 0 kann ich nicht ergänzen.
Also ergänze ich bis 10.

Von 5 bis 10 sind es 5.
Ich schreibe 5 Zehner und
übertrage 1 Hunderter.

	T	H	Z	E
			10	15
	7	7	~~0~~	~~5~~
–	2	3	4	9
			1	
				6

	T	H	Z	E
			10	15
	7	7	~~0~~	~~5~~
–	2	3	4	9
		1	1	
			5	6

▶ Video
▶ anderer Lösungsweg S. 191

a) Übertrage die Subtraktionsaufgabe ins Heft. Rechne weiter.

b) Beschreibe den Rechenweg.

▶ Hilfe

→
- zuerst, dann, zum Schluss
- beachten, ergänzen, schreiben, übertragen
- **der** Einer, **der** Zehner, **der** Hunderter, **der** Tausender

2 Übertrage ins Heft. Subtrahiere wie Fatima.

a)

	T	H	Z	E
	5	8	0	2
–	4	4	6	6
	■	■	■	■

b)

	T	H	Z	E
	6	0	3	9
–	4	7	4	8
	■	■	■	■

c)

	T	H	Z	E
	8	0	5	8
–	6	3	7	2
	■	■	■	■

3 Schreibe stellengerecht ins Heft. Berechne.

▶ Üben

a) 7 105 – 3 264
4 015 – 1 421
9 046 – 5 164

b) 7 802 – 1 374
6 705 – 2 289
4 904 – 3 575

c) 8 004 – 3 358
☆ 6 003 – 1 748
9 008 – 4 469

☑ 1 329 1 376 2 594 3 841 3 882 4 255 4 416 4 539 4 646 6 428

☆ **4** Dennis hat viele Fotos auf seinem Handy.
Von 2 400 Bildern löscht er 214. Wie viele Fotos behält er?

Aufgaben-Profi: Wichtige Informationen entnehmen

Die Tour de France ist das wichtigste Radrennen der Welt. Im Jahr 1926 wurde die längste Strecke gefahren. Sie war 5 745 km lang. Die kürzeste Strecke wurde im Jahr 1949 gefahren. Sie war 2 428 km lang. Im Jahr 2024 ging das Rennen über 3 492 km. Wie viele Kilometer ist die Strecke von 2024 kürzer als die Strecke von 1926?

▶ Hilfe

1 Lest die Sachaufgabe. Was fällt euch an den Informationen auf?

2 Lena und Paul beginnen mit der Bearbeitung der Sachaufgabe. Übertrage ihre Aufzeichnungen ins Heft.

Welche Frage sollen wir beantworten?

Die Frage steht ganz am Ende der Sachaufgabe.

Frage: Wie viele Kilometer ist die Strecke von 2024 kürzer als die Strecke von 1926?

Die Frage hilft uns dabei, wichtige Informationen zu entnehmen.

Was ist gegeben?

Wir brauchen nur die Streckenlängen von 1926 und 2024.

gegeben: 1926 : 5745 km
2024 : 3492 km

Die Aufgabe heißt: 5 745 km – 3 492 km.

3 Setzt die Bearbeitung von Paul und Lena fort.

a) Subtrahiert schriftlich.

b) Überprüft euer Ergebnis durch Überschlagen. Rundet dazu zum Hunderter.

c) Beantwortet die Frage.

d) Überprüft eure Bearbeitung. Passt eure Antwort zur Aufgabe?

Alexeys Videokanal

Lisa folgt einem Videokanal. Der Kanal gehört Alexey, der auch 13 Jahre alt ist. Alexej hat den Kanal mit der Zustimmung seiner Eltern vor 14 Monaten gegründet. Er macht hier vor, wie Kinder in Schule und Alltag zum Klimaschutz beitragen können. Der Kanal hat schon 8 329 Follower. Letzten Monat waren es erst 6 451. Das Video zum Plastikmüll wurde schon 9 824 mal angesehen.

▶ Hilfe

Tipp
Follower von Alexeys Kanal sind Personen, die sich regelmäßig seine Videos ansehen.

1 Beantworte die Fragen zum Text.

a) Wie alt ist Alexey?

b) Wer hat zugestimmt, damit Alexey einen Kanal haben kann?

c) Wie viele Follower hat Alexeys Kanal derzeit?

d) Stellt selbst Fragen. Beantwortet sie euch gegenseitig.

2 Bearbeite mit dem **Aufgaben-Profi**.

▶ Aufgaben-Profi S. 192

a) Wie viele Follower sind seit dem letzten Monat dazugekommen?

b) Wie viele Follower fehlen noch bis 10 000?

c) Wie viele Follower sind über 18 Jahre alt?

Frage:
gesucht:
gegeben:
Rechnung:
Antwort:

Vor dem Bearbeiten
- Ich lese die Aufgabe. Welche Frage soll ich beantworten?
- Ich lese den Text. Passt die Frage zu den Informationen?
- Ich entnehme die wichtigen Informationen. Was ist gegeben?

3 Alexeys Eltern begleiten seinen Kanal. Neue Videos veröffentlicht er nur in Abstimmung mit ihnen.

a) Wieso beaufsichtigen Alexeys Eltern seinen Kanal?

b) Auch Lisas Mutter bespricht mit Lisa, welche Videos sich Lisa ansieht und welche Kommentare Lisa schreibt. Begründe.

Vermischte Übungen

1 Ergänze im Heft. ▶ Üben

a) 2 600 + ▬ = 3 000
2 600 + ▬ = 4 000
2 600 + ▬ = 4 600

b) 4 900 + ▬ = 5 000
4 900 + ▬ = 5 100
4 900 + ▬ = 6 100

2 Berechne im Kopf. Zerlege geschickt.

a) 5 800 + 700
8 400 + 900

b) 6 300 – 400
9 600 – 900

c) 3 400 – 600
4 300 + 800

3 Berechne halbschriftlich.

a) 3 700 + 2 700
3 700 + 2 760
5 900 + 3 950

b) 7 200 – 3 600
7 210 – 3 600
8 150 – 5 400

c) 6 950 + 1 210
☆ 5 370 – 2 840
6 580 – 1 650

☑ 2 530 2 750 3 600 3 610 4 930 5 400 6 400 6 460 8 160 9 850

4 Überschlage. Runde dazu zum Hunderter. ▶ Üben

Ⓐ In einer Schraubenfabrik ist eine Maschine defekt. Von 9 390 Schrauben sind 1 140 Schrauben fehlerhaft. Wie viele Schrauben können ungefähr verwendet werden?

Ⓑ Eine Band spielt zwei Konzerte an einem Wochenende. Am Samstag werden 4 890 Tickets verkauft und am Sonntag 3 240. Wie viele Tickets sind das ungefähr zusammen?

5 Hier sind nicht alle Aufgaben richtig gerechnet.
Finde falsche Ergebnisse durch Überschlagen.

a) *5 310 + 3 320 = 7 630*

b) *9 870 – 2 240 = 7 430*

c) *2 375 + 6 182 = 8 557*

d) *6 395 – 4 148 = 2 111*

6 Herr Bahar möchte am Tag 10 000 Schritte gehen. Seine Uhr zeigt ihm, dass er bisher 6 593 Schritte gegangen ist. Kann die Aussage von Herrn Bahar stimmen? Begründe.

„Ich muss heute noch 4 407 Schritte gehen."

7 Wie heißen die Zahlen? Schreibe die Additionsaufgaben **stellengerecht** ins Heft. Berechne schriftlich.

▶ Mathe-Lexikon S. 197

a) | 1T + 7H + 5Z + 2E | + | 5T + 2H + 3Z + 4E |

b) | 0E + 4T + 7Z + 6H | + | 2T + 8Z + 0E + 1H |

c) | 4E + 5H + 0Z + 3T | + | 6H + 1E + 3T + 9Z |

8 Schreibe stellengerecht ins Heft. Subtrahiere schriftlich.

a) 5T 8H 6Z 4E – 3T 6H 4Z 9E b) 7T 3Z 3H 9E – 2T 6H 8Z 3E

c) 6T 0H 3Z 2E – 4T 5H 1Z 3E d) 8T 5H 0Z 9E – 1T 4H 8Z 3E

☆ **9** Welche Ziffern fehlen?

▶ Üben

a)

	T	H	Z	E
	■	2	4	1
+	1	3	■	0
+	2	4	1	■
	8	■	7	5

b)

	T	H	Z	E
	2	0	2	■
+	1	■	3	1
+	■	8	2	3
	1			
	6	2	■	8

c)

	T	H	Z	E
	■	1	4	3
+	2	4	■	3
+	3	■	2	8
			1	
	9	5	8	■

10 Schreibe stellengerecht ins Heft. Berechne.
Überprüfe deine Ergebnisse wie Ina.

	T	H	Z	E
	3	8	5	9
+	2	1	2	3
			1	
	5	9	8	2

Probe

	T	H	Z	E
				12
	5	9	8	~~2~~
–	2	1	2	3
			1	
	3	8	5	9

a) 6 617 + 1 264
4 532 + 4 385

b) 4 369 + 1 542
5 853 + 3 619

c) 4 425 + 358
☆ 386 + 8 654

☆ **11** Bilde aus dem **Minuenden** und den **Subtrahenden** Aufgaben. Berechne und überprüfe mit dem **Taschenrechner**.

▶ Mathe-Lexikon S. 197
▶ Methoden-Lexikon S. 195

| 5 000 | – | 2 365 | 1 299 | 3 218 | 437 | 693 |

Radfahren in den Bergen

Eine Radtour in Italien verläuft über 4 Berge.

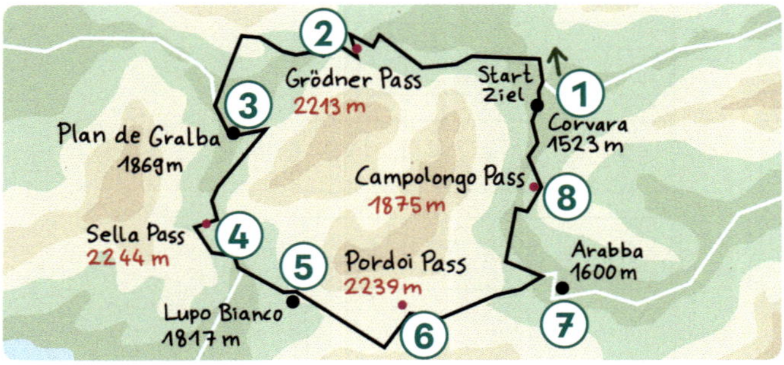

Tipp
Der Weg über einen Berg wird Pass genannt.
Die **Passhöhe** ist der höchste Punkt auf dem Weg.

▶ Quiz

1 Beschreibe den Verlauf der Radtour.
Welche Abschnitte führen bergauf, welche bergab?

▶ Hilfe

→ von • nach • über • **der** Start • **das** Ziel • **die** Höhe • **die** Passhöhe

2 Runde alle Höhenangaben zum Hunderter.

(1) Corvara 1523 m ≈ 1500 m
(2) Grödner Pass 2213 m ≈ ▢▢▢▢ m

▶ Mathe-Lexikon S. 200

3 Rechne mit den gerundeten Werten von Aufgabe **2**.
Berechne die Höhenunterschiede zwischen …

a) (1) Corvara und (2) Grödner Pass

a) 1500 m + ▢▢▢ m = 2200 m

b) (2) Grödner Pass und (3) Plan de Gralba

b) 2200 m − ▢▢▢ m = 1900 m

c) (3) Plan de Gralba und (4) Sella Pass

d) (4) Sella Pass und (5) Lupo Bianco

e) (5) Lupo Bianco und (6) Pordoi Pass

f) (6) Pordoi Pass und (7) Arabba

g) (7) Arabba und (8) Campolongo Pass

h) (8) Campolongo Pass und (1) Corvara

☆ **4** Wie viele Höhenmeter müssen auf der Strecke ungefähr …

▶ Hilfe

a) bergauf gefahren werden? **b)** bergab gefahren werden?

Das kann ich!

Schätze zuerst deinen Lernerfolg ein.

- Ich lese die Aufgaben auf der Seite genau.
  Was soll ich tun?
- Ich schätze vor dem Bearbeiten ein:
  Wie gut kann ich die Aufgabe?

Ich kann die Aufgabe ...
noch nicht.
etwas.
gut.
sicher.

1 Addiere im Kopf.

2 500 + 400 | 3 700 + 6 200 | 7 600 + 900

2 Subtrahiere im Kopf.

8 500 – 300 | 5 400 – 2 100 | 8 300 – 600

3 Addiere schriftlich. Beachte die Überträge.

a) 5 784 + 2 381 **b)** 3 751 + 429 **c)** 2 352 + 1 234 + 3 806

4 Subtrahiere schriftlich. Beachte die Überträge.

a) 7 953 – 6 289 **b)** 8 457 – 596 **c)** 10 000 – 6 148

5 Überschlage.

a) Runde dazu zum Hunderter.
5 375 + 2 324

b) Kann das Ergebnis stimmen?
3 921 – 2 431 = 2 490

c) In einem Jahr schien die Sonne in Baden-Württemberg 1 855 Stunden und in Niedersachsen 1 655 Stunden. Überschlage den Unterschied.

Übertrage ins Heft. Male die passende Anzahl von Smileys aus.

So gut kann ich ...	Meine Beurteilung
1 im Kopf addieren.	
2 im Kopf subtrahieren.	
3 schriftlich addieren mit Überträgen.	
4 schriftlich subtrahieren mit Überträgen.	
5 überschlagen.	

Gewichte

▶ Quiz

I Was siehst du?

II Zu welchen Gewichten findest du im Bild zwei Beispiele?

III Was könnte links von der Butter abgebildet werden?

→
- leichter als
- genauso schwer wie
- schwerer als
- das Gramm
- das Kilogramm
- die Waage

Start ins Thema

1 Lena und Ilja vergleichen mit einer Balkenwaage. Beschreibe die Ergebnisse.

a)

→
- leichter als
- genauso schwer wie
- schwerer als

b)

c)

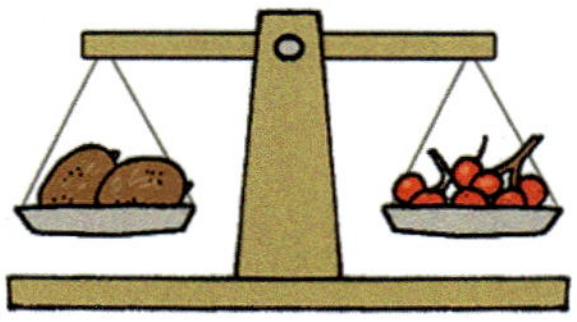

Start ins Thema

2 Wie ändert sich jeweils die Balken-Waage? Beschreibe.

a) Tim legt zu den Möhren eine weitere Möhre hinzu.

b) Danach legt Tim zu den Äpfeln einen weiteren Apfel hinzu.

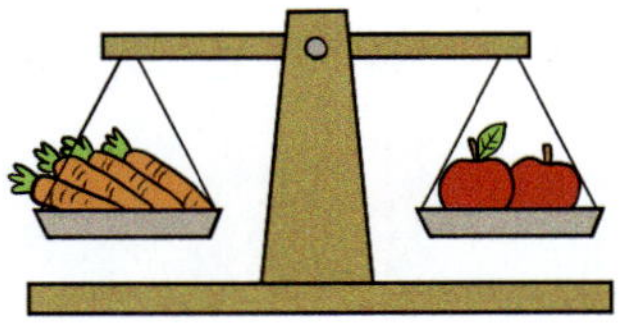

3 Welches Gewicht passt? Ordne im Heft zu und begründe. ▶ Üben

a) 

b) 

c) 

d) 

85 kg	100 g	1 g	1 kg

4 Finde je drei Gegenstände, die ungefähr so viel wiegen wie ...

a) eine Büroklammer

b) eine Tafel Schokolade

c) eine Packung Milch

5 Schätzt und überprüft das Gewicht der Gegenstände.

Buch	Apfel	Mäppchen	Schultasche	Trinkflasche

a) Schätzt das Gewicht.

b) Überprüft mit einer Waage. Welche Waage habt ihr verwendet? Begründet.

6 Welches Gewicht könnte stimmen? Erkläre. ▶ Üben

a) Fledermaus:	6 g	80 g	40 g
b) Ananas:	280 g	1 400 g	3 kg
c) Gabel:	1 kg	150 g	30 g
d) Waschmaschine:	4 000 g	75 kg	120 kg

Kilogramm und Gramm

1 Was meinst du? Begründe.

2 Rechne die Gewichte um …

a) in g: 5 kg; 10 kg; 3 kg

b) in kg: 4 000 g; 6 000 g; 1 000 g; 8 000 g; 7 000 g

> **!** 1 Kilogramm = 1 000 Gramm
> 1 kg = 1 000 g

▶ Üben

3 Wie trägt Lena das Gewicht in die Stellenwerttafel ein? Beschreibe.

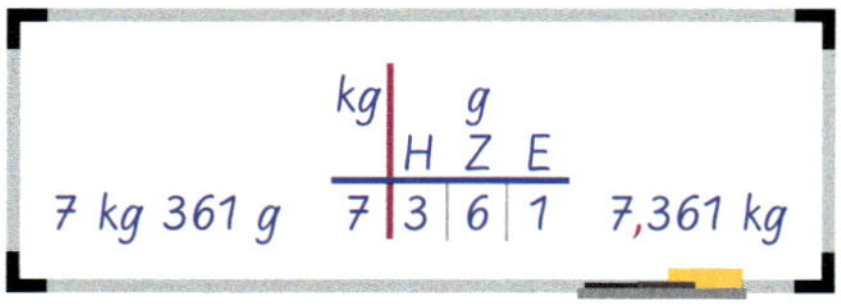

4 Schreibe in eine Stellenwerttafel. Rechne in kg um.

a) 9 kg 281 g
3 kg 140 g

b) 1 kg 516 g
5 kg 812 g

c) 2 kg 976 g
8 kg 341 g

5 Übertrage ins Heft. Rechne mithilfe der Stellenwerttafel um.

▶ Video

	kg	g H	g Z	g E	
7 2 6 4 g	7	2	6	4	7, 2 6 4 kg
2 0 9 1 g	2	0	9	1	■ ■ ■ ■ kg
8 3 0 5 g	■	■	■	■	■ ■ ■ ■ kg
1 0 0 7 g	■	■	■	■	■ ■ ■ ■ kg

> **!** Der rote Strich trennt kg und g. Ich setze ein **Komma**, wenn ich in kg schreibe.

6 Rechne in kg um.

▶ Üben

a) 9 100 g
9 010 g

b) 8 030 g
8 003 g

c) 1 400 g
1 004 g

Kilogramm und Gramm

7 Rechne in g um. ▶ Üben

	kg	g			
		H	Z	E	
7,500 kg	7	5	0	0	7 500 g

a) 7,500 kg
7,050 kg
7,005 kg

b) 2,800 kg
2,080 kg
2,008 kg

8 Wie rechnet Fatima in kg um? Erkläre.

Es gibt keinen Hunderter. Darum schreibe ich hier eine 0.

9 Rechne wie Fatima in kg um.

a) 3 kg 37 g
8 kg 15 g
4 kg 92 g

b) 6 kg 61 g
5 kg 50 g
2 kg 43 g

c) 7 kg 64 g
2 kg 15 g
9 kg 83 g

d) 3 kg 21 g
2 kg 80 g
9 kg 40 g

10 Rechne in kg um. Beachte die Nullen. ▶ Üben

	kg	g			
		H	Z	E	
5 kg 4 g	5	0	0	4	5,004 kg

a) 5 kg 4 g
7 kg 1 g
9 kg 2 g

b) 8 kg 2 g
1 kg 9 g
4 kg 7 g

11 Schreibe in kg und g. ▶ Üben

	kg	g			
		H	Z	E	
6,004 kg	6	0	0	4	6 kg 4 g

a) 6,004 kg
8,071 kg
4,029 kg

b) 7,002 kg
☆ 2,050 kg
8,300 kg

12 Ordne. Beginne mit dem kleinsten Gewicht. ▶ Üben

a) 2,917 kg; 2 179 g; 2,791 kg

b) 5 836 g; 6,538 kg; 6,385 kg

c) 4,020 kg; 4,200 kg; 4,002 kg

d) 3 100 g; 3 kg 9 g; 3,080 kg

Kilogramm und Tonne

1 Was meinst du? Begründe.

!
1 Tonne = 1 000 Kilogramm
1 t = 1 000 kg

2 Welche Gewichte werden auch in Tonnen angegeben? Begründe.

3 Welches Gewicht passt? Ordne zu: 160 t, 1 600 kg, 6 t.

▶ Üben

A

B

C

4 Projektaufgabe

Erstellt ein Gewichts-Quiz

- Recherchiert dazu verschiedene Gewichtsrekorde, zum Beispiel Gewichtheben, Fahrzeuge, Riesengemüse, Tiere, ...
- Schreibt jeweils eine passende Frage, die richtige Antwort und zwei falsche Antworten auf.

Kilogramm und Tonne

5 Was meinst du? Begründe.

6 Rechne die Gewichte um …

a) in kg: 6 t; 2 t; 5 t; 7 t; 9 t; 1 t; 10 t

b) in t: 3 000 kg; 8 000 kg; 4 000 kg

a) 6 t = 6 0 0 0 kg

b) 3 0 0 0 kg = ___ t

7 Ergänze das Beispiel und die Sätze im Heft.

	t	kg	
		H Z E	
7 2 6 4 kg	7	2 6 4	7, ___ ___ ___ t
2 0 9 1 kg	2	___ ___ ___	___ ___ ___ ___ t

Der rote Strich trennt ___.
Ich setze ein **Komma**, wenn ___.

8 Rechne in t um. ▶ Üben

a) 3 340 kg
5 094 kg

b) 8 615 kg
1 509 kg

c) 4 136 kg
7 450 kg

d) 2 008 kg
6 064 kg

9 Rechne in kg um. ▶ Üben

	t	kg	
		H Z E	
6, 4 8 1 t	6	4 8 1	6 4 8 1 kg

a) 6,481 t
3,794 t
2,809 t
7,156 t

b) 8,042 t
5,379 t
1,604 t
4,955 t

10 Ordne. Beginne mit dem kleinsten Gewicht. ▶ Üben

a) 1 268 kg; 4,758 t; 3 960 kg

b) 2,367 t; 3 672 kg; 3,726 t

c) 6,470 t; 6 047 kg; 7,704 t

d) 5,108 t; 5,018 t; 5 810 kg

Addition und Subtraktion von Gewichten

1 Worum geht es?

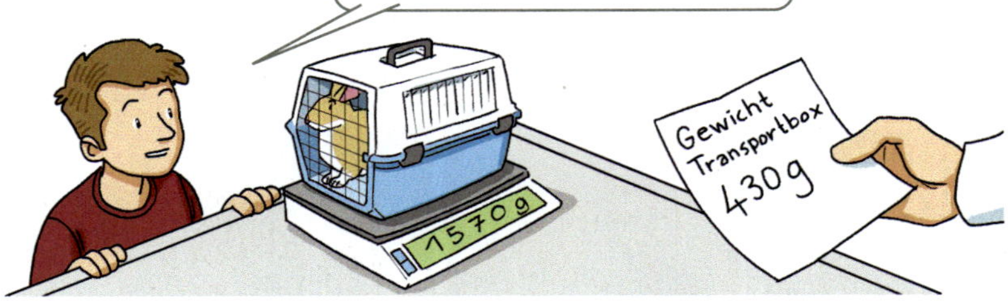

2 Berechne zuerst mit ganzen Zahlen. Berechne dann schriftlich.

▶ Video

▶ Üben

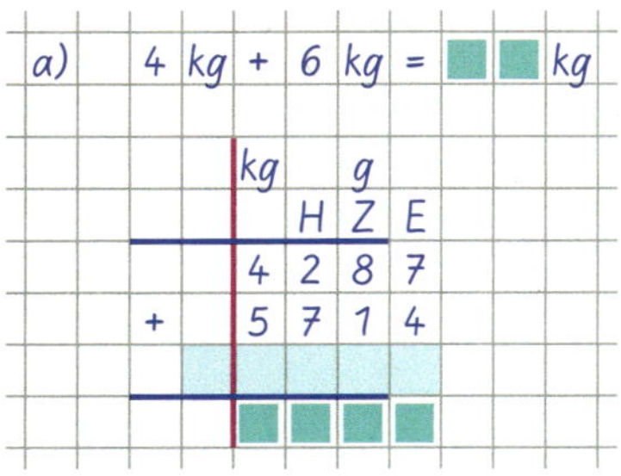

a) 4,287 kg + 5,714 kg

b) 3,921 kg + 6,455 kg

c) 5,836 kg – 3,572 kg

d) 8,235 kg – 6,346 kg

3 Berechne zuerst mit ganzen Zahlen. Berechne dann schriftlich.

▶ Üben

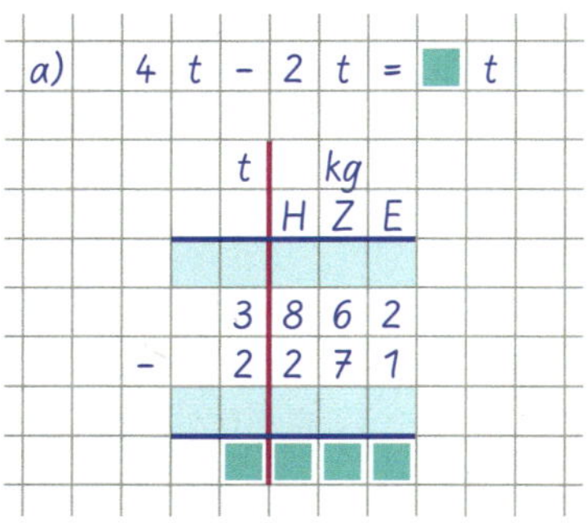

a) 3,862 t – 2,271 t

b) 8,379 t – 6,288 t

c) 7,321 t + 1,874 t

d) 2,492 t + 5,863 t

e) 13,678 t – 11,483 t

4 Mira schreibt die Rechnung anders.

a) Vergleiche mit der Rechnung aus Aufgabe **2**.
Wo steht im Ergebnis das Komma?

b) Berechne wie Mira:
A 2,176 kg + 3,721 kg
B 4,384 t + 5,157 t
C 8,765 kg – 6,583 kg

Schwere Fahrzeuge

1 Ordne dem Gewicht nach. Beginne mit dem leichtesten Fahrzeug.

11,500 t   1,257 t

28 kg   135 kg   9 500 t

2 Ein Auto hat ein zulässiges Gesamtgewicht von 1,675 t.
Sein Leergewicht beträgt 1,140 t.
Wie viele Kilogramm dürfen noch zugeladen werden?

▶ Üben

3 Das Auto der Familie Meier hat ein Leergewicht von 1 370 kg.
Wenn die Familie mit Gepäck in den Urlaub fährt, werden noch 378 kg zugeladen.
Wie viel wiegt das Auto dann insgesamt?

4 Das Schiff wurde mit Getreide, Baumwolle und Kaffee beladen.

a) Wie viel wiegt die Ladung insgesamt?

b) Das Schiff wird noch mit Holz beladen. Dann wiegt die Fracht insgesamt 3 749 t.
Wie viele Tonnen Holz wurden geladen?

c) ☆ Im nächsten Hafen werden die Baumwolle und der Kaffee entladen. Wie viele Tonnen werden insgesamt entladen?

Milligramm in der Biologie

1 Was siehst du? Wo findest du Gewichtsangaben?

▶ Quiz

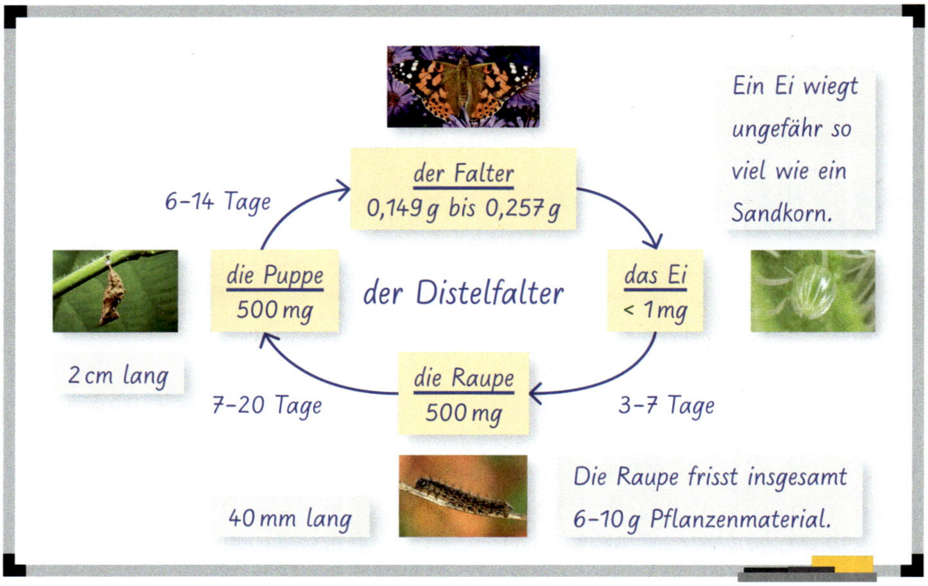

▶ Mathe-Lexikon S. 200

! 1 Gramm = 1 000 Milligramm
1 g = 1 000 mg

2 Was wiegt jeweils mehr?

a) eine Distelfalter-Raupe oder ein Reiskorn

b) ein Distelfalter-Ei oder ein Reiskorn

c) 10 Reiskörner oder eine Distelfalter-Puppe

d) 100 Reiskörner oder eine Distelfalter-Raupe

Tipp
Ein Reiskorn wiegt 25 mg.

3 Berechne den Unterschied zwischen dem schwersten und dem leichtesten Distelfalter.

▶ Hilfe

4 Wer wiegt mehr: der Distelfalter oder die Distelfalter-Raupe?

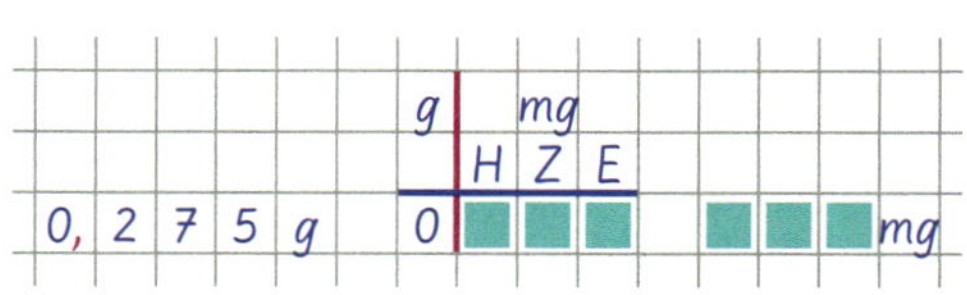

5 Stellt euch gegenseitig Aufgaben zum Distelfalter.

☺ Das kann ich!

Schätze zuerst deinen Lernerfolg ein.

- Ich lese die Aufgaben auf der Seite genau. Was soll ich tun?
- Ich schätze vor dem Bearbeiten ein: Wie gut kann ich die Aufgabe?

Ich kann die Aufgabe ...	
noch nicht.	☺☺☺
etwas.	☻☺☺
gut.	☻☻☺
sicher.	☻☻☻

1 Ordne den Gegenständen im Heft die richtigen Gewichte zu.

a) eine Tomate **b)** ein Auto **c)** ein A4-Blatt Papier

5 g	120 g	120 kg	1 t 100 kg

2 Rechne um...

a) in g: 1,728 kg; 6 kg 935 g; 3 kg 16 g

b) in kg: 1 235 g; 5 t 586 kg; 17 kg 45 g

c) in t: 4 t 648 kg; 5 256 kg; 23 t 72 kg

3 Berechne.

a) 3,285 kg + 6,143 kg

b) 7,382 t – 2,914 t

c) Im Zoo werden die Giraffen gewogen.
Wie groß ist der Unterschied zwischen dem Giraffen-Bullen und der Giraffen-Kuh?

Übertrage ins Heft. Male die passende Anzahl von Smileys aus.

So gut kann ich ...	Meine Beurteilung
1 Gegenständen Gewichte zuordnen.	☺☺☺
2 Gewichte umrechnen.	☺☺☺
3 Gewichte addieren und subtrahieren.	☺☺☺

Längen

▶ Quiz

I Was siehst du?

II Worauf müssen Dennis und Mascha beim Messen achten?

III Mit welchen Merkmalen muss Hamid 8 km, 130 mm, 40 cm und 1,52 m verbinden?

→
- messen
- das Geodreieck
- das Lineal
- der Kilometer
- der Meter
- der Millimeter
- der Zentimeter

Start ins Thema

1 Welche Länge passt? Ordne im Heft zu und begründe.

Länge eines Autos	Länge einer Biene	1,4 cm	1,4 m
Länge eines Stifts	Körpergröße von Ina	4 m	14 cm

2 Ergänze im Heft: km, m, cm oder mm.

▶ Üben

a) Länge eines Schuhs: 24 ▬ **b)** Höhe einer Tür: 2 ▬

c) Länge einer Fliege: 14 ▬ **d)** Länge Deutschland: 876 ▬

3 Sind die Längenangaben richtig oder falsch?
Schreibe die falschen Sätze richtig in dein Heft.

a) Ein Bett ist ungefähr 200 cm lang.

b) Ein 1-ct-Stück ist ungefähr 10 mm dick.

c) Ein Fußballfeld ist ungefähr 110 km lang.

d) Eine Ameise ist ungefähr 8 cm lang.

e) Eine Tür ist ungefähr 1 000 mm breit.

> **Tipp**
> In einer Angabe ist eine 0 zu viel.
> In zwei Angaben ist die Maßeinheit falsch.

4 Schätze zuerst die Längen der Strecken. Miss dann genau.

a) **b)** **c)** **d)**

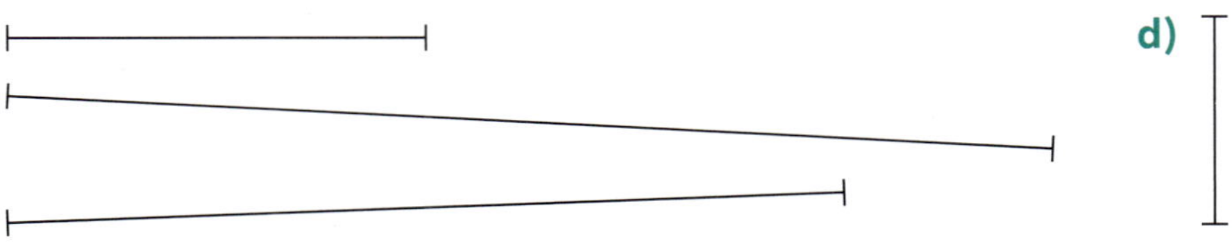

5 Suche im Klassenraum Gegenstände, die etwa 1 m lang, breit oder hoch sind. Überprüfe mit einem Maßband.

6 Überlege zuerst:
Wie lang sind die Linien?
Miss dann genau nach und zeichne die Linien ins Heft.

> **Tipp:** Vergleiche mit den Strecken:
> 1 cm
> 5 cm

a)

b)

☆ **c)**

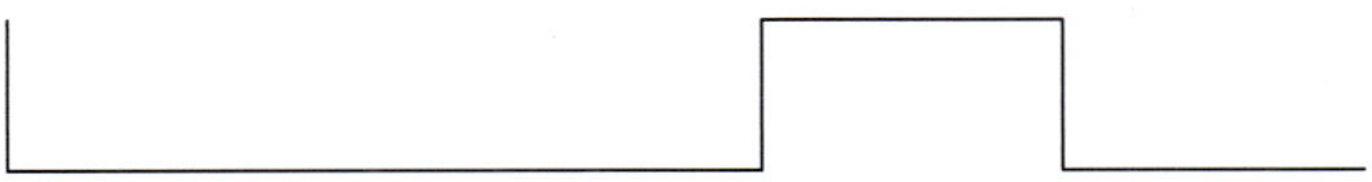

☆ **7** Zeichne eigene Linien wie in Aufgabe **6**.

a) 3 cm **b)** 7 cm **c)** 14 cm **d)** 17 cm

Zentimeter und Millimeter

1 Was siehst du?

a) Wie lang sind die Leisten?

b) Gib die Längen der Leisten in mm an.

> **!** 1 Zentimeter = 10 Millimeter
> 1 cm = 10 mm

▶ Video

2 Ergänze das Beispiel und die Sätze im Heft.

	cm | mm	
6 5 mm	6 | 5	6, 5 cm
8 4 mm	▭ | ▭	▭, ▭ cm
1 9 mm	▭ | ▭	▭, ▭ cm

Der rote Strich trennt ▭.
Ich setze ein Komma, wenn ▭.

3 Rechne in cm um.

▶ Üben

a) 26 mm
59 mm

b) 47 mm
78 mm

c) 435 mm
619 mm

d) 197 mm
342 mm

4 Rechne in mm um.

▶ Üben

	cm | mm	
6, 5 cm	6 | 5	6 5 mm

a) 3,1 cm
5,2 cm
9,3 cm

b) 29,7 cm
47,3 cm
61,4 cm

5 Ordne. Beginne mit der kürzesten Länge.

▶ Üben

a) 12 cm; 12 mm; 2 cm

b) 5,7 cm; 46 mm; 60 mm

c) 59,4 cm; 59 mm; 549 mm

d) 18,7 cm; 87,1 cm; 781 mm

Meter und Zentimeter

1 Die Wand in Lisas und Lenas Zimmer ist 4 m lang. Passen das Regal und der Schreibtisch nebeneinander ins Zimmer? Begründe.

2 Rechne die Längen um ...

a) in cm: 5 m; 9 m; 6 m; 10 m

b) in m: 600 cm; 800 cm; 300 cm; 1 400 cm

! 1 Meter = 100 Zentimeter
1 m = 100 cm

3 Rechne die Längen um ...

a) in cm: 2 m 81 cm; 6 m 37 cm; 9 m 54 cm; 12 m 60 cm

b) in m und cm: 519 cm; 372 cm; 586 cm; 1 734 cm

4 Ergänze das Beispiel und die Sätze im Heft.

					m		cm						
							Z	E					
	3	4	7	cm		3	4	7		3,	■	■	m
3	4	7	5	cm	3	4	■	■	3	4,	■	■	m
7	5	3	4	cm	■	■	■	■	■	■	■	■	m

Der rote Strich trennt ■.
Ich setze ein Komma, wenn ■.

5 Rechne in m um.

▶ Üben

a) 125 cm
251 cm
512 cm

b) 930 cm
903 cm
603 cm

c) 1 670 cm
1 067 cm
1 607 cm

d) 238 cm
2 380 cm
2 308 cm

Meter und Zentimeter

6 Rechne in cm um. ▶ Üben

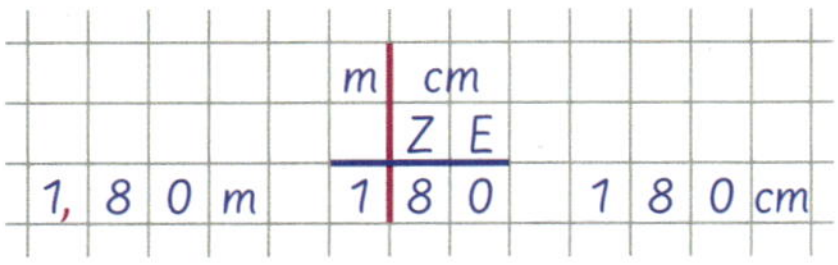

a) 2,91 m
2,90 m
2,09 m

b) 14,33 m
14,30 m
14,03 m

7 Wie rechnet Tim in m um? Erkläre.

Ich beginne rechts mit den cm: Ich trage 9 Einer ein. Zehner gibt es nicht, darum schreibe ich hier eine 0. Dann trage ich die 4 m ein.

8 Rechne wie Tim in m um. ▶ Üben

a) 2 m 7 cm
6 m 1 cm
4 m 8 cm
1 m 6 cm

b) 5 m 3 cm
2 m 8 cm
9 m 7 cm
3 m 1 cm

c) 8 m 9 cm
4 m 7 cm
3 m 2 cm
7 m 4 cm

9 Schreibe in m und cm. ▶ Üben

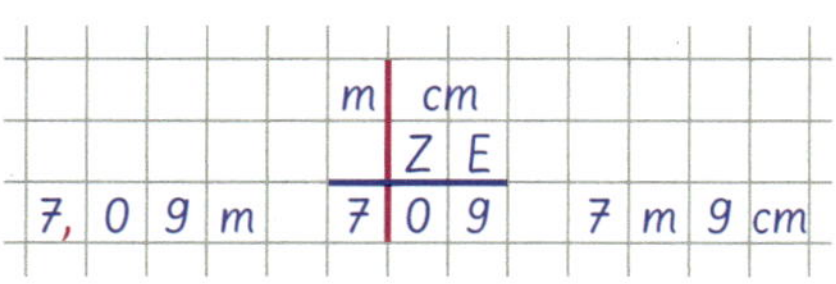

a) 6,08 m
5,02 m
9,04 m

b) 3,07 m
8,02 m
4,06 m

10 Rechne in cm um. Vergleiche dann: >, < oder =. ▶ Mathe-Lexikon S. 200

a) 573 cm ■ 5,73 m
819 cm ■ 9,81 m
246 cm ■ 2,46 m

b) 61,84 m ■ 6 814 cm
43,57 m ■ 4 355 cm
27,81 m ■ 2 871 cm

11 Ordne. Beginne mit der kürzesten Länge. ▶ Üben

a) 8,19 m; 198 cm; 891 cm

b) 408 cm; 4,01 m; 410 cm

c) 71,30 m; 731 cm; 1 703 cm

d) 84,70 m; 87,04 m; 874 cm

Meter, Dezimeter und Zentimeter

1 Worum geht es?

▶ Hilfe

!
1 Dezimeter = 10 Zentimeter
1 dm = 10 cm

2 Finde im Klassenraum Gegenstände, die 1 dm, 2 dm und 5 dm lang sind.

Tipp: Nutze Zehnerstangen.

3 Ordne die passenden Längen zu.

A 

B 

C 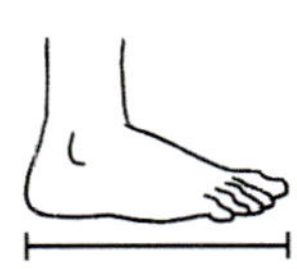

D 

1 dm	2,5 dm	1 m	1 cm

4 Zeichne die Strecken in dein Heft.
Beginne jeweils mit der kürzeren.

a) 15 cm
1 dm

b) 2 dm
2 cm

c) 1 dm
110 mm

d) 1,5 dm
☆ 11,5 cm

5 Sind die Längenangaben richtig oder falsch?
Überprüfe und begründe. Schreibe die Sätze richtig ins Heft.

▶ Üben

a) Ein Heft ist ungefähr 50 dm breit.

b) Ein Zeichenblock ist ungefähr 4 dm breit und 2 cm hoch.

c) Das Smartboard ist 20 dm breit und 10 cm hoch.

Kilometer und Meter

1 Was siehst du?

a) Wie viele Meter läuft Tim? Wie viele Runden sind das auf dem Sportplatz?

> **!** 1 Kilometer = 1 000 Meter
> 1 km = 1 000 m

b) Welche Strecken in deiner Umgebung sind etwa einen Kilometer lang?

2 Rechne die Längen um …

a) in m: 4 km; 2 km; 9 km; 7 km; 10 km

b) in km: 8 000 m; 3 000 m; 6 000 m; 10 000 m; 5 000 m

3 Rechne in km um. ▶ Video

a)	km	m H	m Z	m E	
8 km 3 5 6 m	8	3	5	6	8, 3 ▢ ▢ km

a) 8 km 356 m **b)** 2 km 914 m **c)** 4 km 127 m **d)** 3 km 682 m

4 Ergänze das Beispiel und die Sätze im Heft.

	km	m H	m Z	m E	
5 9 1 4 m	5	9	1	4	5, ▢ ▢ ▢ km
8 3 7 0 m	8	▢	▢	▢	▢ ▢ ▢ ▢ km

Der rote Strich trennt ▢.
Ich setze ein Komma, wenn ▢.

5 Rechne in km um. ▶ Üben

a)	b)	c)	d)
3 700 m	2 500 m	5 600 m	7 080 m
3 070 m	2 050 m	5 060 m	7 008 m
3 007 m	2 005 m	5 006 m	7 800 m

6 Rechne in m um. ▶ Üben

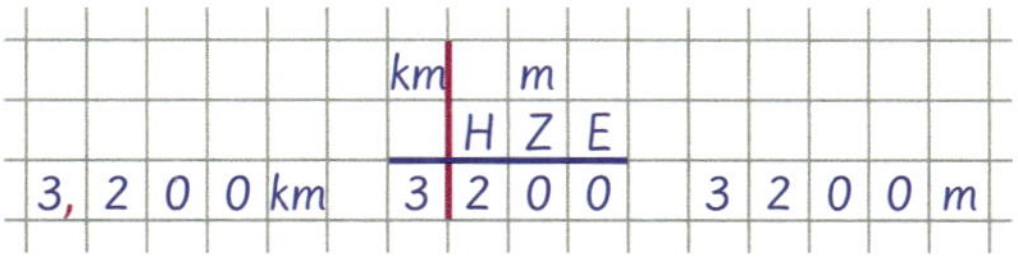

a) 3,200 km
3,020 km
3,002 km

b) 4,900 km
4,090 km
4,009 km

7 Wie rechnet Lena in km um? Erkläre.

Ich beginne rechts mit den m:
Ich trage 5 Einer und
6 Zehner ein.
Hunderter gibt es nicht, darum
schreibe ich hier eine 0.
Dann trage ich die 8 km ein.

8 km 65 m sind 8,065 m.

8 Rechne wie Lena in km um.

a) 8 km 65 m
3 km 29 m

b) 4 km 97 m
2 km 53 m

c) 5 km 38 m
3 km 92 m

d) 4 km 70 m
3 km 50 m

9 Rechne in km um. Beachte die Nullen. ▶ Üben

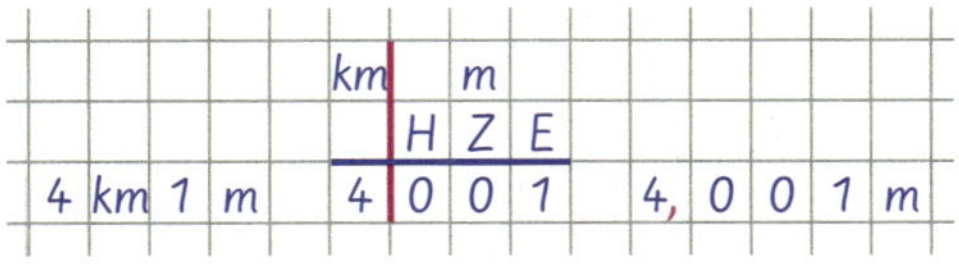

a) 6 km 1 m
1 km 8 m
9 km 6 m

b) 7 km 6 m
4 km 1 m
2 km 5 m

10 Schreibe in km und m. ▶ Üben

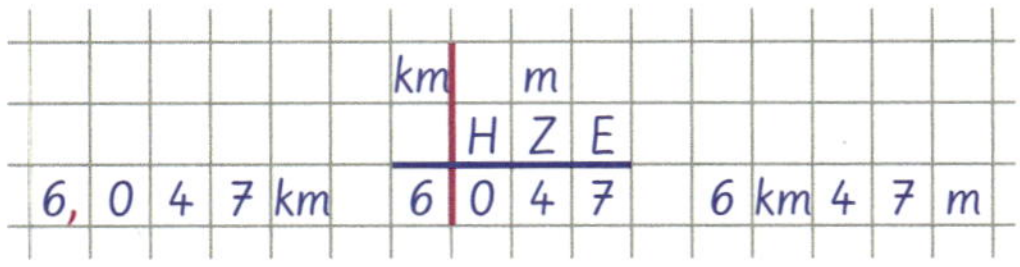

a) 2,071 km
6,049 km
8,012 km

b) 7,005 km
☆ 3,800 km
4,040 km

11 Ordne. Beginne mit der kürzesten Länge. ▶ Üben

a) 8,301 km; 5,813 km; 8 530 m

b) 7,904 km; 7 490 m; 7,049 km

c) 1 050 m; 1,500 km; 1 005 m

d) 2 900 m; 2 km 9 m; 2,090 km

Addition und Subtraktion von Längen

1 Wie groß sind Paul und Ilja?

2 Berechne zuerst im Kopf mit ganzen Zahlen.
Berechne dann schriftlich mit den genauen Zahlen.

▶ Video
▶ Üben

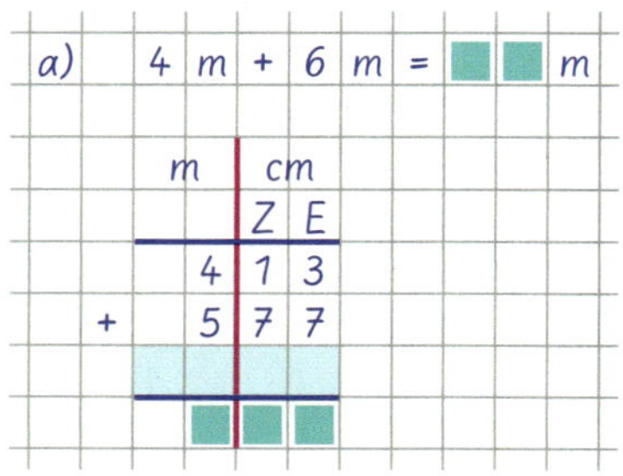

a) 4,13 m + 5,77 m

b) 3,26 m + 4,65 m

c) 18,31 m + 54,26 m

d) 6,82 m − 1,04 m

e) 8,83 m − 2,90 m

f) 73,29 m − 11,60 m

3 Schreibe zuerst in mm. Berechne dann schriftlich.

▶ Üben

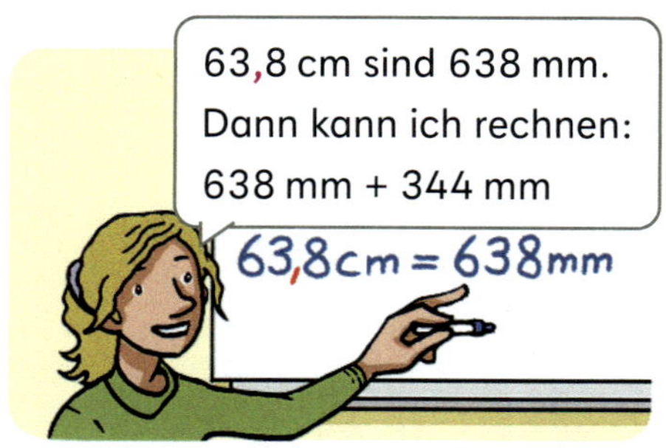

a) 63,8 cm + 344 mm

b) 96,2 cm − 850 mm

c) 37,4 cm + 375 mm

d) 72,1 cm − 106 mm

e) 44,5 cm + 628 mm

☑ 112 mm; 615 mm; 749 mm; 867 mm; 982 mm; 1 073 mm

☆ **4** Ömer möchte einen Bilderrahmen bauen.
Von der 19,3 cm langen Leiste sägt er 15,6 cm für den Bilderrahmen ab.
Wie lang ist das Abfallstück?

▶ Hilfe

☺ Das kann ich!

Schätze zuerst deinen Lernerfolg ein.

- Ich lese die Aufgaben auf der Seite genau. Was soll ich tun?
- Ich schätze vor dem Bearbeiten ein: Wie gut kann ich die Aufgabe?

Ich kann die Aufgabe …	
noch nicht.	☺ ☺ ☺
etwas.	☻ ☺ ☺
gut.	☻ ☻ ☺
sicher.	☻ ☻ ☻

1 Ordne den Gegenständen im Heft die richtigen Längen zu.

a) Dicke eines Stecknadelkopfs

b) Sitzhöhe eines Stuhls

c) Breite eines Betts

1 m | 1 mm | 45 cm

2 Rechne um …

a) in cm: 85 mm; 1,6 m; 8 cm 6 mm

b) in m: 543 cm; 8,356 km; 3 m 8 cm

c) in km: 1 257 m; 6 070 m; 2 km 5 m

3 Berechne schriftlich.

a) 1,25 m + 7,36 m

b) 3,87 m – 2,49 m

c) Mascha fährt ins Freibad. Wie viele Meter fährt sie insgesamt?

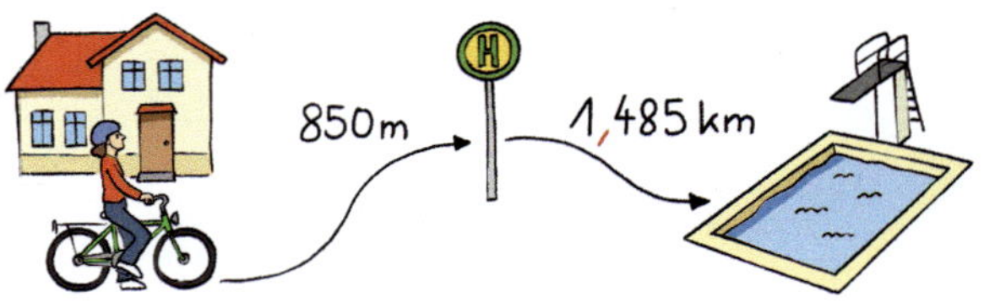

Übertrage ins Heft. Male die passende Anzahl von Smileys aus.

So gut kann ich …	Meine Beurteilung
1 Gegenständen Längen zuordnen.	☺ ☺ ☺
2 Längen umrechnen.	☺ ☺ ☺
3 Längen addieren und subtrahieren.	☺ ☺ ☺

Teste dich! Lösungen S. 203 Methoden-Lexikon S. 194

Umfang

▶ Quiz

I Was siehst du?

II Wo siehst du Umfänge?

III Wie werden die Umfänge bestimmt?

→
- addieren • messen
- das Dreieck • die Länge
- das Maßband • das Quadrat
- das Rechteck • die Seite
- der Zollstock

Der Zollstock wird auch Gliedermaßstab oder Meterstab genannt.

Start ins Thema

1 Zeichne verschiedene Figuren ins Heft.

a) Zeichne ihre Umfänge farbig nach.

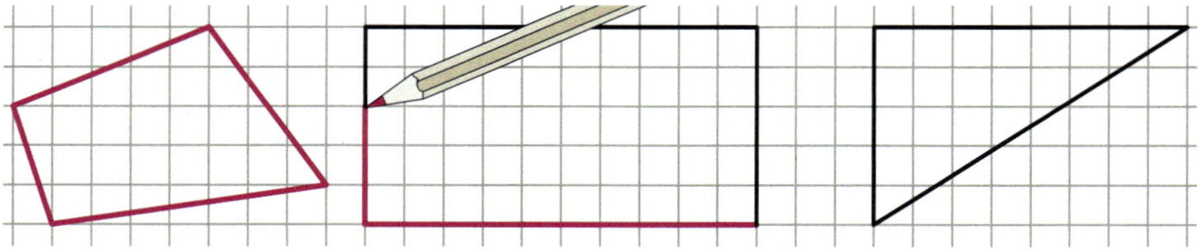

b) Zeichnet mehrere Figuren übereinander.
Tauscht eure Zeichnungen.
Zeichnet die Umfänge der Figuren verschiedenfarbig nach.

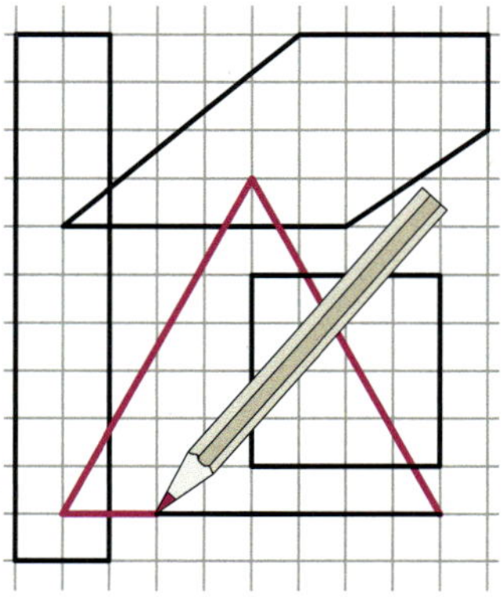

! So berechne ich den **Umfang:**
Ich addiere alle Seitenlängen.

2 Miss die Seitenlängen. Berechne die Umfänge. ▶ Video

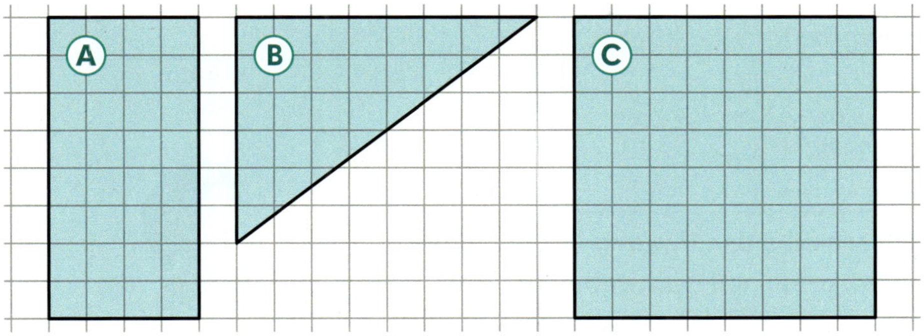

Ⓐ 2 cm + ■ cm + ■ cm + ■ cm = ■ cm

3 Berechne die Umfänge der Figuren. ▶ Üben

a)

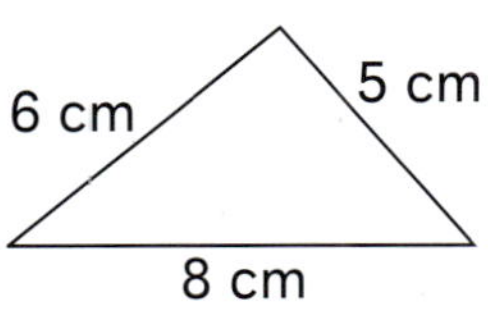

b)

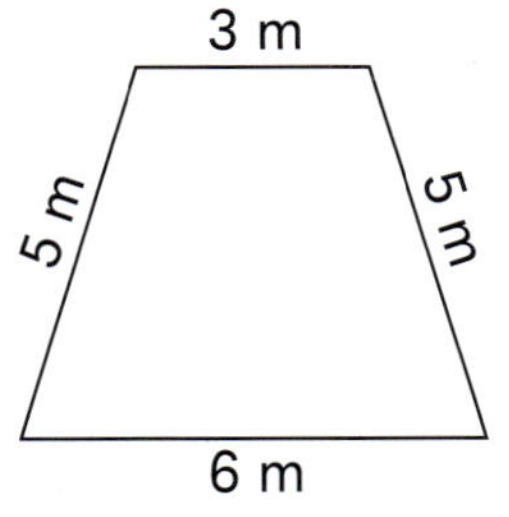

c) ☆

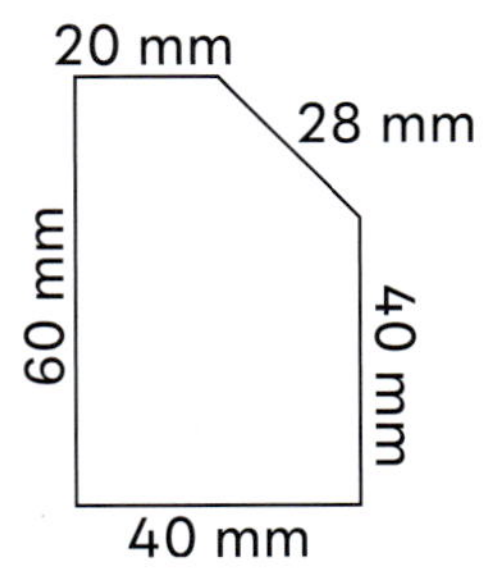

4 Miss die Seitenlängen in mm. Berechne die Umfänge.

a)

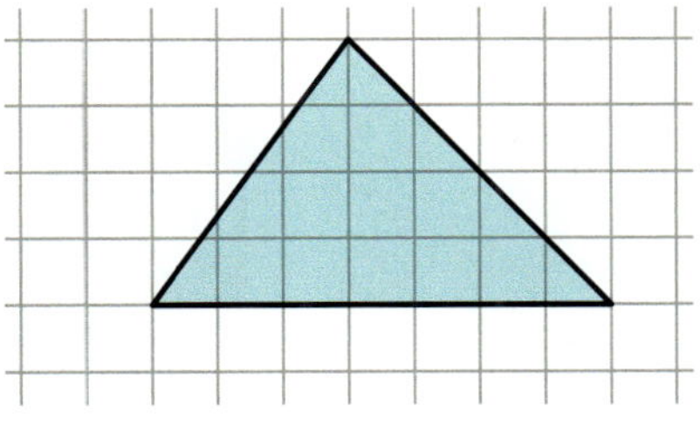

a)	3	5	m	m
+	2	8	m	m
+	■	■	m	m
	■	■	m	m

b)

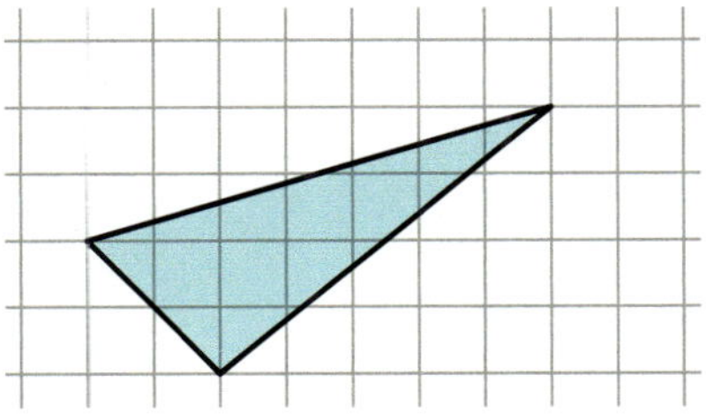

c)

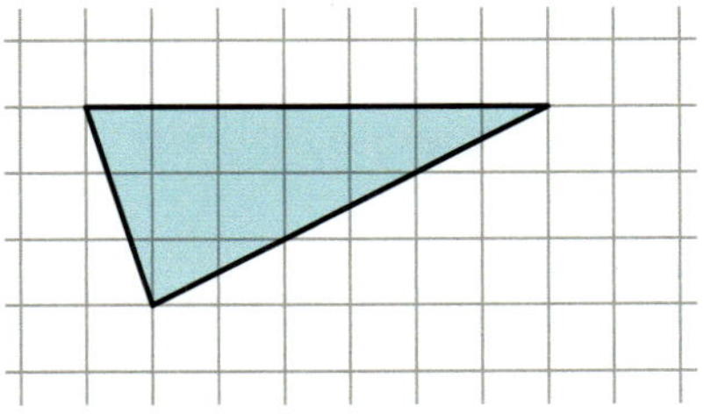

Variablen verwenden

1 Fatima berechnet den Umfang von einem Dreieck. Beschreibe ihre Rechnung.

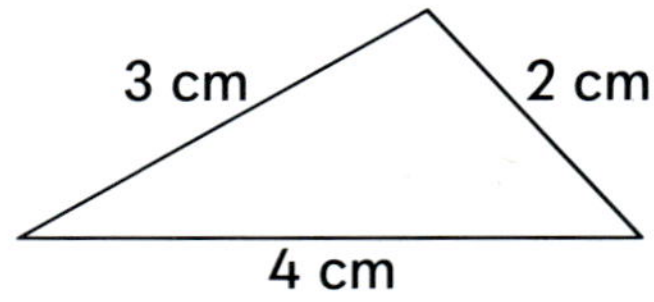

$u = 3\,cm + 2\,cm + 4\,cm$

$u = 9\,cm$

Ich schreibe den **Umfang** in Rechnungen mit dem kleinen Buchstaben **u**.

2 Berechne die Umfänge der Figuren wie Fatima. ▶ Üben

a)

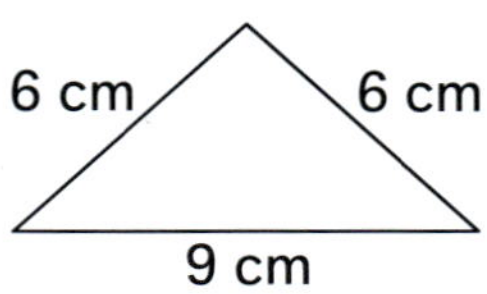

b)

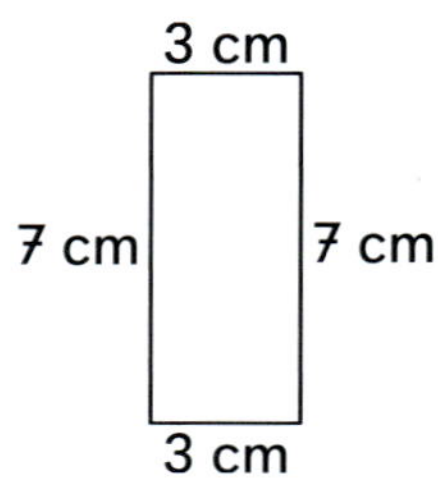

c) ☆

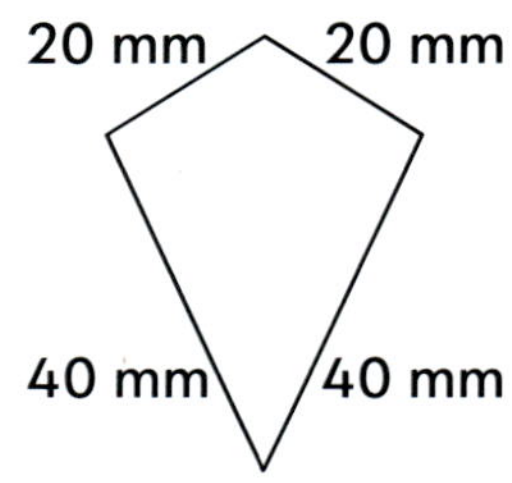

3 Benenne die fehlenden Seiten. ▶ Üben

Ich benenne **Seiten** von Figuren gegen den Uhrzeigersinn ⟲ mit kleinen Buchstaben: **a, b, c, ...** .

Der Uhrzeigersinn ist die Richtung, in der sich die Zeiger bewegen. Gegen den Uhrzeigersinn ist anders herum.

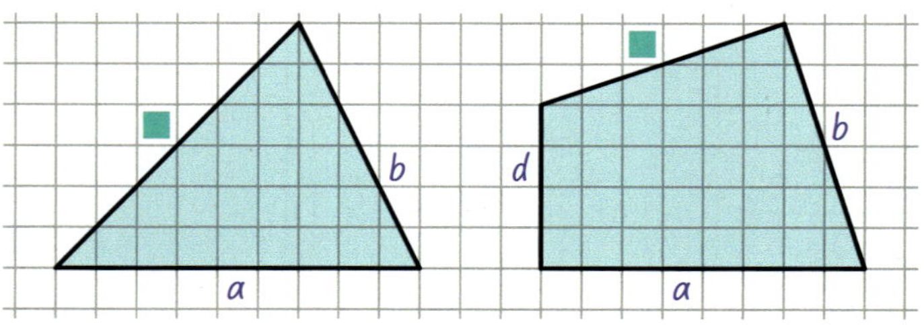

4 Zeichne Dreiecke ins Heft. Benenne die Seiten.

5 Zeichnet Vierecke ins Heft. Tauscht eure Hefte. Benennt die Seiten.

Formeln verwenden: Umfänge von Dreiecken

1 Was bedeutet $u_\triangle = a + b + c$? Lies mit dem **Lese-Profi**.

Den **Umfang vom Dreieck** ($u_\triangle$)
berechne ich mit der Formel:
$u_\triangle = a + b + c$

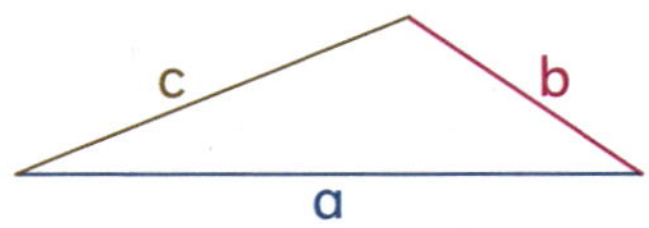

Die Variable a steht für die Länge von Seite a.
Die Variable b steht für die Länge von Seite b.
Die Variable c steht für die Länge von Seite c.

Beim Lesen
- Ich lese den Text und die Sprechblase. Worum geht es?
- Ich entnehme die wichtigen Informationen. Worauf weisen mich die Hervorhebungen hin? Was sehe ich auch auf dem Bild?

▶ Lese-Profi S. 193

2 Beschreibe die Bearbeitung der Aufgabe Schritt für Schritt.

▶ Hilfe

Berechne den Umfang vom Dreieck mit den Seiten a = 5 cm, b = 6 cm und c = 7 cm.

gesucht:	$u_\triangle$
gegeben:	a = 5 cm
	b = 6 cm
	c = 7 cm
Rechnung:	$u_\triangle$ = a + b + c
	$u_\triangle$ = 5 cm + 6 cm + 7 cm
	$u_\triangle$ = 18 cm

→
- zuerst, dann, ...
- addieren
- aufschreiben
- berechnen
- einsetzen
- die Formel
- die gesuchte Größe
- die gegebene Größe
- das Ergebnis

3 Berechne die Umfänge der Dreiecke.

gesucht:	$u_\triangle$
gegeben:	a = 4 cm
	b = 7 cm
	c = 5 cm
Rechnung:	$u_\triangle$ = a + b + c
	$u_\triangle$ = ■ cm + ■ cm + ■ cm
	$u_\triangle$ = ■■ cm

a) a = 4 cm, b = 7 cm, c = 5 cm

b) a = 6 cm, b = 3 cm, c = 8 cm

c) a = 2 cm, b = 5 cm, c = 9 cm

d) a = 7 cm, b = 10 cm, c = 4 cm

Formeln verwenden: Umfänge von Rechtecken

1 Beantworte die Frage von Dennis.

▶ Mathe-Lexikon S. 199

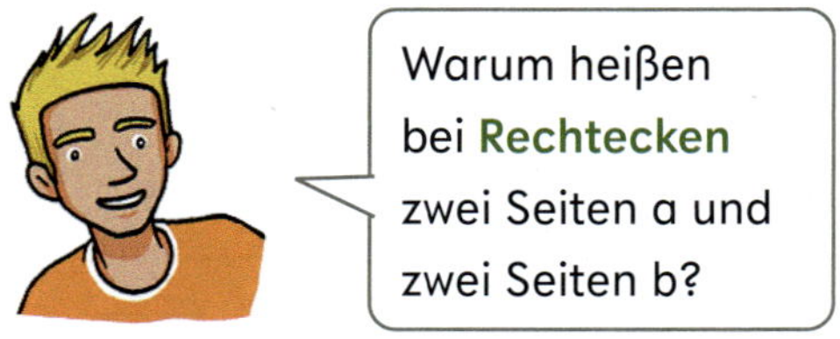

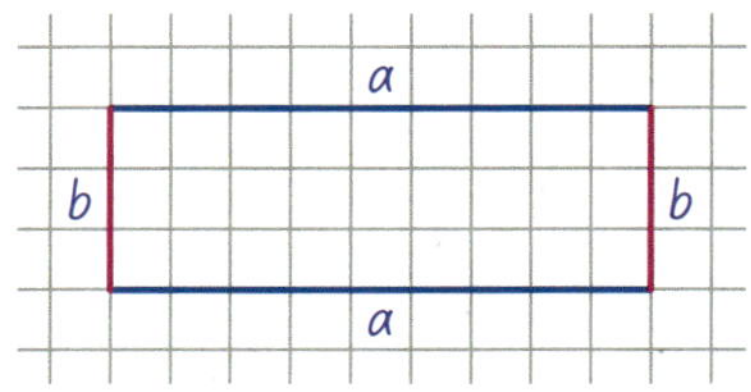

2 Was bedeutet die verkürzte Formel?

Den **Umfang vom Rechteck** ($u_{\square}$) berechne ich mit der Formel:
$u_{\square} = a + b + a + b$.
Die verkürzte Formel lautet:
$u_{\square} = 2 \cdot a + 2 \cdot b$

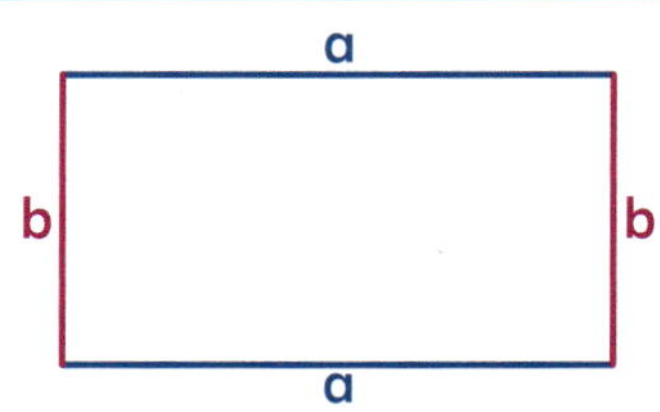

3 Berechne die Umfänge der Rechtecke.

▶ Video

gesucht:	$u_{\square}$
gegeben:	$a = 2$ cm
	$b = 4$ cm
Rechnung:	$u_{\square} = 2 \cdot a + 2 \cdot b$
	$u_{\square} = 2 \cdot 2$ cm $+ 2 \cdot 4$ cm
	$u_{\square} =$ ■ cm + ■ cm
	$u_{\square} =$ ■■ cm

Tipp
Beachte die Vorrangregel:
Punktrechnung vor Strichrechnung

a) a = 2 cm, b = 4 cm

b) a = 1 cm, b = 3 cm

c) a = 7 cm, b = 4 cm

d) a = 5 cm, b = 2 cm

e) a = 2 cm, b = 6 cm

f) a = 3 cm, b = 6 cm

☆ **4** Ein Rechteck hat den Umfang 18 cm.

▶ Hilfe

a) Schreibe mögliche Seitenlängen a und b auf.

b) Zeichne verschiedene Rechtecke mit $u_{\square} = 18$ cm.

c) Vergleicht eure Ergebnisse.

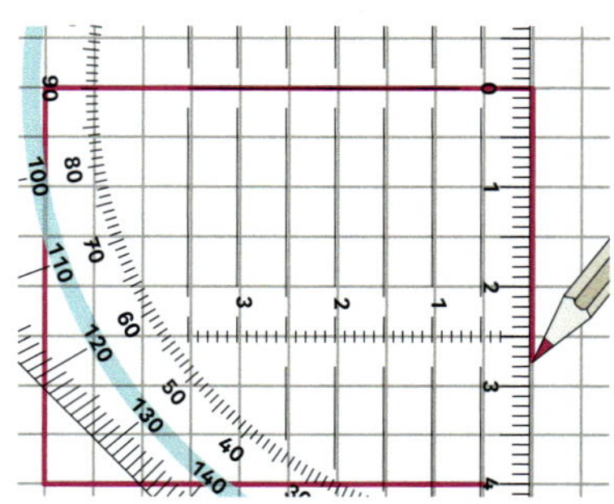

Formeln verwenden: Umfänge von Quadraten

▶ Mathe-Lexikon S. 199

1 Beantworte die Frage von Anna.

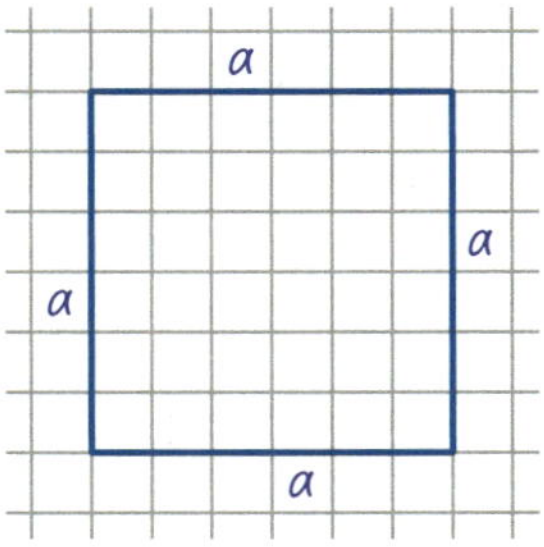

2 Was bedeutet die verkürzte Formel?

Den **Umfang vom Quadrat** ($u_{\square}$) berechne ich mit der Formel:
$u_{\square} = a + a + a + a$.
Die verkürzte Formel lautet:
$u_{\square} = 4 \cdot a$

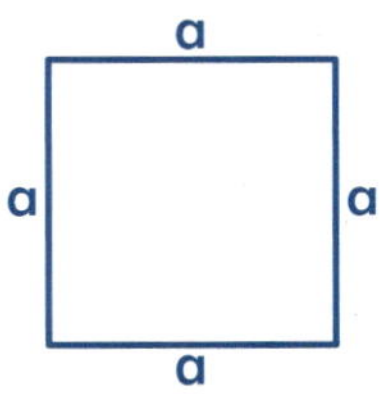

3 Berechne die Umfänge der Quadrate.

a) gesucht:	$u_{\square}$					
gegeben:	a	=	3	cm		
Rechnung:	$u_{\square}$	=	4	·	a	
	$u_{\square}$	=	4	·	▢	cm
	$u_{\square}$	=	▢	▢	cm	

a) a = 3 cm **b)** a = 5 cm
c) a = 7 cm **d)** a = 9 cm
e) a = 20 mm **f)** a = 40 mm
g) a = 80 mm **h)** a = 60 mm

4 Wie verändert sich der Umfang?

a) Zeichne Quadrate um Quadrate.
Beginne mit a = 2 cm.
Die Seiten der folgenden Quadrate sollen immer 1 cm länger sein.

b) Berechne die Umfänge.
Was fällt dir auf?

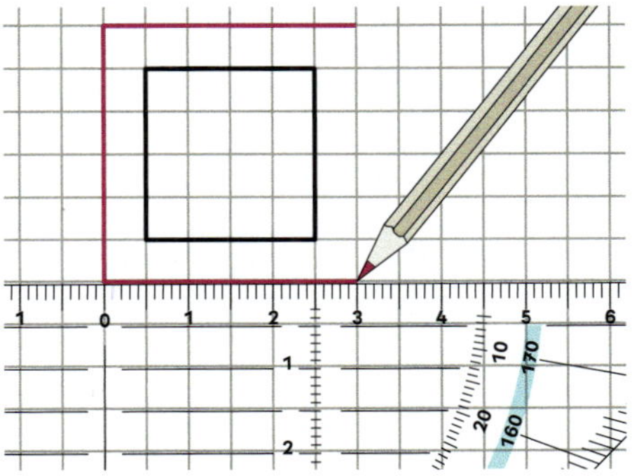

Formeln verwenden: Seitenlängen von Quadraten

Ein Quadrat hat einen Umfang von 12 m. Wie lang ist die Seite a? ▶ Video

Gesucht ist die Länge der Seite a.
Gegeben ist 12 m Umfang vom Quadrat.

gesucht: a
gegeben: $u_{\square} = 12\,m$

Der Umfang vom Quadrat **ist gleich** 4 **mal** a.

Rechnung: $u_{\square} = 4 \cdot a$

Ich setze den Umfang 12 m in die Formel ein.
So kann ich die Länge der Seite a nicht berechnen.

Rechnung: $u_{\square} = 4 \cdot a$
$12\,m = 4 \cdot a$

Deshalb schreibe ich die Umkehraufgabe auf:
12 m **geteilt durch** 4 **ist gleich** a.

Rechnung: $u_{\square} = 4 \cdot a$
$12\,m = 4 \cdot a$
$12\,m : 4 = a$

Zum Schluss dividiere ich:
12 m **geteilt durch** 4 **ist gleich** 3 m.
Ich schreibe 3 m ist gleich a.

Rechnung: $u_{\square} = 4 \cdot a$
$12\,m = 4 \cdot a$
$12\,m : 4 = a$
$3\,m = a$

Die Seite a ist 3 m lang.

1 Berechne die Längen der Seiten von Quadraten wie Paul. ▶ Üben

a) $u_{\square} = 20\,cm$ **b)** $u_{\square} = 36\,cm$ **c)** $u_{\square} = 40\,m$ **d)** $u_{\square} = 8\,mm$

2 Ilja geht anders vor als Paul. Er bestimmt die Länge der Seite a zeichnerisch. Erkläre.

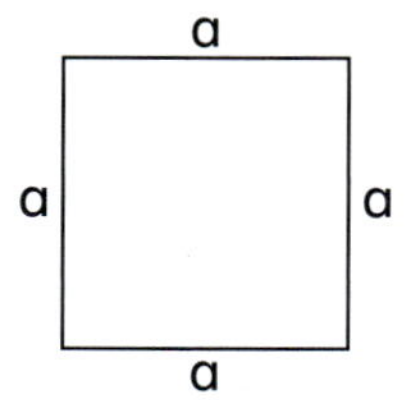

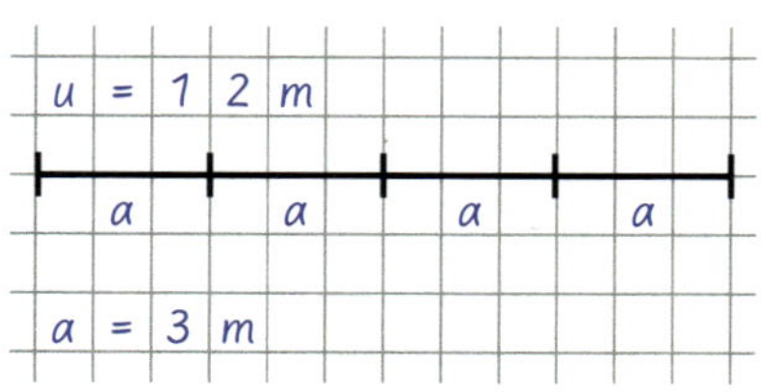

→ gleich • einteilen • zählen • das Kästchen • die Strecke • der Umfang

Formeln selbst aufstellen

1 Das hast du schon im Kapitel Umfang erfahren. Vervollständige. ▸ Hilfe

Ich berechne den Umfang einer Figur, indem ich ___.
Ich schreibe den Umfang in Rechnungen mit ___.
Ich benenne Seiten von Figuren gegen ___.
Ich bezeichne gleich lange Seiten mit ___.

2 Untersuche die Seiten von der Raute.

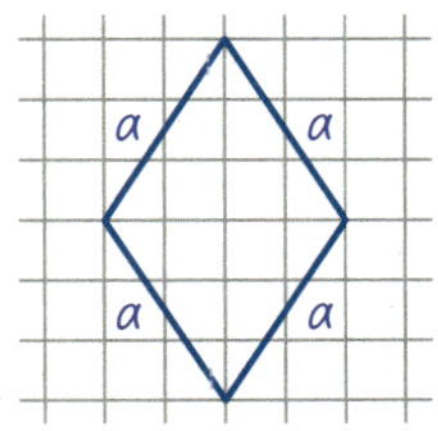

a) Wie viele Seiten hat die Raute?

b) Hat die Raute gleich lange Seiten?

c) Stelle die Formel und die verkürzte Formel für den Umfang von der Raute auf.

Den Umfang von der Raute berechne ich mit der
Formel: $u_{\diamond}$ = ___ + ___ + ___ + ___
verkürzten Formel: $u_{\diamond}$ = 4 · ___

Tipp
Das Quadrat hat auch vier gleich lange Seiten.

3 Untersuche die Seitenlängen von besonderen Vierecken. Stelle die Formeln für die Umfänge auf.

a) Drachenviereck

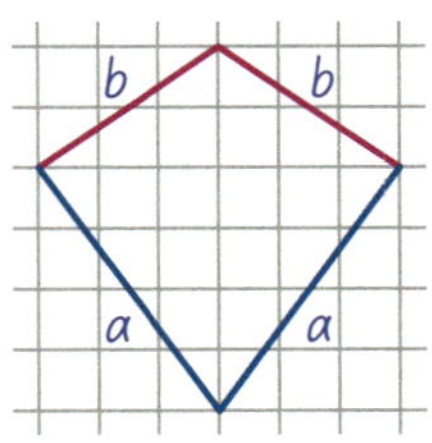

b) Parallelogramm

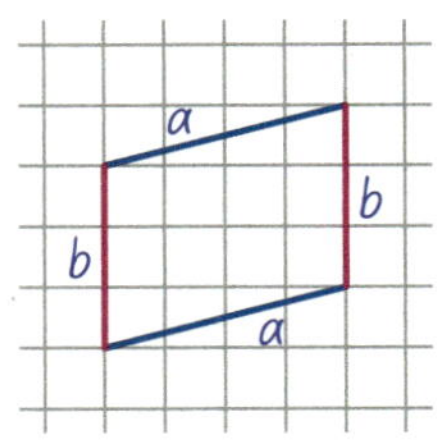

Den Umfang von ___ *berechne ich mit der*
Formel: ___
verkürzten Formel: ___

Tipp
Das Rechteck hat auch je zwei gleich lange Seiten.

4 Untersuche die Seitenlängen von besonderen Dreiecken. Stelle die Formeln für die Umfänge auf. ▸ Üben

a) gleichschenklig

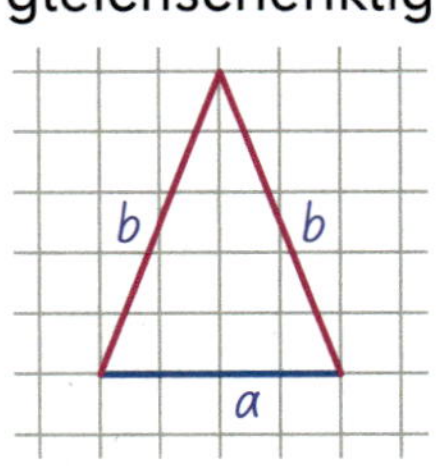

b) gleichseitig

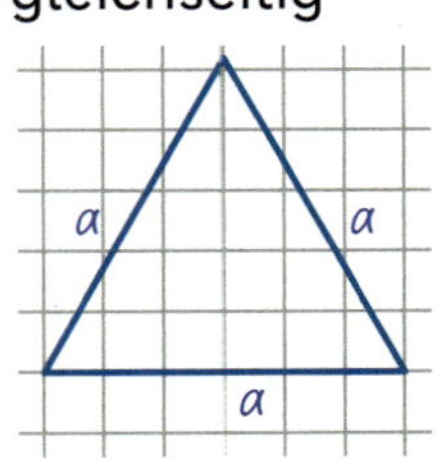

Aufgaben-Profi: Eine Skizze kann mir helfen

1 Bei Sachaufgaben kann eine Skizze dabei helfen, einen Lösungsweg zu wählen.

a) Ordnet den Sachaufgaben im Heft die richtige Skizze zu.

b) Erklärt euch die Skizzen.

Eine **Skizze** zeigt alle wichtigen Informationen bildlich. Ich kann Dinge hervorheben, damit die Skizze übersichtlicher wird. Ich muss sauber arbeiten, aber die Maße nicht genau abbilden.

▶ Üben

Ⓐ Ein quadratisches Beet hat eine Seitenlänge von 2 m. Um das Beet wird ein Zaun gebaut. Der Abstand zwischen Zaun und Beet ist 1 m. Wie lang ist der Zaun?

Ⓑ Eine rechteckige Turnmatte ist 1 m breit und 2 m lang. 4 Matten werden zu einer großen rechteckigen Fläche zusammengelegt. Es gibt verschiedene Möglichkeiten. Ist der Umfang immer gleich?

Ⓒ Ein Rechteck ist 2 m breit und 3 m lang. Länge und Breite von dem Rechteck werden verdoppelt. Verdoppelt sich auch der Umfang?

①
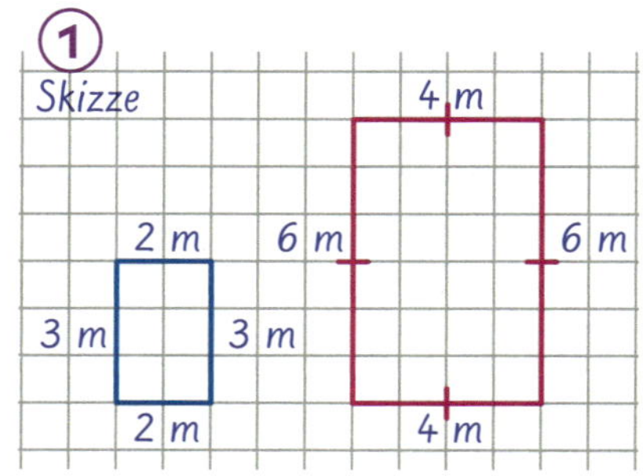

②
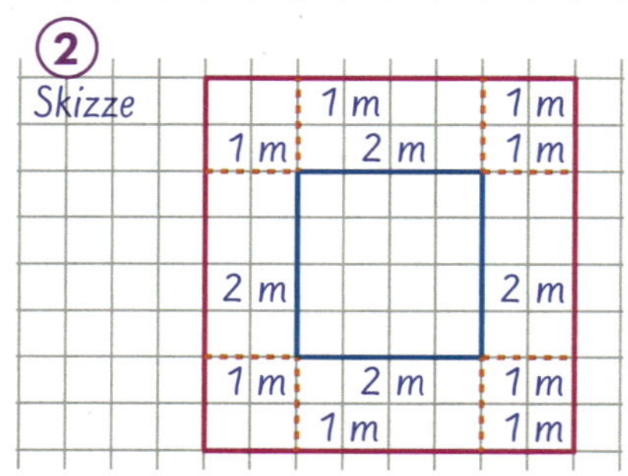

③
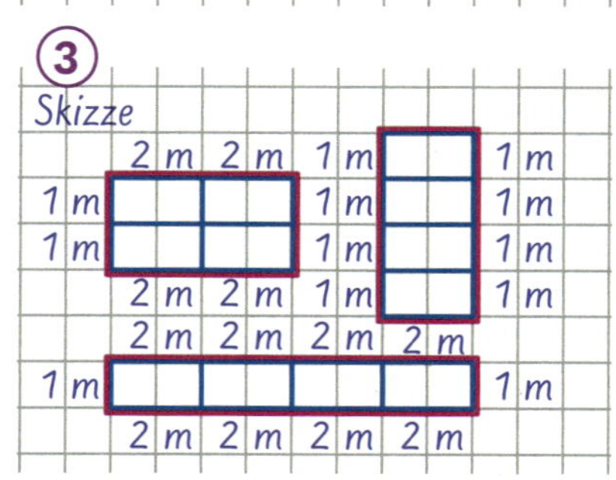

☆ **2** Fertige eine Skizze zur Sachaufgabe an.
Ein rechteckiges Beet ist 3 m breit und 4 m lang. Um das Beet wird ein Zaun gebaut. Der Abstand zwischen Zaun und Beet ist 2 m. Wie lang ist der Zaun?

Vermischte Übungen

1 Wie verändert sich der Umfang?

a) Messt die Seitenlängen vom Rechteck. Berechnet den Umfang.

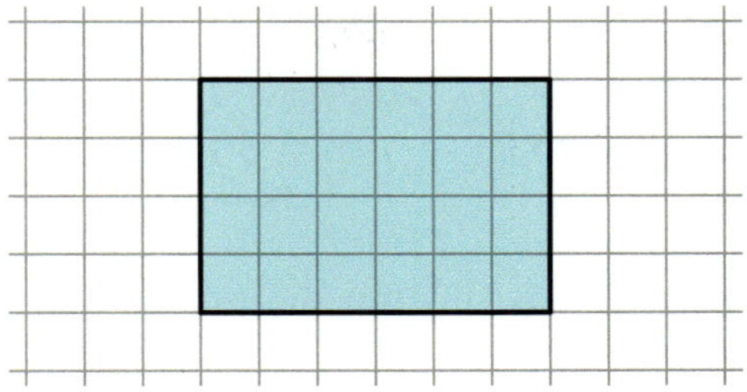

b) 2 Rechtecke sind an einer langen Seite nebeneinander gezeichnet. Messt die Seitenlängen der entstandenen Figur. Berechnet den Umfang.

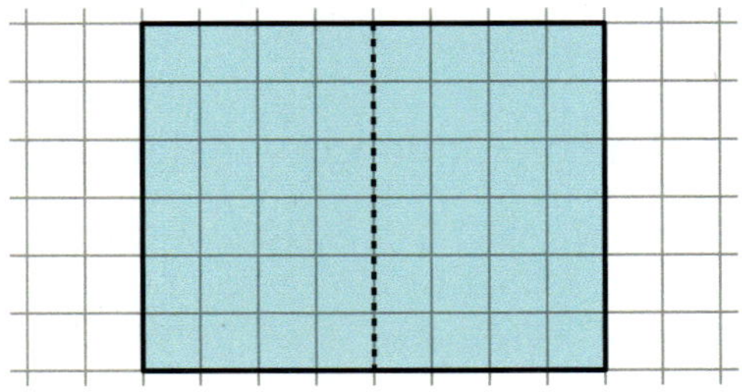

c) 2 Rechtecke sind an einer kurzen Seite nebeneinander gezeichnet. Messt die Seitenlängen der entstandenen Figur. Berechnet den Umfang.

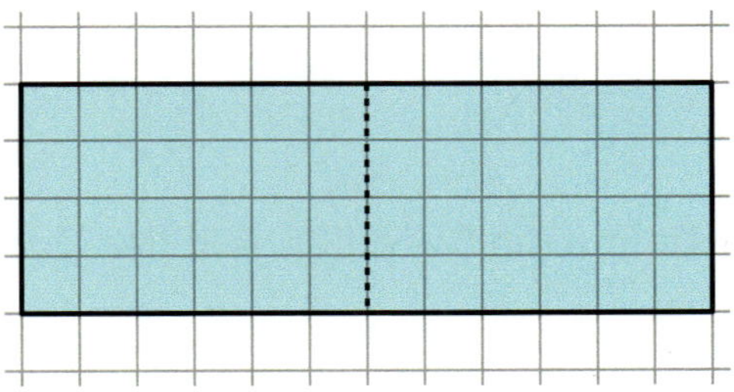

d) Vergleicht eure Ergebnisse aus **a)**, **b)** und **c)**. Was fällt euch auf?

2 Zeichnet Dreiecke ins Heft. Tauscht eure Hefte.

a) Beschriftet die Seiten.

b) Messt die Längen der Seiten in mm.

c) Berechnet die Umfänge.

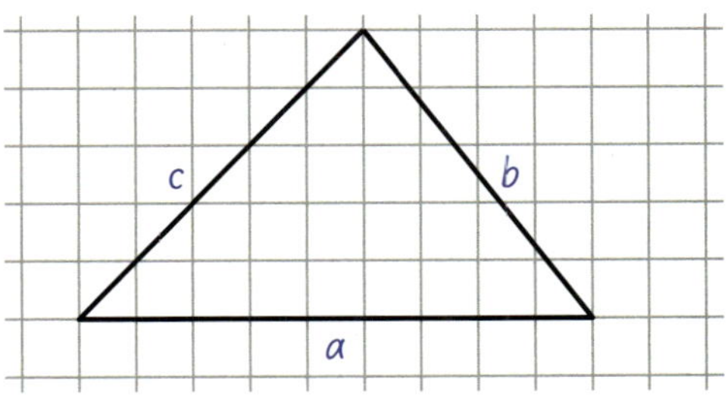

3 Berechne die Umfänge von den Dreiecken.

Tipp
Ich rechne zuerst in mm um, wenn Längen mit Komma in cm geschrieben sind.

▶ Üben

a)	b)	c)	d)
a = 5 cm	a = 1,5 cm	a = 6 mm	a = 1,3 cm
b = 6 cm	b = 8 mm	b = 9 mm	b = 6 mm
c = 7 cm	c = 9 mm	c = 1,1 cm	c = 8 mm

Vermischte Übungen

4 Berechne die Umfänge von den Rechtecken.

a) a = 3 cm, b = 4 cm **b)** a = 20 cm, b = 30 cm **c)** a = 10 m, b = 6 m **d)** ☆ a = 1,3 cm, b = 6 mm

5 Berechne die Umfänge von den Quadraten.

a) a = 5 m **b)** a = 8 cm **c)** a = 11 mm **d)** a = 20 cm

6 Berechne die Umfänge von den besonderen Dreiecken.

a)
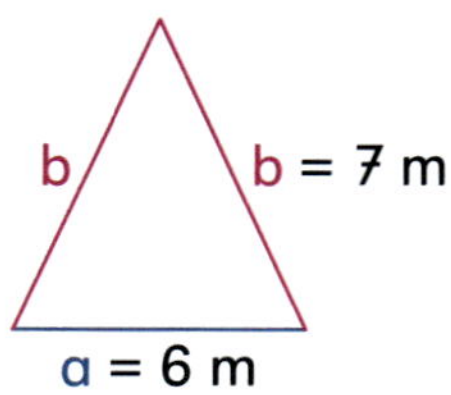

b)
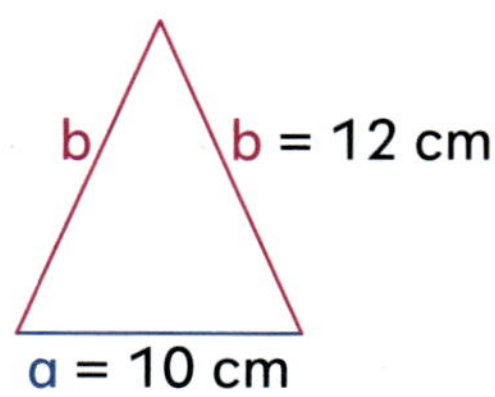

c)
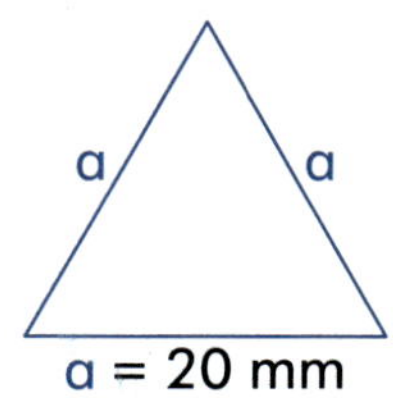

7 Bestimme die Seitenlänge a der Quadrate. ▶ Üben

a) u = 16 cm **b)** u = 24 m **c)** u = 32 mm **d)** u = 400 cm

8 Untersuche die Seitenlängen vom gleichschenkligen Trapez.

a) Wie viele Seiten hat die Figur?

b) Hat die Figur gleich lange Seiten?

c) Schreibe die Formel und die verkürzte Formel für den Umfang auf.

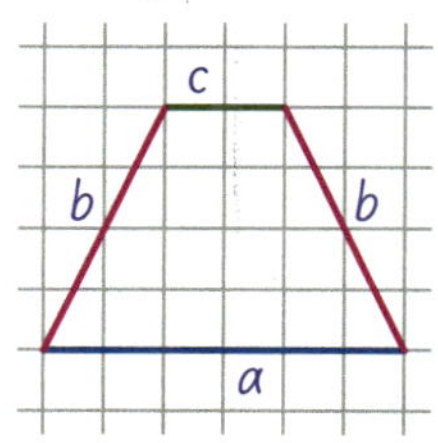

☆ **9** Richtig oder falsch? ▶ Üben

Der Umfang von einem Quadrat verdoppelt sich, wenn ich die Seitenlängen verdopple.

a) Übertrage die Skizze ins Heft. Vervollständige.

b) Beantworte die Frage. Begründe mithilfe der Skizze.

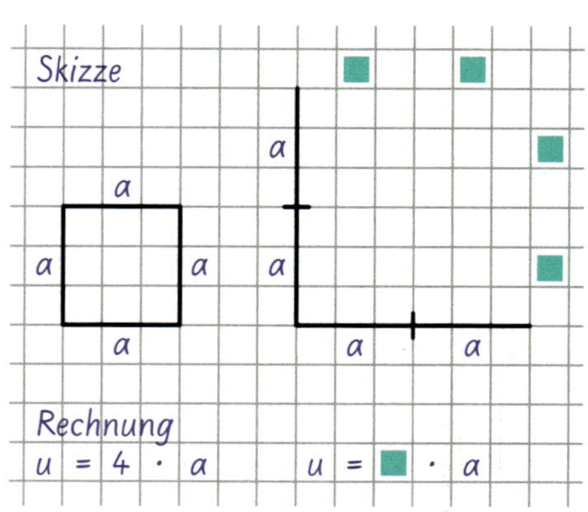

Das kann ich!

Schätze zuerst deinen Lernerfolg ein.

- Ich lese die Aufgaben auf der Seite genau. Was soll ich tun?
- Ich schätze vor dem Bearbeiten ein: Wie gut kann ich die Aufgabe?

Ich kann die Aufgabe …
noch nicht.
etwas.
gut.
sicher.

1 Berechne die Umfänge.

a)

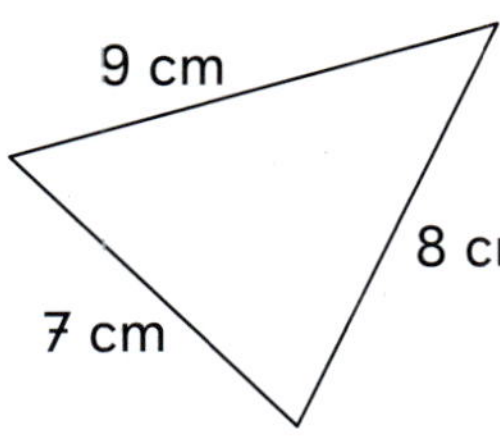

b)

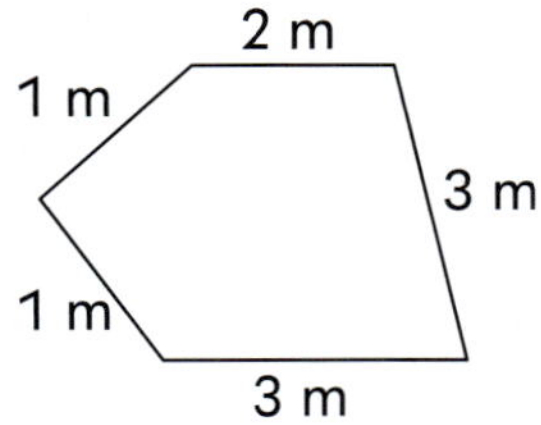

c)

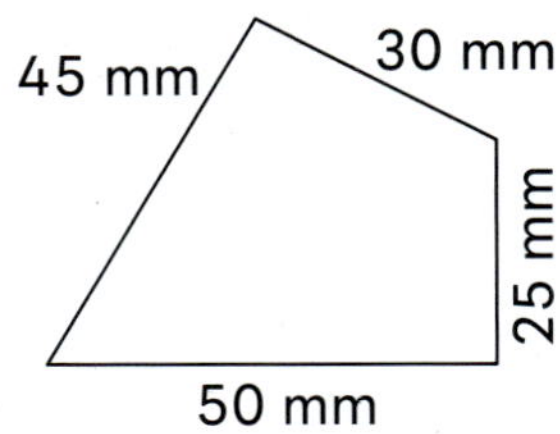

2 Berechne die Umfänge mit den Formeln.

a) Rechteck: a = 5 cm, b = 7 cm

b) Quadrat: a = 20 m

c) Dreieck: a = 7 mm, b = 3,3 cm, c = 20 mm

3 Stelle die verkürzten Formeln für die Umfänge auf.

a)

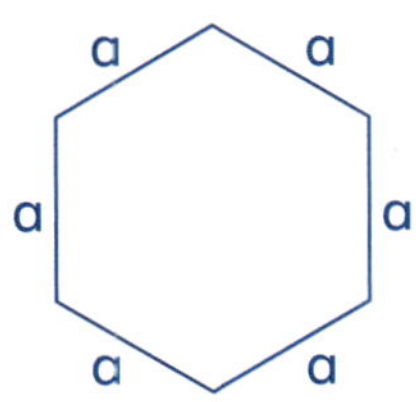

b)

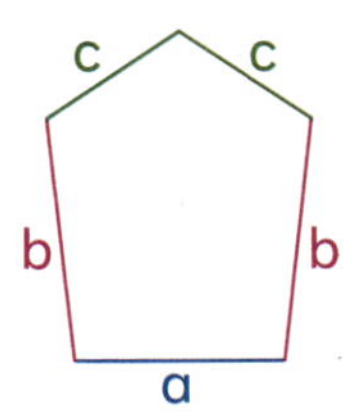

c)

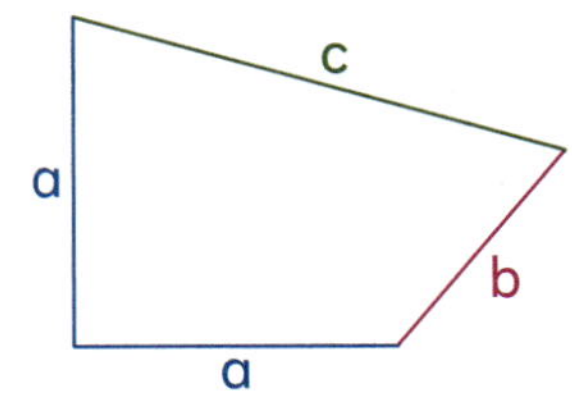

Übertrage ins Heft. Male die passende Anzahl von Smileys aus.

So gut kann ich …	Meine Beurteilung
1 Umfänge berechnen.	
2 Umfänge mit Formeln berechnen.	
3 selbst Formeln für den Umfang von Figuren aufstellen.	

Teste dich! Lösungen S. 203 Methode S. 194

Kreis

▶ Quiz

I Was siehst du?

II Wie zeichnen Fatima, Mira und Lena Kreise mit dem Zirkel?

III Wie findet Hamid den Mittelpunkt der Kreisscheibe?

→
- die Faltlinien
- der Griff
- das Kreismuster
- die Mine
- der Schenkel
- die Spitze
- die Stellschraube

Start ins Thema

1 Finde Gegenstände mit kreisförmigen Flächen in deiner Schule.

a) Übertrage die Tabelle ins Heft und ergänze.

Fundort	Gegenstand	Mittelpunkt erkennbar
Experimentierschrank	Teelicht	ja
Geldbörse	2-Euro-Münze	nein

b) Vergleicht eure Ergebnisse.

2 Zeichne Kreise mit verschiedenen Abständen von Spitze zu Mine. ▶ Video

a) 3 cm b) 5 cm

c) 4 cm d) 6 cm

e) 3,5 cm f) 5,5 cm

Tipp
Markiere zuerst den Mittelpunkt mit einem Kreuz und beschrifte ihn mit einem M.

3 Tim hat die Hausmeisterin danach gefragt, wie sie das große Schulbeet exakt kreisförmig angelegt hat. Tim zeigt nun stolz in der Klasse, wie er Kreise ohne Zirkel zeichnet. ▶ Hilfe

① 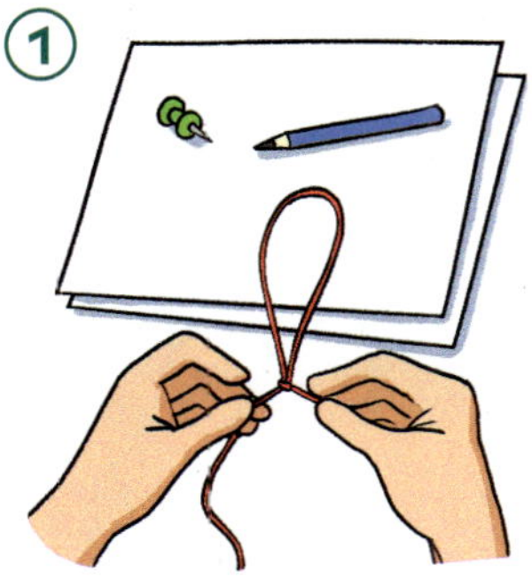

② 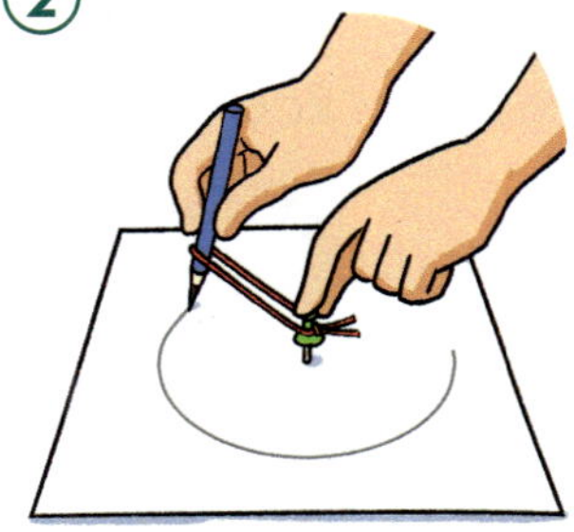

→
- straff
- verknoten
- die Schlaufe
- die Pinnnadel
- die Pappe
- der Bleistift
- der Bindfaden

a) Wie zeichnet Tim ohne Zirkel einen Kreis?

b) Zeichne selbst einen Kreis wie Tim.

c) Vergleicht eure Kreise. Warum sind sie unterschiedlich groß?

4 Sieh dir das Bild an. ▶ Üben

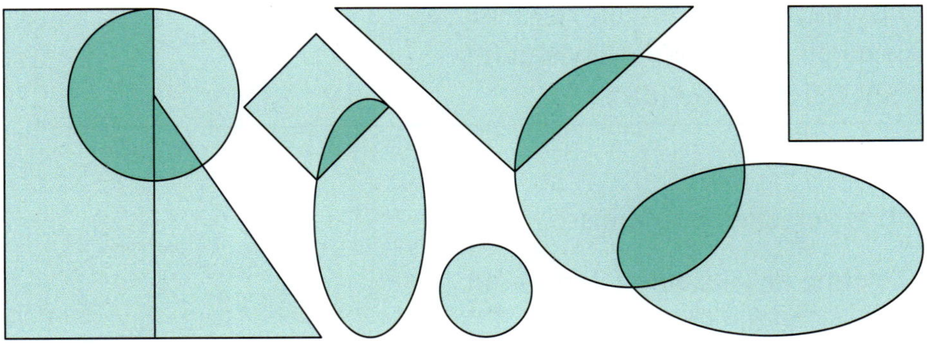

a) Welche Figuren findest du?

☆ b) Nicht alle Figuren mit gebogener Linie sind Kreise. Begründe.

Radius und Durchmesser

1 Zeichne einen Kreis mit dem Zirkel. Der Abstand zwischen Spitze und Mine soll 4 cm sein.

▶ Hilfe

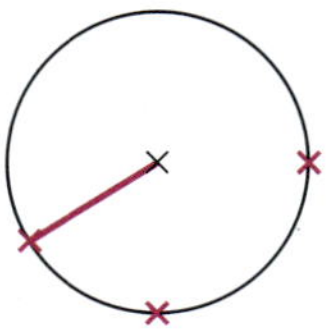

a) Markiere drei Punkte auf der Kreislinie. Verbinde jeden Punkt mit dem Mittelpunkt.

b) Miss die Längen der drei **Strecken**. Was fällt dir auf?

▶ Mathe-Lexikon S. 199

Eine Strecke vom Mittelpunkt zur Kreislinie heißt **Radius** (r).

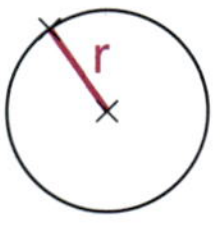

Tipp
Die Mehrzahl von Radius heißt Radien.

2 Zeichne Kreise mit verschiedenen Radien.

a) r = 10 cm
r = 6 cm

b) r = 5 cm
r = 9 cm

c) r = 7 cm
r = 2 cm

d) r = 3,5 cm
☆ r = 4,5 cm

3 Zeichne einen Kreis mit dem Radius 6 cm.

▶ Hilfe

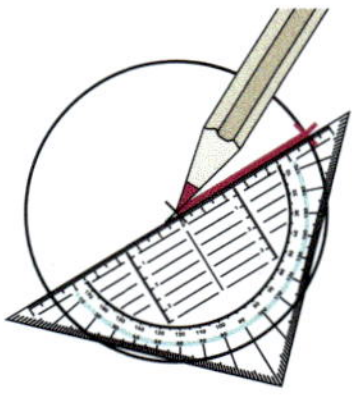

a) Markiere einen Punkt auf der Kreislinie. Zeichne von da eine Strecke, die durch den Mittelpunkt verläuft und wieder auf der Kreislinie endet.

b) Vergleicht eure Zeichnungen. Messt die Längen der Strecken. Was fällt euch auf?

Eine Strecke von Kreislinie zu Kreislinie, die durch den Mittelpunkt verläuft, heißt **Durchmesser** (d).

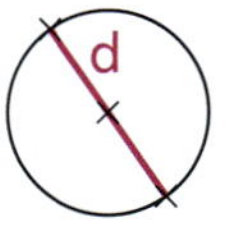

4 Zeichne verschiedene Kreise.

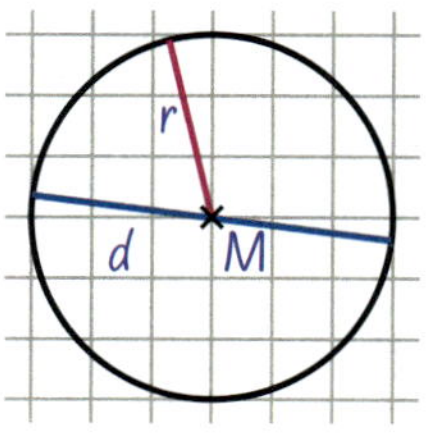

a) Zeichne jeweils einen Radius ein. Beschrifte die Radien mit r.

b) Zeichne jeweils einen Durchmesser ein. Beschrifte die Durchmesser mit d.

Kreise zeichnen

1 Zeichne drei Kreise mit den angegebenen Radien.

	Kreis 1	Kreis 2	Kreis 3
Radius (r)	3 cm	5 cm	7 cm
Durchmesser (d)			

a) Zeichne in jeden Kreis r und d ein.

b) Übertrage die Tabelle ins Heft und ergänze die Durchmesser.

c) Was fällt dir auf? Schreibe die Sätze ins Heft.

Der Radius ist ___ so groß wie der Durchmesser. →
Der Durchmesser ist ___ so groß wie der Radius.

- halb
- doppelt

2 Bestimme zuerst die Radien. Zeichne dann die Kreise.

a)	d	=	8	cm
	r	=	4	cm

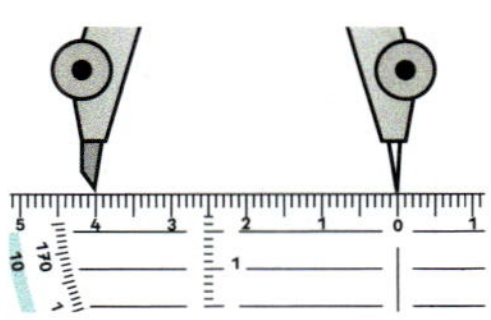

a) d = 8 cm **b)** d = 10 cm
c) d = 12 cm **d)** d = 6 cm
e) d = 14 cm **f)** d = 4 cm

3 Zeichne Kreise. ▶ Hilfe

a) r = 4,5 cm **b)** d = 7 cm **c)** d = 11 cm **d)** r = 8,5 cm
e) r = 5,5 cm **f)** d = 13 cm **g)** d = 18 cm **h)** r = 2,5 cm

4 Bestimme die Radien in cm.

a)	d	=	6	4	mm
	r	=	3	2	mm
	r	=	3,	2	cm

a) d = 64 mm **b)** d = 128 mm **c)** d = 208 mm
d) d = 76 mm **e)** d = 152 mm **f)** d = 312 mm

5 Schreibt 4 Radien und die zugehörigen Durchmesser auf.

a) Zeichnet die 4 Kreise und tauscht dann eure Zeichnungen.

b) Messt r und d von jedem Kreis. Schreibt eure Ergebnisse auf.

c) Überprüft eure Ergebnisse gegenseitig.

Kreisumfang

1 Die Kinder der Klasse 6 wollen einen **Fahrradcomputer** einstellen. Dazu messen sie zuerst den Umfang von einem Rad. ▶ Hilfe

a) Wie messen Ina, Lena und Paul? ▶ Hilfe

→
- ablesen
- herumlegen
- festhalten
- das Maßband
- der Fahrradreifen
- die Fahrradgabel

b) Wie messen Ilja, Murat und Mascha? ▶ Hilfe

→ gerade • vorwärts • hinlegen • markieren • rollen • stellen
der Boden • die Kreide • die Strecke • die Stelle • das Ventil

2 Nutzt drei Fahrräder mit unterschiedlich großen Rädern.

a) Messt die Umfänge der Räder wie in Aufgabe **1**. Notiert eure Ergebnisse.

b) Erklärt Annas Aussage.

Der Umfang von einem Kreis ist die Länge der Kreislinie.

3 Sieh dir die runden Objekte an.

a) Fahre mit dem Finger die Umfänge nach.

> **Tipp**
> Umfahre die Kreislinie genau einmal.

b) Zeichne Kreise ins Heft. Zeichne die Umfänge farbig nach.

4 Wie kann Dennis den Umfang vom Deckel eines Marmeladenglases bestimmen? →

- anlegen
- messen
- der Bindfaden
- die Kreislinie
- die Länge
- das Lineal
- die Seite

Ich kann nicht wie beim Quadrat oder beim Rechteck vorgehen.

① 

② 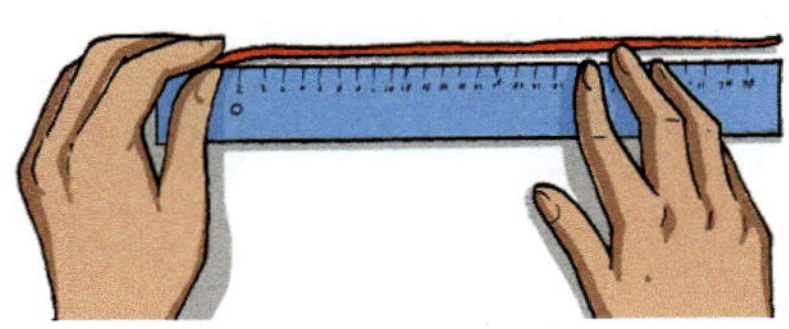

5 Miss wie Dennis.

a) Miss die Umfänge verschiedener Gegenstände mit Bindfaden und Lineal.

b) Notiere deine Ergebnisse in einer Tabelle im Heft.

Gegenstand	Umfang
Klebestift	▢ cm

6 Ordne die Gegenstände nach der Größe ihres Umfangs. Beginne mit dem kleinsten.

Tasse	1-Euro-Münze	Füller	Schüssel	Hula-Hoop-Reifen

Mit Kreisen gestalten

1 Baue ein Mobile.
Nutze einen Holzstab, eine Nadel, Nähgarn und farbige Pappen.

▸ Hilfe

①

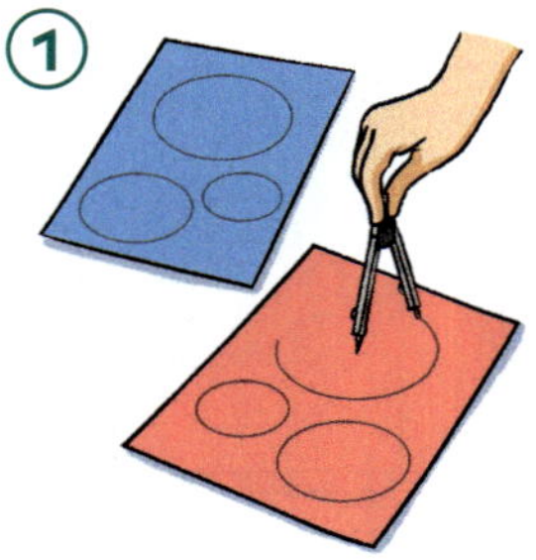

Zeichne jeweils 3 Kreise auf zwei farbige Pappen:
r = 6,5 cm,
r = 4 cm und
r = 2,5 cm.

②

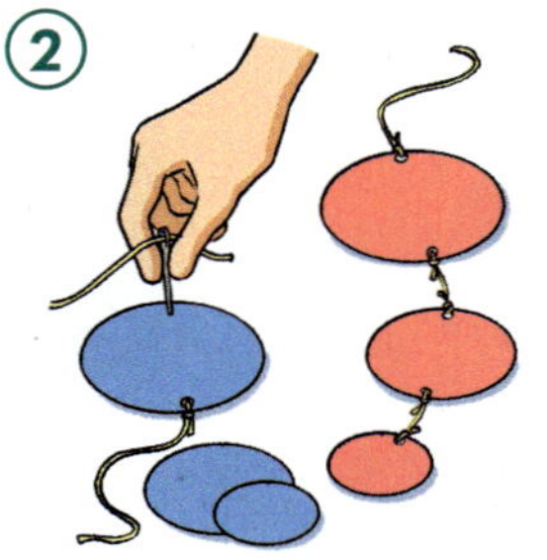

Schneide die Kreise aus.
Binde gleichfarbige Kreise von groß nach klein mit Nähgarn aneinander.

③

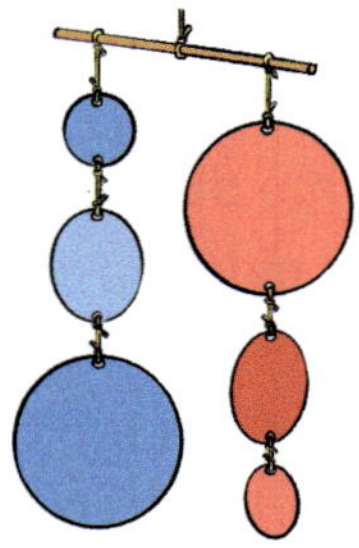

Befestige die Kreise am Holzstab.
Bringe den Faden zum Aufhängen so an, dass der Holzstab waagerecht hängt.

2 Zeichne einen Kreis mit dem Radius 3 cm.
Übertrage das Muster aus Kreis und Halbkreisen ins Heft.

①

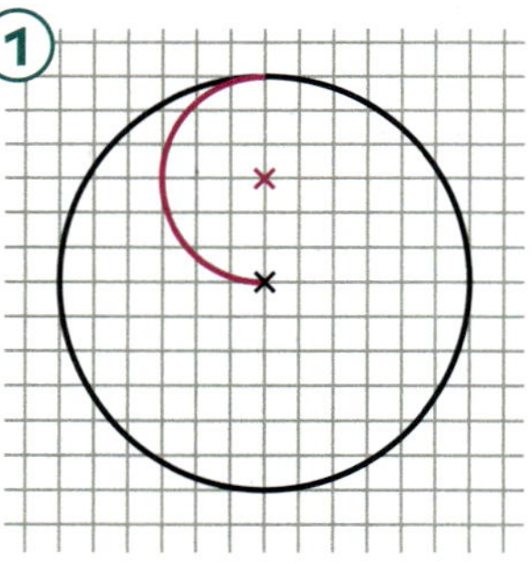

②

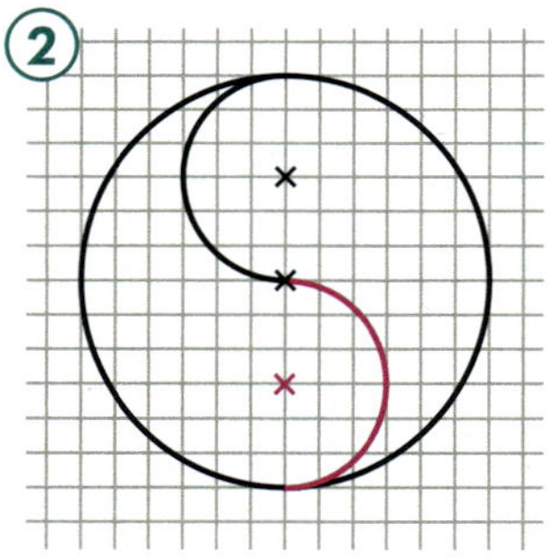

③

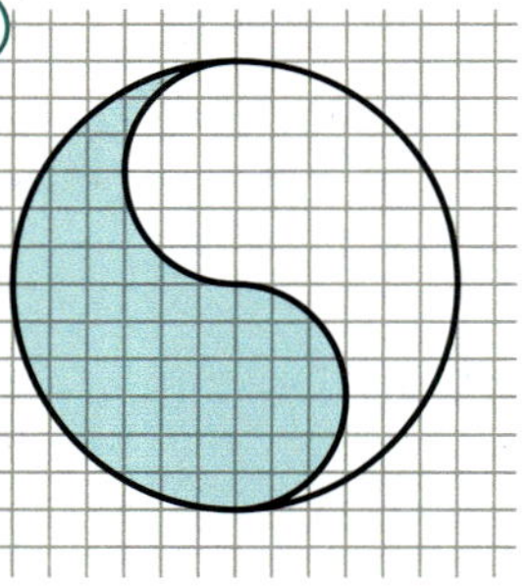

☆ **3** Sieh dir die Bilder an. Zeichne selbst Bilder mit dem Zirkel.

Ⓐ

Ⓑ

☺ Das kann ich!

Schätze zuerst deinen Lernerfolg ein.

- Ich lese die Aufgaben auf der Seite genau. Was soll ich tun?
- Ich schätze vor dem Bearbeiten ein: Wie gut kann ich die Aufgabe?

Ich kann die Aufgabe ...	
noch nicht.	☺ ☺ ☺
etwas.	☻ ☺ ☺
gut.	☻ ☻ ☺
sicher.	☻ ☻ ☻

1 Was ist rot hervorgehoben?

a)

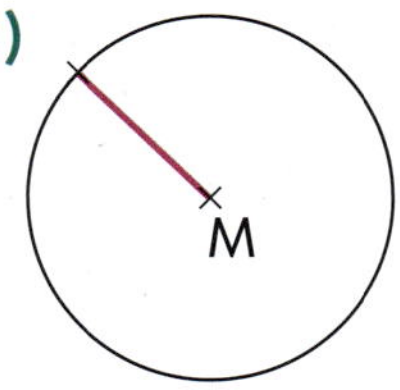

b)

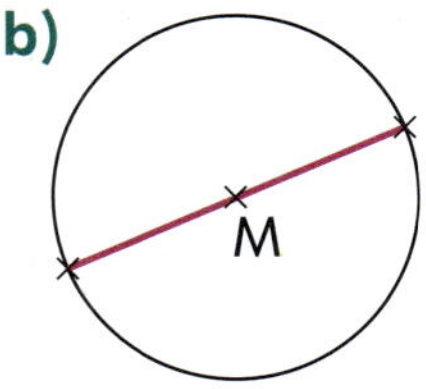

c)

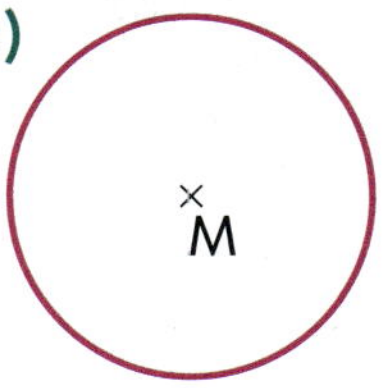

2 Bestimme die Radien in cm.

a) d = 16 cm **b)** d = 23 cm **c)** d = 122 mm

3 Zeichne Kreise.

a) r = 5 cm **b)** r = 4,5 cm **c)** d = 5 cm

4 Wie kannst du den Umfang von kreisförmigen Gegenständen messen? Übertrage ins Heft und ergänze.

A Zuerst lege ich einen ___ eng um den Gegenstand und markiere die Länge der Kreislinie mit den Fingern. Dann messe ich die Länge mit dem Lineal.

B Ich messe mit einem ___, das ich eng um den Gegenstand lege.

C Zuerst markiere ich eine Stelle auf der Kreislinie. Dann rolle ich den Gegenstand genau ___-mal neben einem Maßband ab.

Übertrage ins Heft. Male die passende Anzahl von Smileys aus.

So gut kann ich ...	Meine Beurteilung
1 Fachbegriffe zum Kreis anwenden.	☺ ☺ ☺
2 Radien von Kreisen bestimmen.	☺ ☺ ☺
3 Kreise zeichnen.	☺ ☺ ☺
4 beschreiben, wie man den Umfang von Kreisen bestimmt.	☺ ☺ ☺

Teste dich! Lösungen S. 204 Methoden-Lexikon S. 194

Bist du fit?

Sieh dir die Aufgaben auf der Doppelseite an.

- Aus welchen Kapiteln sind die Aufgaben?
- Auf welchen Seiten findest du die Kapitel?

Hier sind Aufgaben aus verschiedenen Kapiteln.

1 Berechne im Kopf.

a) 5 300 + 2 600 **b)** 4 600 – 3 500 **c)** 6 300 + ▢ = 7 000

2 Berechne halbschriftlich.

a) 3 800 + 4 900 **b)** 7 400 – 5 600 **c)** 3 530 + 5 600

3 Berechne schriftlich.

a) 4 272 + 4 526 **b)** 3 926 + 4 251 **c)** 2 574 + 4 654

d) 8 937 – 1 826 **e)** 6 435 – 4 174 **f)** 4 503 – 1 259

4 Rechne die Gewichte um …

a) in g: 1,274 kg **b)** in kg: 2 t 631 kg **c)** in t: 5 899 kg

5 Berechne.

a) 2,380 g + 6,944 g **b)** 8,389 kg – 7,193 kg **c)** 5,555 t – 3,648 t

6 Rechne die Länge um …

a) in cm: 67 mm **b)** in m: 4 m 26 cm **c)** in km: 5 673 m

7 Beantworte die Fragen zu den verschiedenen Winkelarten.

a) Wie groß ist ein rechter Winkel?

b) Gib eine Winkelgröße für einen stumpfen Winkel an.

c) Wie heißt ein Winkel mit einer Größe von 180°?

Bist du fit?

8 Zeichne die Kreise.

a) r = 3 cm **b)** r = 3,5 cm **c)** d = 9 cm

9 Berechne den Umfang …

a) von einem Dreieck mit a = 16 cm, b = 17 cm, c = 18 cm

b) von einem Rechteck mit a = 3 cm, b = 5 cm

c) von einem Quadrat mit a = 12 mm

d) von einem gleichseitigen Dreieck mit a = 10 m

10 Eine Umfrage in der Klasse 6 hat folgendes Ergebnis: Die Kinder durften nur eine Antwort ankreuzen.

a) Wofür gab es am meisten, wofür am wenigsten Stimmen?

b) Ist die Anschaffung eines Schulhundes nach dieser Befragung sinnvoll für die Klasse 6? Begründe.

Soll unsere Schule einen Schulhund bekommen?	
Ja. Ich mag Hunde.	*20*
Nein. Ich habe Angst vor Hunden.	*3*
Nein. Ich habe eine Allergie gegen Hundehaare.	*1*
Nein. Ich habe andere Gründe.	*2*

Welche Aufgaben hast du richtig bearbeitet? Ergänze passend im Heft.

Ich bin fit im …

1 Addieren und Subtrahieren von Zahlen bis 10 000 im Kopf,
2 halbschriftlichen Addieren und Subtrahieren,
3 schriftlichen Addieren und Subtrahieren,
4 Umrechnen von Gewichten,
5 Rechnen mit Gewichten,
6 Umrechnen von Längen,
7 Beschreiben von Winkelarten,
8 Zeichnen von Kreisen,
9 Berechnen von Umfängen,
10 Auswerten von Umfragen.

Lösungen S. 204

Multiplikation

▶ Quiz

I Was siehst du?

II Welche Multiplikationsaufgaben erkennst du?

III Erstelle selbst Aufgabenbilder zur Multiplikation.

→
- multiplizieren, **der** 1. Faktor, **der** 2. Faktor, **das** Produkt
- nebeneinander, untereinander
- **die** Tauschaufgabe

Start ins Thema

1 Punktbilder

▶ Üben

A

B

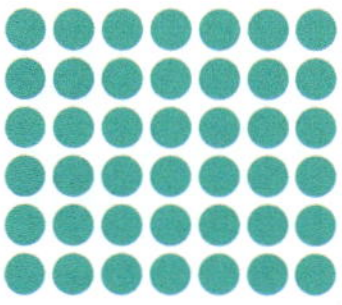

C

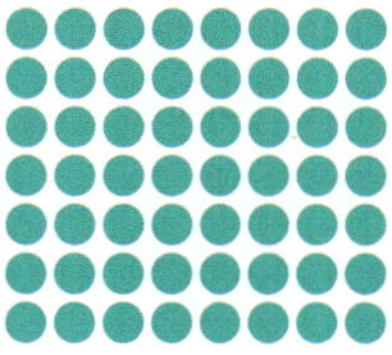

a) Welche Multiplikationsaufgaben erkennst du?

b) Wie lauten die Tauschaufgaben?

Start ins Thema

2 Ordne die Aufgaben den Zahlenstrahlen zu.

6 + 6 + 6 + 6	8 · 4	10 + 10 + 10
3 · 10	4 + 4 + 4 + 4 + 4 + 4 + 4 + 4	4 · 6

▸ Üben

A

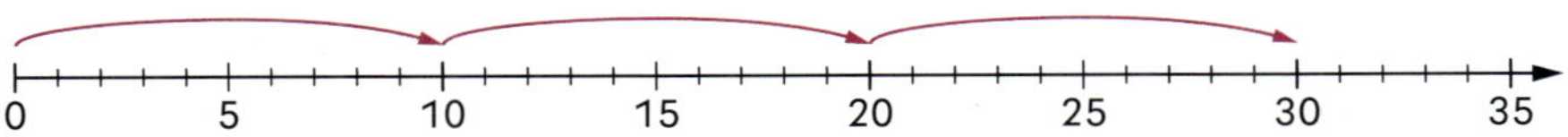

B

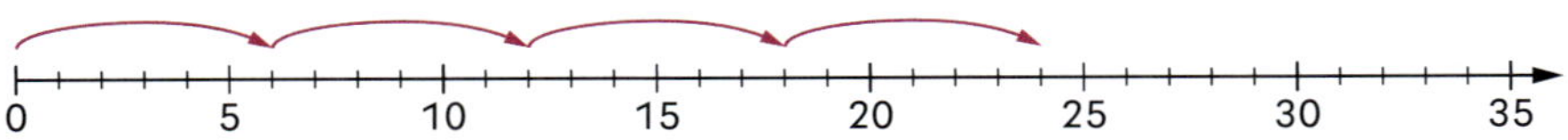

C

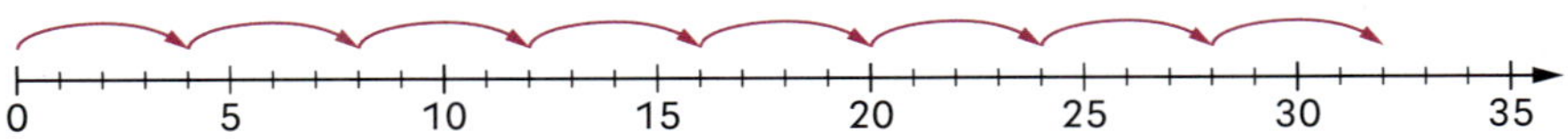

3 Welche Zahlen passen nicht in die Reihe?
Schreibe die Zahlenreihen richtig ins Heft.

▸ Üben

a) 6; 12; 19; 24; 30; 36; 43; 48; 54; 60

b) 4; 8; 12; 17; 20; 24; 28; 32; 34; 40

☆ **c)** ...; 16; 24; 32; 42; 48; 54; 64; 72; ...

4 Multipliziere mit System. Was fällt dir auf?

3	·			7	=			2	1
3	·		7	0	=		2	1	0
3	·	7	0	0	=	2	1	0	0

a) 2 · 9
2 · 90
2 · 900

b) 8 · 4
8 · 40
8 · 400

c) 6 · 5
6 · 50
6 · 500

☆ **5** Multipliziere geschickt.

a) 3 · 50
6 · 30

b) 8 · 60
4 · 50

c) 3 · 20
2 · 90

d) 7 · 800
9 · 400

e) 6 · 300
5 · 700

6 Multipliziere halbschriftlich.

▸ Video

a)

1	3	·	5	=		
1	0	·	5	=		
	3	·	5	=		

b) 12 · 3
14 · 5
16 · 8

c) 21 · 4
23 · 5
24 · 6

d) 17 · 8
35 · 7
23 · 9

Halbschriftliche Multiplikation

1 Beschreibe den Rechenweg.

- Die Aufgabe heißt ___ mal ___.

3 2 4	·	7		

- Ich zerlege ___ in Hunderter, Zehner und Einer: ___, ___ und ___.

3 2 4	·	7		
3 0 0				
2 0				
4				

- Ich multipliziere:
  ___ mal ___ ist gleich ___.
  ___ mal ___ ist gleich ___.
  ___ mal ___ ist gleich ___.

3 2 4	·	7		
3 0 0	·	7	=	2 1 0 0
2 0	·	7	=	1 4 0
4	·	7	=	2 8

- Ich addiere die Ergebnisse.
  ___ plus ___ plus ___ ist gleich ___.

3 2 4	·	7	=	2 2 6 8
3 0 0	·	7	=	2 1 0 0
2 0	·	7	=	1 4 0
4	·	7	=	2 8

2 Multipliziere halbschriftlich. ▶ Üben

a) 578 · 3 **b)** 912 · 8 **c)** 618 · 2 **d)** 888 · 6

e) 293 · 4 **f)** 374 · 9 **g)** 492 · 7 **h)** 555 · 5

3 Welche Aufgaben haben das gleiche Ergebnis? Schreibe die Aufgabenpaare ins Heft. ▶ Üben

329 · 8	513 · 3	154 · 6
462 · 2	658 · 4	171 · 9

4 Schreibe die Ziffern 1 bis 9 auf kleine Zettel. Ziehe vier Zettel. Erstelle so selbst Aufgaben. Multipliziere halbschriftlich.

2 1 5 3

2 1 5 · 3 =

5 Was ist bei diesen Aufgaben besonders? Beschreibe.
Multipliziere halbschriftlich.

209	·	6	=	1254
200	·	6	=	1200
0	·	6	=	0
9	·	6	=	54

a) 302 · 4 **b)** 801 · 7
c) 210 · 8 **d)** 890 · 3
e) 408 · 5 **f)** 703 · 9
g) 480 · 6 **h)** 909 · 9

6 Multipliziere halbschriftlich. ▶ Üben

a)	3123	·	3	=	
	3000	·	3	=	
	100	·	3	=	
	20	·	3	=	
	3	·	3	=	

a) 3 123 · 3 **b)** 4 321 · 2
c) 1 329 · 3 **d)** 3 139 · 3
e) 1 578 · 4 **f)** 2 102 · 4
g) 2 409 · 3 **h)** 3 098 · 2

7 Bearbeite mit dem **Aufgaben-Profi**. ▶ Üben
Für die Schule werden sieben neue Tablets bestellt.
Ohne Hülle kostet jedes Tablet 396 €.
Mit Hülle kostet jedes Tablet 429 €.
Die Schule bestellt die Tablets mit Hülle.

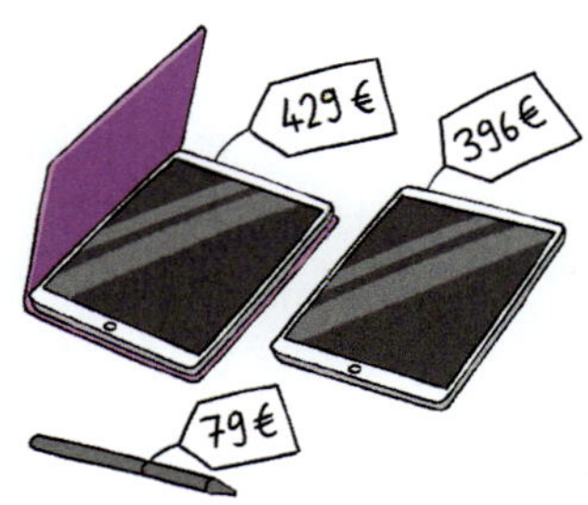

a) Wie viel kostet die Bestellung?

b) Reichen 3 000 € aus, wenn stattdessen 8 Tablets ohne Hülle bestellt werden?

☆ **c)** Wie teuer sind die sieben Tablets, wenn zu jedem Gerät mit Hülle noch ein Stift hinzukommt?

Vor dem Bearbeiten
- Ich lese den Text und betrachte das Bild.
  Welche Frage soll ich beantworten?
- Ich entnehme die wichtigen Informationen.
  Was ist gesucht? Was ist gegeben?

▶ Aufgaben-Profi S. 192

Schriftliche Multiplikation mit einstelligen Zahlen

▶ Video

Die drei 6. Klassen machen einen Ausflug.
Jede Klasse muss 217 € bezahlen.
Wie viel kostet der Ausflug insgesamt?

Die Aufgabe heißt **217 mal 3**.

217 · 3

Zuerst multipliziere ich mit den Einern:
3 **mal** 7 **ist gleich** 21.
Ich schreibe 1 und merke mir 2.

217 · 3
2   1

Dann multipliziere ich mit den Zehnern:
3 **mal** 1 **ist gleich** 3.
3 **plus** 2 **ist gleich** 5.
Ich streiche die 2.

217 · 3
~~2~~   51

Dann multipliziere ich mit den Hundertern:
3 **mal** 2 **ist gleich** 6.

217 · 3
~~2~~   651

Der Ausflug kostet insgesamt 651 €.

1 Die beiden 7. Klassen möchten auch mitfahren.
Wie viel kostet der Ausflug für fünf Klassen?
Multipliziere schriftlich wie Fatima.

217 · 5
■■■■

▶ Hilfe

2 Multipliziere schriftlich. Beachte den Übertrag.

▶ Üben

a)	b)	c)	d)
136 · 2	116 · 4	126 · 3	214 · 6
247 · 2	217 · 4	217 · 3	☆ 241 · 6
318 · 2	118 · 4	328 · 3	415 · 6
429 · 2	216 · 4	229 · 3	451 · 6

3 Erkläre Hamids Rechnung. Worauf musst du achten?

		1	4	2	·	6
~~2~~	~~1~~			8	5	2

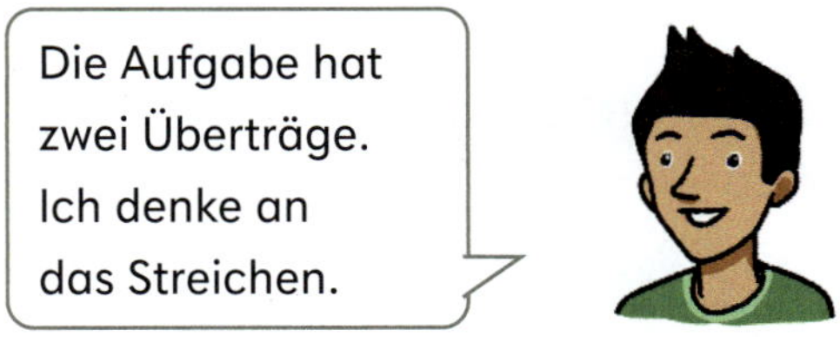

4 Multipliziere schriftlich. Überprüfe mit dem **Taschenrechner**.

▶ Methoden-Lexikon S. 195

a) 179 · 2
268 · 2

b) 136 · 4
263 · 4

c) 168 · 3
286 · 3

d) 123 · 6
432 · 6

5 Multipliziere schriftlich. Beachte die Überträge.

▶ Üben

A Eine Wandertour für Familie Göcke kostet 324 € pro Tag. Sie möchte 3 Tage lang durch den Harz wandern.

B Familie Groß fährt am Wochenende in einen Freizeitpark. Sie bezahlt 113 € pro Person.

C Familie Peters braucht 7 Pakete Fliesen für ihr neues Badezimmer. Pro Paket zahlt sie 135 €.

D Im Tierheim „Sonnenschein" leben 316 Tiere. Dort arbeiten 13 Personen. Jedes Tier braucht am Tag Futter im Wert von 5 €.

a) Schreibe zu jeder Aufgabe die passende Frage. →
- Wie viel kostet ___?
- Wie viel bezahlt ___?

b) Schreibe die Antwort in einem ganzen Satz. Überprüfe mit dem Taschenrechner.

Es muss nicht immer schriftlich sein

1 Lisa, Lena und Murat berechnen 620 · 4.

▶ Hilfe

Lena

6	2	0	·	4	=	■	■	■	■
6	0	0	·	4	=	■	■	■	■
	2	0	·	4	=			■	■
		0	·	4	=				■

Lisa

6	2	0	·	4
■	■	■	■	

a) Worum geht es?

b) Wie würdest du rechnen? Begründe.

2 Suche drei Aufgaben heraus, die du im Kopf berechnen würdest. Begründe. Berechne.

4 · 200	437 · 6	214 · 1	4 · 37	936 · 4	50 · 2	101 · 8

3 Suche drei Aufgaben heraus, die du halbschriftlich berechnen würdest. Begründe. Berechne.

120 · 4	396 · 4	220 · 3	768 · 4	45 · 89	201 · 5	51 · 5

4 Welche Aufgaben würdest du schriftlich, welche halbschriftlich und welche im Kopf berechnen? Ordne in einer Tabelle zu und begründe. Berechne anschließend.

2 · 25	614 · 3	10 · 6	30 · 5	3 · 204	15 · 4	220 · 4
92 · 4	50 · 2	200 · 2	4 · 50	20 · 2	315 · 3	30 · 3

Schriftliche Multiplikation mit zweistelligen Zahlen

Hamid berechnet die Aufgabe 182 · 32 schriftlich.

▶ Video

Ich zerlege 32 in Zehner und Einer: 30 und 2.
Ich berechne zuerst 182 **mal** 30.
Dazu schreibe ich rechts eine **0**.
Dann multipliziere ich Schritt für Schritt.

		1	8	2	·	3	2
							0

Ich multipliziere mit den Einern:
3 **mal** 2 **ist gleich** **6**.

		1	8	2	·	3	2
						6	0

Ich multipliziere mit den Zehnern:
3 **mal** 8 **ist gleich** 24.
Ich schreibe **4** und merke mir **2**.

		1	8	2	·	3	2
2					**4**	6	0

Ich multipliziere mit den Hundertern:
3 **mal** 1 **ist gleich** 3.
3 **plus** 2 **ist gleich** **5**.
Ich streiche die 2.

		1	8	2	·	3	2
~~2~~				**5**	4	6	0

182 **mal** 30 **ist gleich** 5 460.

Dann berechne ich 182 **mal** 2.
Ich multipliziere Schritt für Schritt …

		1	8	2	·	3	2
~~2~~				5	4	6	0
~~1~~					**3**	**6**	**4**

182 **mal** 2 **ist gleich** 364.

Zum Schluss addiere ich beide Ergebnisse:
5 460 **plus** 364 **ist gleich** 5 824.

		1	8	2	·	3	2
~~2~~				5	4	6	0
~~1~~					3	6	4
					1		
				5	**8**	**2**	**4**

Das Ergebnis ist 5 824.

Schriftliche Multiplikation mit zweistelligen Zahlen

1 Übertrage ins Heft und ergänze.

a)

3	2	1	·	1	2
		3	2	1	0
			■	■	■
		■	■	■	■

b)

	3	2	4	·	2	3
			■	■	■	■
~~1~~				9	7	2
			■	■	■	■

c)

2	3	4	·	2	1
		■	■	■	0
			■	■	■
		■	■	■	■

2 Multipliziere schriftlich. ▶ Üben

a)	b)	c)	d)
124 · 13	214 · 34	340 · 23	319 · 24
241 · 32	327 · 23	408 · 13	☆ 208 · 47
192 · 43	182 · 42	316 · 25	276 · 35

☑ 1 612 5 304 6 892 7 276 7 521 7 644 7 656
7 712 7 820 7 900 8 256 9 660 9 776

3 Auf jeder Rolle sind 148 Wertmarken. Wie viele Wertmarken sind es zusammen? ▶ Üben

4 Die 6. und 7. Klassen machen einen Ausflug ins Theater. Jedes der 146 Kinder zahlt dafür 18 €. Wie viel zahlen alle Kinder zusammen?

5 Eine Fahrt durch den Hamburger Hafen kostet 32 € pro Person. Es sind 312 Passagiere an Bord. Wie lange dauert die Fahrt?

☆ **6** Im Möbelhaus stehen sieben Betten, zwölf Tische, 26 Stühle und sechs Kleiderschränke in der Möbelausstellung. Im Schlussverkauf kostet jeder Stuhl 23 € und jeder Tisch 190 €. Wie viel nimmt der Besitzer des Möbelhauses ein, wenn er alle Tische verkauft? ▶ Hilfe

1 Worum geht es?

a) Wie rechnen Mascha, Fatima und Anna?

b) Berechne selbst im Kopf wie Mascha, Fatima und Anna. Schreibe die Aufgaben und Ergebnisse ins Heft.

c) Überprüfe. Welche Aufgabe ist am nächsten am genauen Ergebnis?

Beim **Überschlagen** schätze ich ab, wie groß ein Ergebnis ist.
1. Ich **runde** die Zahlen.
2. Ich rechne mit den gerundeten Zahlen.

17 · 53
17 ≈ 20 und 53 ≈ 50
Überschlag:
20 · 50 = 1 000

▶ Methoden-Lexikon S. 196
▶ Mathe Lexikon S. 200

2 Überschlage. Berechne dann genau.

▶ Üben

a) 52 · 89 b) 76 · 48 c) 46 · 84 d) 53 · 29
e) 98 · 86 f) 37 · 21 g) 62 · 39 h) 12 · 33

☑ 396 777 1 275 1 537 2 418 3 648 3 864 4 628 8 428

☆ **3** Berechne nur die drei Aufgaben, deren Ergebnis zwischen 4 000 und 4 500 liegt.

a) 75 · 62 b) 71 · 63 c) 54 · 81 d) 47 · 91

4 In der Holz-AG wurden 49 Päckchen Schrauben verbraucht. In jedem Päckchen waren 85 Schrauben. Wie viele Schrauben wurden etwa verbraucht?

▶ Üben

Methode: Überschlagen

5 Wie haben die Kinder gerundet?

a) Welcher Überschlag ist einfacher zu berechnen? Erkläre.

b) Bei welchem Überschlag wird das Ergebnis genauer? Erkläre.

c) Welchen Überschlag würdest du nehmen? Begründe.

6 Überschlage. Berechne dann genau.

a) 382 · 21 **b)** 245 · 18 **c)** 674 · 13 **d)** 317 · 26

e) 199 · 19 **f)** 473 · 14 **g)** 784 · 12 **h)** 572 · 11

☑ 3 781 4 410 5 078 6 292 6 622 8 022 8 242 8 762 9 408

7 Vergleiche das genaue Ergebnis aus Aufgabe **6** mit dem Überschlag.
Ist der Überschlag größer oder kleiner als das Ergebnis?

- Wenn ich beide Zahlen abrunde, dann ▇.
- Wenn ich beide Zahlen aufrunde, dann ▇.

8 Auf dem Schulfoto soll jede Person mindestens einen Luftballon in der Hand halten. Auf dem Foto sind etwa 250 Personen. Es wurden 15 Packungen gekauft. Reichen die Luftballons aus?

a) Überschlage und beantworte die Frage.

b) Berechne genau und beantworte die Frage.

c) Erkläre die Ergebnisse.

Aufgaben-Profi: Ergebnisse überprüfen

1 In der Klasse wird die Aufgabe besprochen. Dennis hat ein anderes Ergebnis. Findest du heraus, woran es liegt?

234 · 3 = 702

Irgendetwas stimmt hier nicht.

```
432 · 3
 1296
```

2 Die Klasse 6 hat in den letzten Wochen Aufgaben gesammelt, die nicht richtig berechnet wurden. Sie haben die Aufgaben sortiert.

Fehler mit der 0

```
302 · 4      413 · 20      302 · 3
   1218           836           96
```

Fehler beim Aufschreiben

```
431 · 2      314 · 21      132 · 31
    268           628           396
                  314          132
                    1            1
                  942          1716
```

Fehler beim Übertrag

```
   367 · 4         214 · 27
 122428               4280
                    1 1488
                         1
                      5768
   183 · 6
11    688
```

a) Übertrage die Aufgaben ins Heft. Finde die Fehler und umkreise sie farbig. Berechne die Aufgaben richtig im Heft.

b) Überlegt gemeinsam. Welche Fehler können auch vorkommen? Worauf solltet ihr beim Rechnen besonders achten?

! Ich vermeide Fehler, wenn ich ...
- Aufgaben richtig und gut lesbar abschreibe.
- auf typische Fehler achte.

Aufgaben-Profi: Ergebnisse überprüfen

3 Überprüfe deine Ergebnisse aus Aufgabe **2** a). mit dem **Taschenrechner**.

▶ Methoden-Lexikon S. 195

4 Welches Ergebnis kann stimmen?
Überprüfe mit dem **Überschlag**.

▶ Methoden-Lexikon S. 196

a) $23 \cdot 87 = 1001$ **b)** $48 \cdot 53 = 3840$ **c)** $67 \cdot 42 = 2814$

Ich überprüfe mein Ergebnis mit dem Überschlag. Kann mein Ergebnis stimmen?

- Wenn mein Ergebnis stimmen kann, unterstreiche ich es doppelt.
- Wenn mein Ergebnis nicht stimmen kann, suche und berichtige ich den Fehler.

5 Für die Klassenfahrt zahlt jedes der 13 Kinder 129 €.
Wie viel Geld zahlen alle Kinder zusammen?

▶ Üben

a) Schreibe die Aufgabe richtig und gut lesbar auf.

b) Achte beim schriftlichen Multiplizieren auf typische Fehler.

c) Überschlage. Kann dein Ergebnis stimmen?

d) Überprüfe mit dem Taschenrechner. Stimmt dein Ergebnis?

e) Wenn dein Ergebnis nicht stimmt, suche und berichtige den Fehler.

6 In der Klasse 6 hängt ein Poster.
Was ist damit gemeint?

☺ Das kann ich!

Schätze zuerst deinen Lernerfolg ein.

- Ich lese die Aufgaben auf der Seite genau.
  Was soll ich tun?
- Ich schätze vor dem Bearbeiten ein:
  Wie gut kann ich die Aufgabe?

Ich kann die Aufgabe ...
noch nicht. ☺ ☺ ☺
etwas. ☻ ☺ ☺
gut. ☻ ☻ ☺
sicher. ☻ ☻ ☻

1 Multipliziere schriftlich mit einstelligen Zahlen.

a) 6 1 4 · 2

b) 403 · 4

c) Für das Traubenfest wurden 154 Kisten Traubensaft bestellt. Wie viele Flaschen sind das insgesamt?

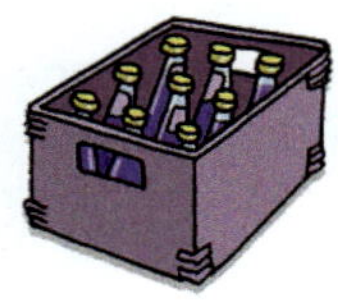

2 Multipliziere schriftlich mit zweistelligen Zahlen.

a) 4 1 3 · 2 3

b) 345 · 12

c) Ein Mathebuch hat 216 Seiten. Wie viele Seiten haben 24 Mathebücher zusammen?

3 Welches Ergebnis stimmt jeweils? Überprüfe mit dem Überschlag.

a) 38 · 51 = 1056
38 · 51 = 1938
38 · 51 = 3658

b) 382 · 12 = 1894
382 · 12 = 2654
382 · 12 = 4584

c) 123 · 31 = 2573
123 · 31 = 2923
123 · 31 = 3813

Übertrage ins Heft. Male die passende Anzahl von Smileys aus.

So gut kann ich ...	Meine Beurteilung
1 schriftlich mit einstelligen Zahlen multiplizieren.	☺ ☺ ☺
2 schriftlich mit zweistelligen Zahlen multiplizieren.	☺ ☺ ☺
3 das Ergebnis überschlagen.	☺ ☺ ☺

Teste dich! Lösungen S. 205 Methoden-Lexikon S. 194

Flächeninhalt

▶ Quiz

I Was siehst du?

→ ausmalen • nachzeichnen • streichen
das Dreieck • der Kreis • der Quader • das Quadrat
das Rechteck • die Schablone • der Würfel • der Zylinder

II Welche Kinder markieren Flächen?

III Welche weiteren Flächen erkennst du?

Start ins Thema

1 Zeichne mit Lineal und Zirkel verschiedene Figuren ins Heft.
Male die Flächen der Figuren farbig aus.

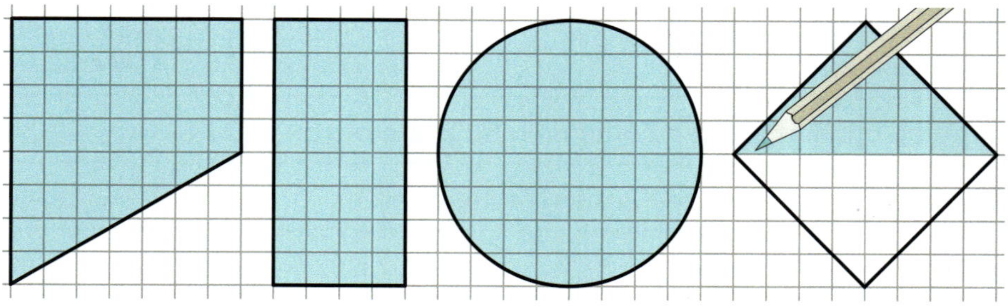

Start ins Thema

2 Ina hat Zettel mit verschieden großen Flächen an der Pinnwand. Welcher Zettel hat die größte Fläche, welcher die kleinste?

▶ Quiz

! Die Größe einer Fläche nennt man **Flächeninhalt** (A).

3 Vergleicht Flächeninhalte. Nutzt dazu Zeitungsblätter, Arbeitsblätter, Karteikarten, Postkarten, Klebezettel und mehr.

a) Richtig oder falsch? Überprüft durch Legen.

Ⓐ Der Flächeninhalt von eurer Postkarte ist ungefähr so groß wie der Flächeninhalt von euren Karteikarten.

Tipp
Doppelt so groß: Genau 2 gleich große Flächen füllen die größere Fläche aus.

Ⓑ Der Flächeninhalt von eurem Zeitungsblatt ist ungefähr viermal so groß wie der Flächeninhalt von euren Karteikarten.

Ⓒ Der Flächeninhalt von einem Arbeitsblatt ist mehr als sechsmal so groß wie der Flächeninhalt von euren Klebezetteln.

b) Schreibt selbst Sätze auf. Überprüft sie gegenseitig durch Legen.

Der Flächeninhalt von ▬ ist ▬ der Flächeninhalt von ▬.

→
- größer, kleiner als
- so groß wie
- ungefähr
- mehr, weniger als
- doppelt, dreimal, ...

Kästchen zählen bei verschiedenen Figuren

1 Lisa und Lena fragen sich, wer mehr Rasen mäht.
Lisa mäht immer vor dem Haus, Lena immer hinter dem Haus.

▶ Üben

a) Beschreibe die Skizze von dem Grundstück.

b) Wie können die Zwillinge die Größe der beiden Rasenflächen bestimmen?

c) Wie groß sind die Rasenflächen? Wer mäht mehr Rasen?

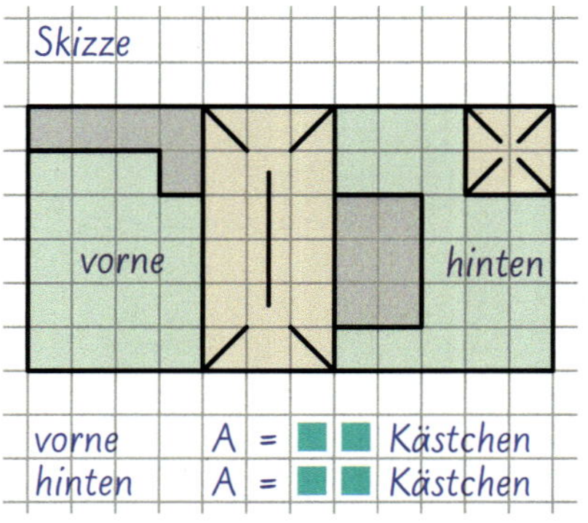

2 Bestimme die Flächeninhalte der Figuren. Zähle die Kästchen.

a) Welche Fläche ist am größten?

b) Welche Fläche ist am kleinsten?

c) Welche Flächen sind gleich groß?

Tipp
Zwei halbe Kästchen sind ein ganzes.

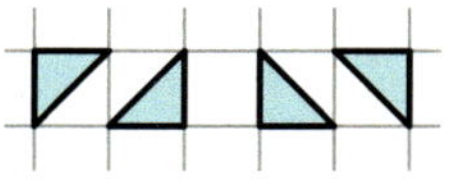

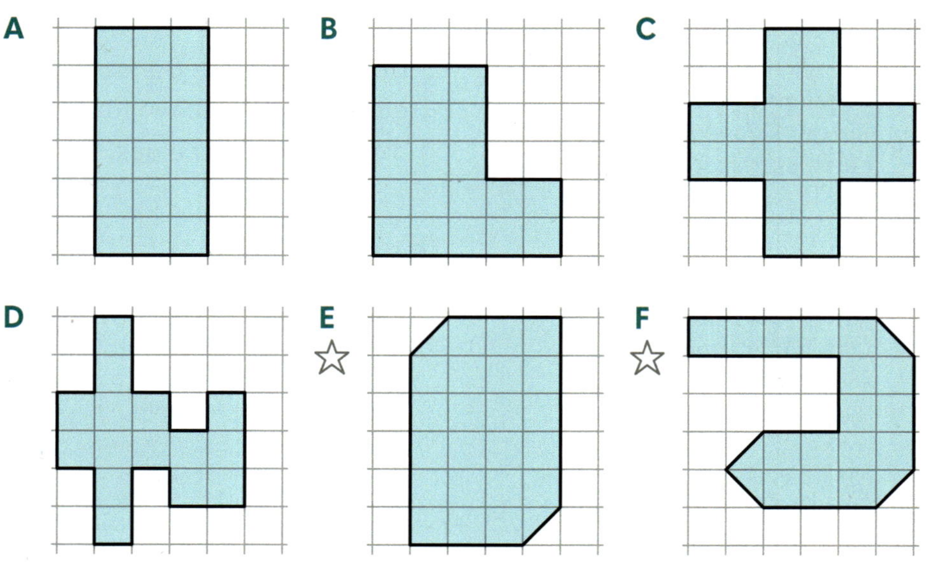

3 Zeichne 5 verschiedene Figuren ins Heft.
Ihre Flächen sollen jeweils genau 12 Kästchen groß sein.

▶ Hilfe

Anzahl von Kästchen berechnen bei Quadraten und Rechtecken

1 Paul und Mascha berechnen den Flächeninhalt von Vierecken. ▶ Hilfe

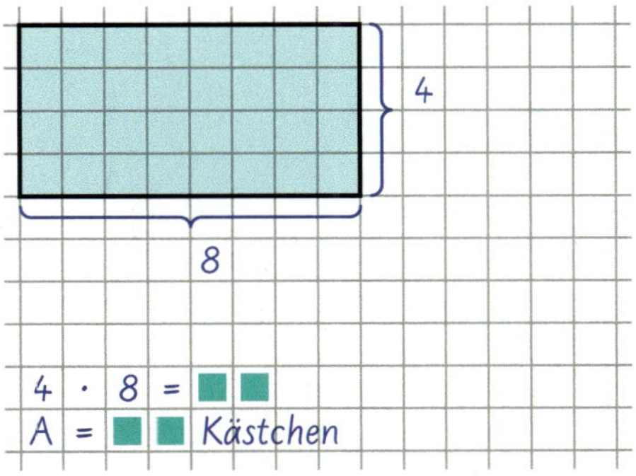

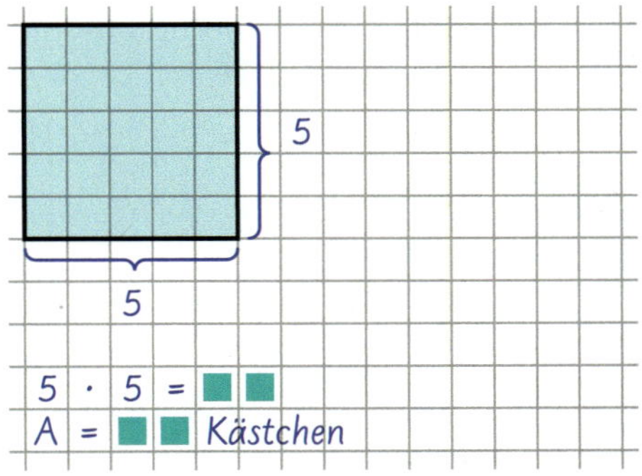

Wir brauchen nicht alle Kästchen zu zählen. Wir multiplizieren wie bei einem Punktbild.

Ich zähle die Reihen und die Kästchen in einer Reihe. Damit bilde ich die Multiplikationsaufgabe.

a) Welche Punktbilder passen zu den Multiplikationsaufgaben von den beiden Vierecken? Ordne im Heft zu. ▶ Üben

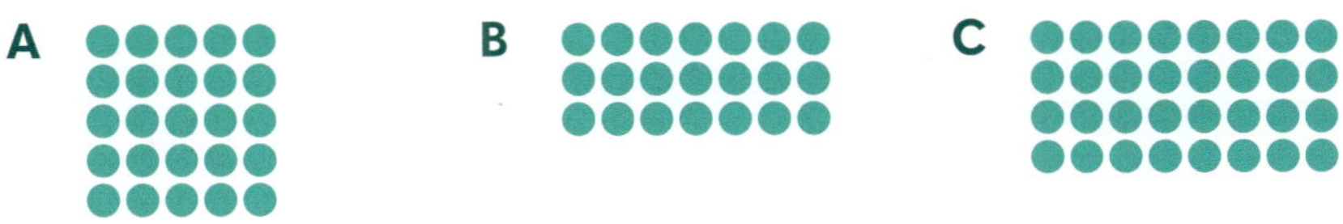

b) Übertrage die Vierecke und ergänze die Rechnungen im Heft.

c) Erkläre für beide Vierecke jeweils den Lösungsweg.

→ multiplizieren • zählen • die Breite • das Kästchen • die Länge

2 Übertrage ins Heft. Berechne die Flächeninhalte. ▶ Üben

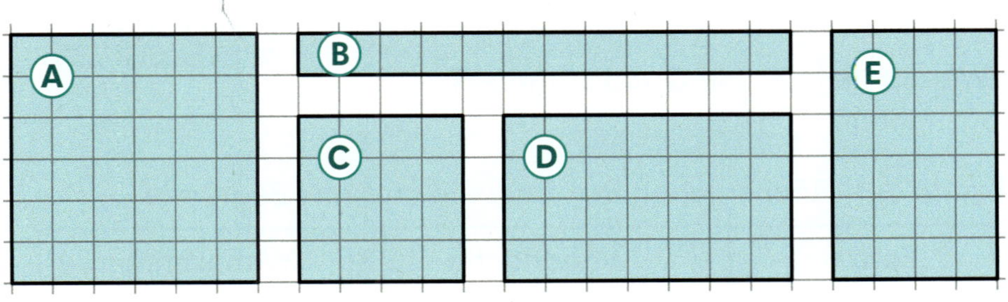

Quadratzentimeter und Quadratmeter

1 Mascha und Ina vergleichen den Flächeninhalt von Rechtecken.

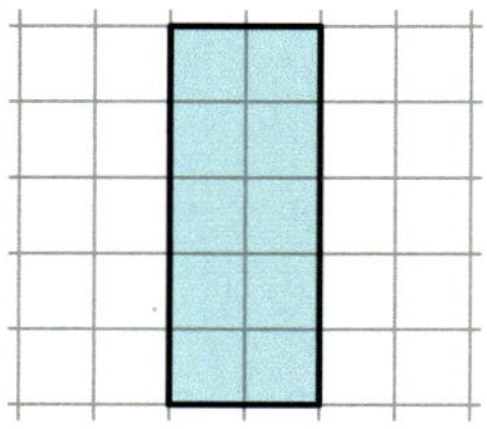

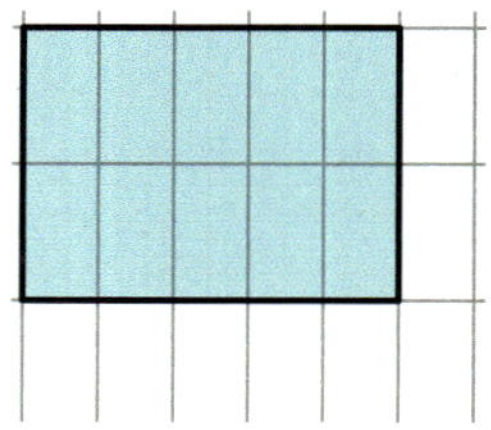

a) Wieso haben beide Rechtecke trotz unterschiedlicher Größe einen Flächeninhalt von 10 Kästchen?

b) Was muss gelten, um Flächeninhalte vergleichen zu können?

> **!** Flächeninhalte gebe ich in **Quadratzentimeter** (cm^2) und in **Quadratmeter** (m^2) an.

2 Das ist ein Quadratzentimeter. Der Flächeninhalt ist genau einen Quadratzentimeter groß.

a) Messt die Längen der Seiten der Figur.

b) Warum heißt es **ein Quadratzentimeter**?

3 Mascha hält eine quadratische Schablone in der Hand. Der Flächeinhalt ist genau einen Quadratmeter groß.

a) Wie lang sind die Seiten der Schablone?

b) Warum heißt es **ein Quadratmeter**?

4 Gibst du den Flächeninhalt in m^2 oder in cm^2 an? Begründe.

▶ Üben

Foto	Wandfläche	Wohnzimmer

Flächeninhalt berechnen von Rechteck und Quadrat

Ein Rechteck ist 8 cm lang und 3 cm breit.
Wie groß ist der Flächeninhalt vom Rechteck?

Gesucht ist der Flächeninhalt vom Rechteck. Gegeben sind 8 cm Länge und 3 cm Breite.

gesucht:	A	
gegeben:	8 cm	Länge
	3 cm	Breite

Zuerst schreibe ich: Rechnung. Der Flächeninhalt vom Rechteck **ist gleich** Länge **mal** Breite.

Rechnung: A = Länge · Breite

Dann schreibe ich: Der Flächeninhalt vom Rechteck **ist gleich** 8 cm **mal** 3 cm.

Rechnung: A = Länge · Breite
A = 8 cm · 3 cm

Zum Schluss multipliziere ich: 8 **mal** 3 **ist gleich** 24. Hinter das Ergebnis schreibe ich cm².

Rechnung: A = Länge · Breite
A = 8 cm · 3 cm
$A = 24\ cm^2$

1 Übertrage den Satz ins Heft und ergänze.

Der Flächeninhalt von Rechteck und Quadrat ist gleich ▬.

2 Berechne die Flächeninhalte wie Fatima.

▶ Üben

a)

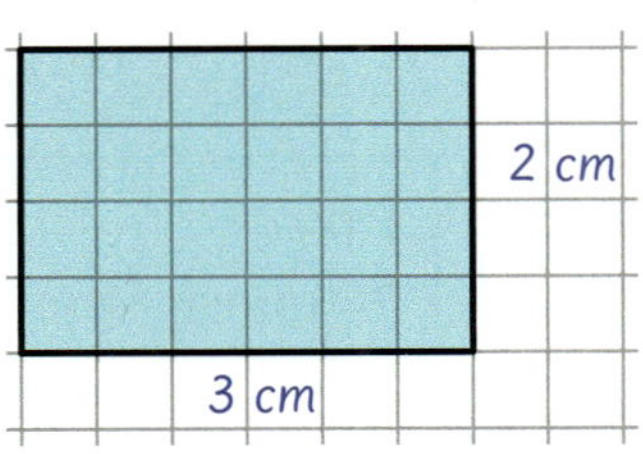

b) Ein Rechteck ist 3 cm breit und 4 cm lang.

c) Ein Rechteck ist 3 cm breit und 5 cm lang.

d)

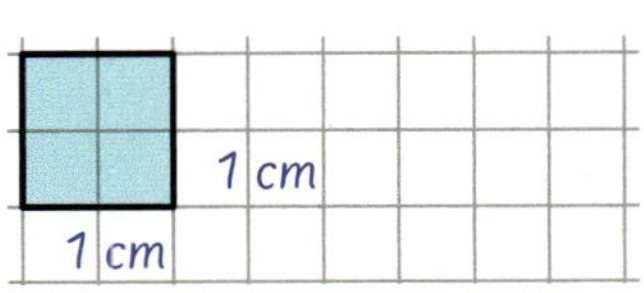

e) Ein Quadrat ist 2 cm lang und 2 cm breit.

f) Ein Quadrat ist 8 m lang und 8 m breit.

Formeln verwenden: Flächeninhalte von Rechtecken

1 Was bedeutet die Formel?

Den **Flächeninhalt vom Rechteck** ($A_{\square}$) berechne ich mit der Formel:
$A_{\square} = a \cdot b$

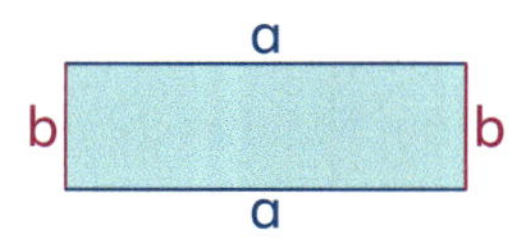

2 Beschreibe die Bearbeitung der Aufgabe Schritt für Schritt. ▶ Video

Berechne den Flächeninhalt vom Rechteck mit den Seiten a = 5 cm und b = 2 cm.

gesucht:	$A_{\square}$	
gegeben:	a	= 5 cm
	b	= 2 cm
Rechnung:	$A_{\square}$	= a · b
	$A_{\square}$	= 5 cm · 2 cm
	$A_{\square}$	= 10 cm^2

→
- zuerst, dann, zum Schluss
- aufschreiben
- berechnen
- einsetzen
- multiplizieren mit
- die Formel
- die gesuchte Größe
- die gegebene Größe
- das Ergebnis

3 Berechne die Flächeninhalte der Rechtecke. ▶ Üben

a)	gesucht:	$A_{\square}$	
	gegeben:	a	= 3 m
		b	= 4 m
	Rechnung:	$A_{\square}$	= a · b
		$A_{\square}$	= ■ m · ■ m
		$A_{\square}$	= ■■ m^2

a) a = 3 m
b = 4 m

b) a = 5 m
b = 8 m

c) a = 6 m
b = 7 m

d) a = 11 m
b = 8 m

☑ 12 m^2 40 m^2 42 m^2 64 m^2 88 m^2

4 Berechne die Flächeninhalte der Rechtecke.
Rechne zuerst in cm um.

Tipp
10 mm = 1 cm

a)	gesucht:	$A_{\square}$	
	gegeben:	a	= 40 mm = ■ cm
		b	= 5 cm
	Rechnung:	■	

a) a = 40 mm
b = 5 cm

b) a = 6 cm
b = 30 mm

c) a = 8 cm
b = 70 mm

d) a = 9 cm
b = 50 mm

☑ 18 cm^2 20 cm^2 45 cm^2 56 cm^2 62 cm^2

Formeln verwenden: Flächeninhalte von Quadraten

1 Was bedeutet die Formel?

Den **Flächeninhalt vom Quadrat** ($A_{\square}$)
berechne ich mit der Formel:
$A_{\square} = \mathbf{a \cdot a}$

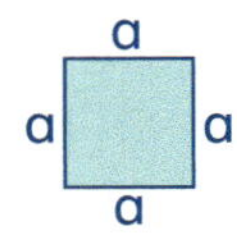

2 Berechne die Flächeninhalte der Quadrate. ▶ Hilfe

a) gesucht:	$A_{\square}$						
gegeben:	a	=	5 cm				
Rechnung:	$A_{\square}$	=	a	·	a		
	$A_{\square}$	=	■ cm	·	■ cm		
	$A_{\square}$	=	■■ cm^2				

a) a = 5 cm **b)** a = 7 cm
c) a = 2 cm **d)** a = 6 cm
e) a = 10 cm **f)** a = 8 cm

☑ 4 cm^2 25 cm^2 36 cm^2 49 cm^2 64 cm^2 100 cm^2 121 cm^2

3 Fatimas Vater möchte im Garten einen quadratischen Grillplatz bauen. Die Seiten sollen 4 m lang werden. Online findet er ein günstiges Angebot für 20 m^2 gebrauchte **Betonplatten**. ▶ Hilfe

4 Wie verändert sich der Flächeninhalt vom Quadrat, wenn Ina und Mascha die Seitenlänge a verdoppeln?

a) Was vermutet ihr, wie sich der Flächeninhalt verändert?

b) Übertragt die Skizze ins Heft. Ergänzt.

c) Beantwortet die Frage mithilfe der Skizze.

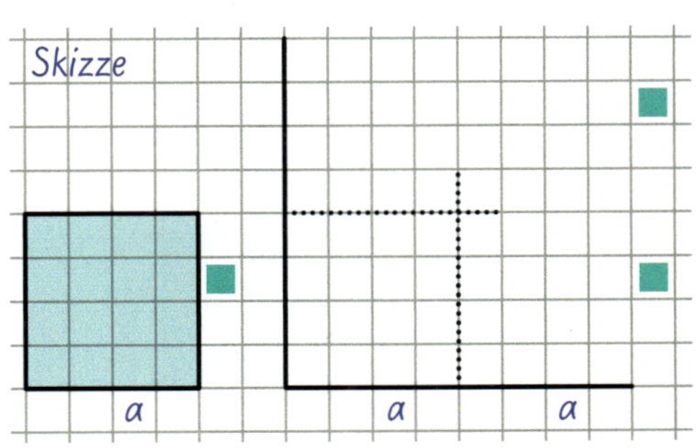

Zusammengesetzte Figuren

1 Wie berechnet Dennis den Flächeninhalt von der zusammengesetzten Figur?

▶ Video

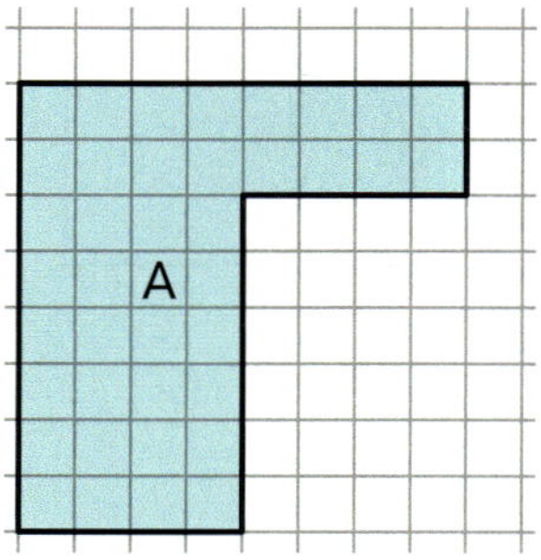

Bei zusammengesetzen Figuren kann ich Flächeninhalte so berechnen:

① Ich zerlege die Fläche geschickt.

② Ich berechne die Flächeninhalte der Teilflächen.

③ Ich addiere die Flächeninhalte der Teilflächen.

①

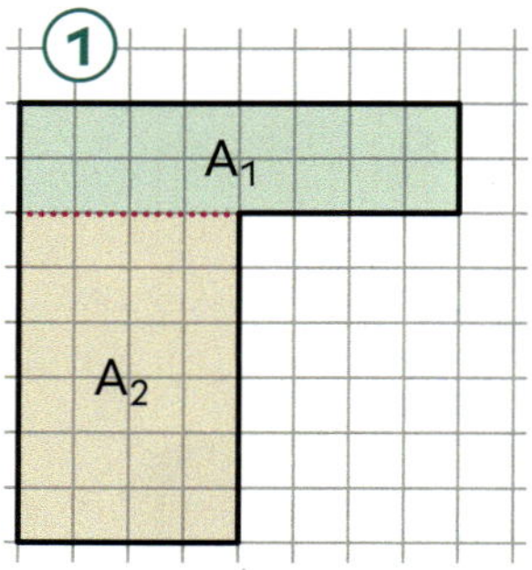

②

Rechnung:

$A = a \cdot b$

$A_1 = 4\text{ cm} \cdot 1\text{ cm}$

$A_1 = 4\text{ cm}^2$

$A_2 = 2\text{ cm} \cdot 3\text{ cm}$

$A_2 = 6\text{ cm}^2$

③

$A = A_1 + A_2$

$A = 4\text{ cm}^2 + 6\text{ cm}^2$

$A = 10\text{ cm}^2$

2 Übertrage ins Heft. Berechne die Flächeninhalte der zusammengesetzen Figuren wie Dennis.

▶ Üben

a)

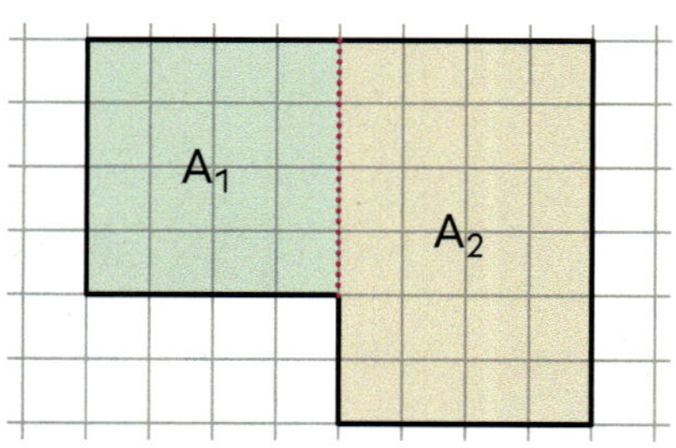

b)

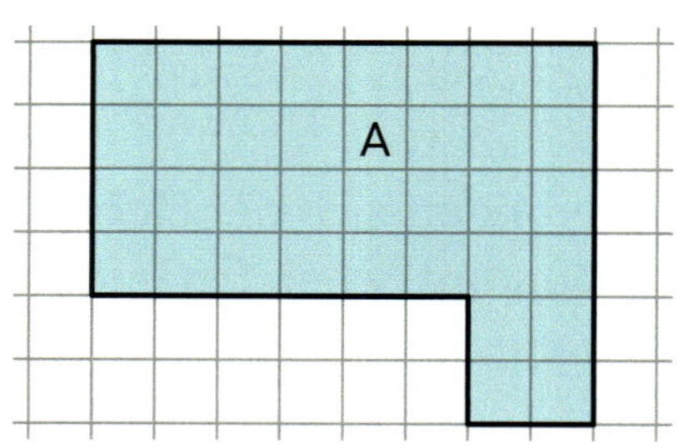

c) ☆

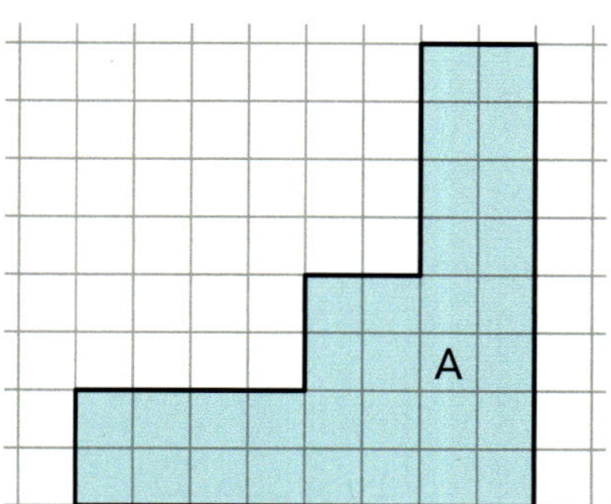

d) ☆

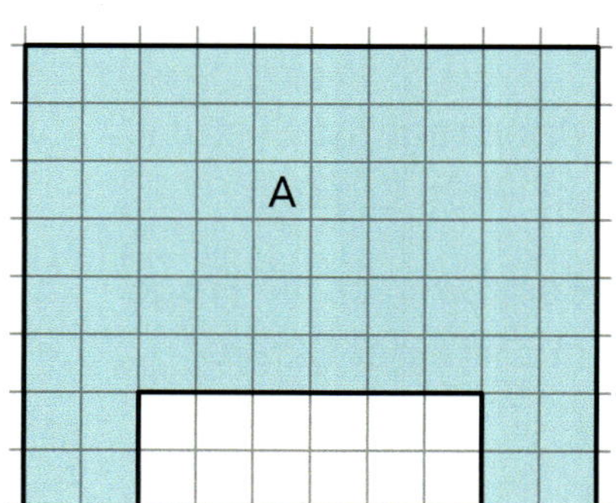

3 Fatima wählt einen anderen Lösungsweg. Wie geht sie vor? Rechne im Heft weiter.

Ich ergänze die Fläche.

▶ Video

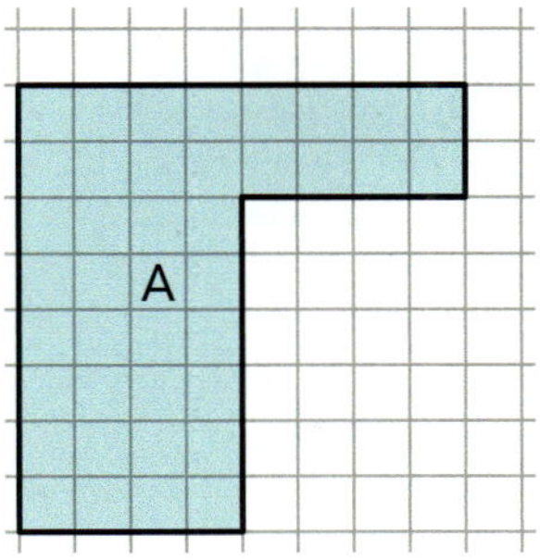

Bei zusammengesetzen Figuren kann ich Flächeninhalte auch so berechnen:

1. Ich **ergänze** die Fläche geschickt.
2. Ich berechne die Flächeninhalte der verschiedenen Flächen.
3. Ich subtrahiere den Fächeninhalt der ergänzten Fläche.

(1)

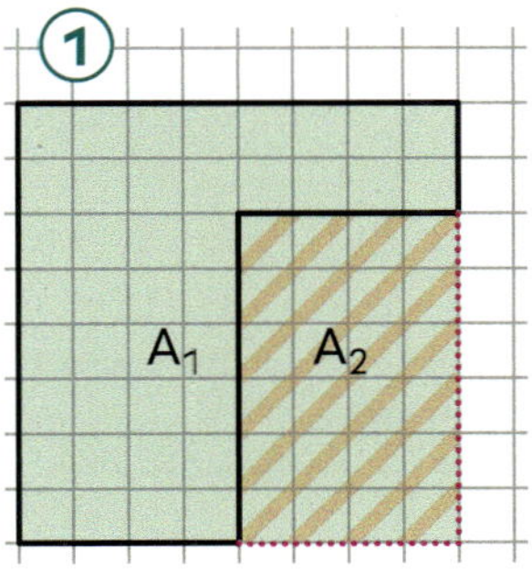

(2)

Rechnung:

$A = a \cdot b$

$A_1 = 4\ cm \cdot 4\ cm$

$A_1 = 16\ cm^2$

$A_2 = 2\ cm \cdot \square\ cm$

$A_2 = \square\ cm^2$

(3)

$A = A_1 - A_2$

$A = \square\square\ cm^2 - \square\ cm^2$

$A = \square\square\ cm^2$

4 Übertrage ins Heft. Berechne die Flächeninhalte der zusammengesetzen Figuren wie Fatima.

▶ Üben

a)

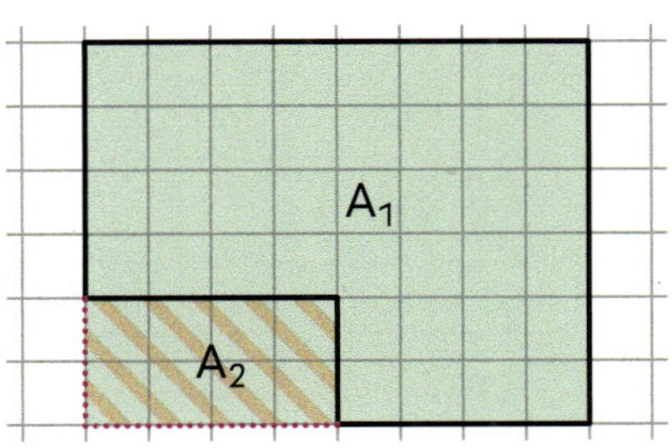

b)

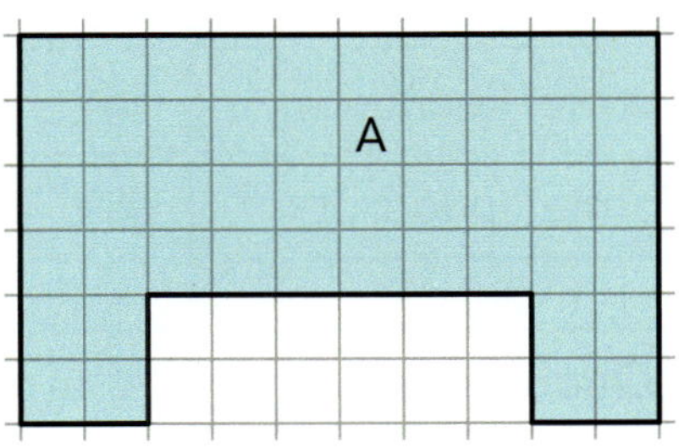

☆ **5** Kannst du den Flächeninhalt von dem Dreieck berechnen?

Tipp
Der Flächeninhalt vom Dreieck ist halb so groß wie der Flächeninhalt vom Rechteck.

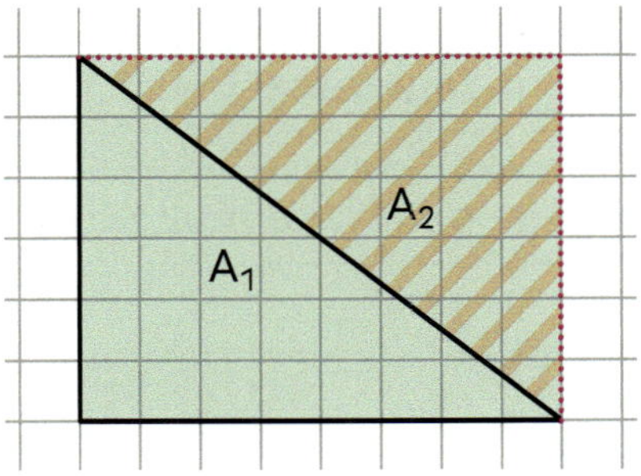

Flächeninhalt oder Umfang?

1 Ilja putzt Fenster.

→
- **die** Größe
- **die** Länge
- **der** Rahmen
- **die** Scheibe

a) Was ist bei dem Fenster …
der Flächeninhalt?
der Umfang?

Fenster
Der **Flächeninhalt** ist ▬.
Der **Umfang** ist ▬.

b) Fertige eine Skizze vom Fenster an. Markiere darin den Umfang und den Flächeninhalt.

2 Übertrage die Tabelle ins Heft und ergänze.

▶ Üben

	Umfang	Flächeninhalt
Skizze Rechteck	▬	▬
Skizze Quadrat	▬	▬
Einheiten	▬, ▬, ▬, ▬	▬, ▬, ▬, ▬
Berechnung	▬	▬
Formel Rechteck	▬	▬
Formel Quadrat	▬	▬

Quadratmeter	$A_{\square} = a \cdot a$	cm	$u_{\square} = 4 \cdot a$
$u_{\square} = 2 \cdot a + 2 \cdot b$	cm^2	m^2	Meter
Quadratzentimeter	m	Zentimeter	$A_{\square} = a \cdot b$
Länge mit Breite multiplizieren		alle Seitenlängen addieren	

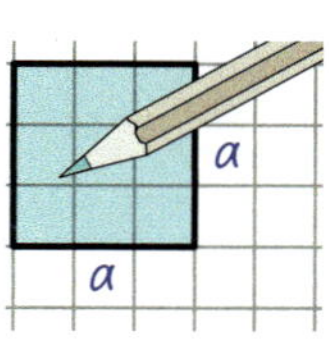

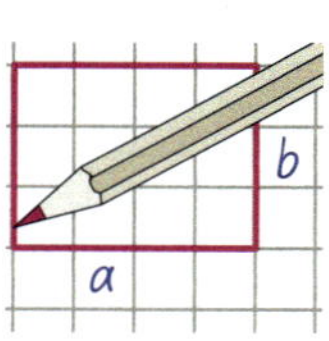

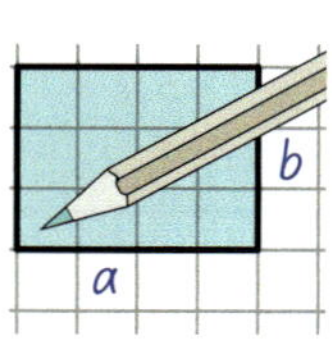

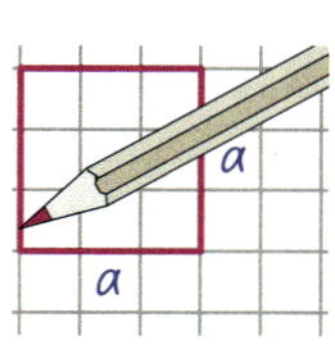

Das kann ich!

Schätze zuerst deinen Lernerfolg ein.

- Ich lese die Aufgaben auf der Seite genau. Was soll ich tun?
- Ich schätze vor dem Bearbeiten ein: Wie gut kann ich die Aufgabe?

Ich kann die Aufgabe ...
noch nicht. ☺ ☺ ☺
etwas. ☻ ☺ ☺
gut. ☻ ☻ ☺
sicher. ☻ ☻ ☻

1 Bestimme die Flächeninhalte der Figuren. Zähle die Kästchen.

a)
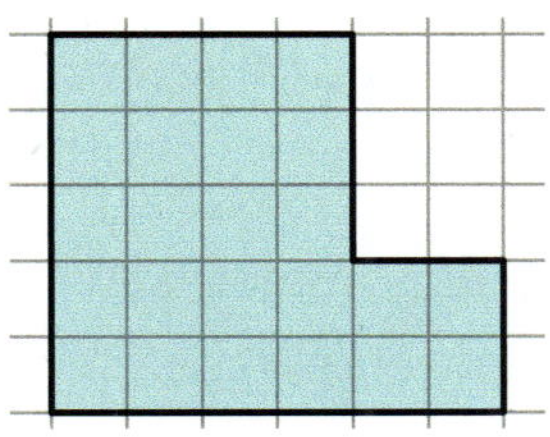

b)
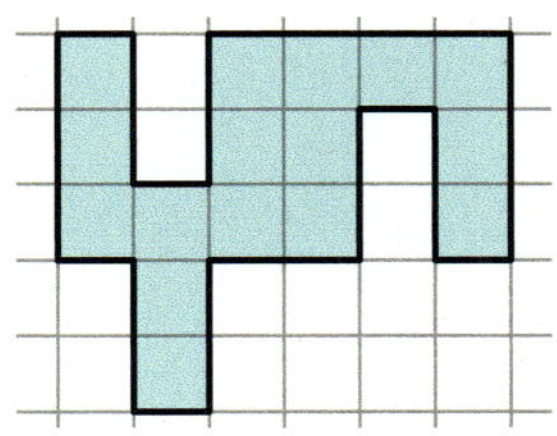

c)
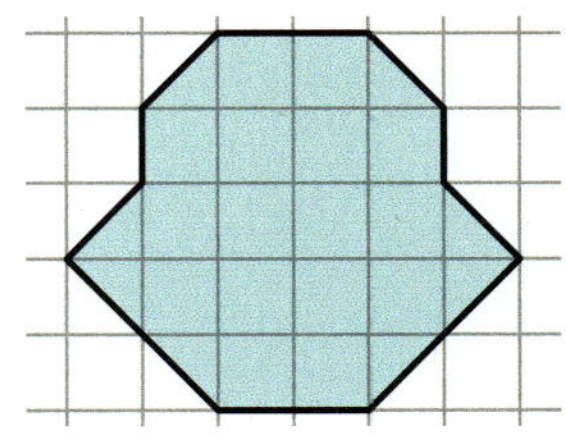

2 Berechne die Flächeninhalte. Achte bei c) auf die Einheiten.

a) Quadrat:
a = 9 cm

b) Rechteck:
a = 5 m
b = 7 m

c) Rechteck:
a = 12 cm
b = 50 mm

3 Übertrage ins Heft. Berechne die Flächeninhalte.

a)
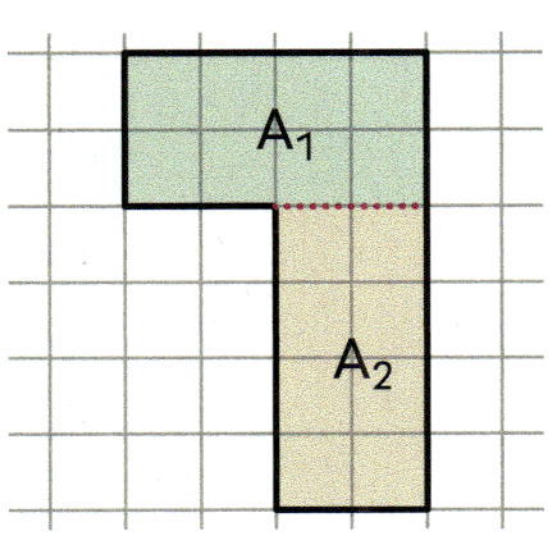

b)
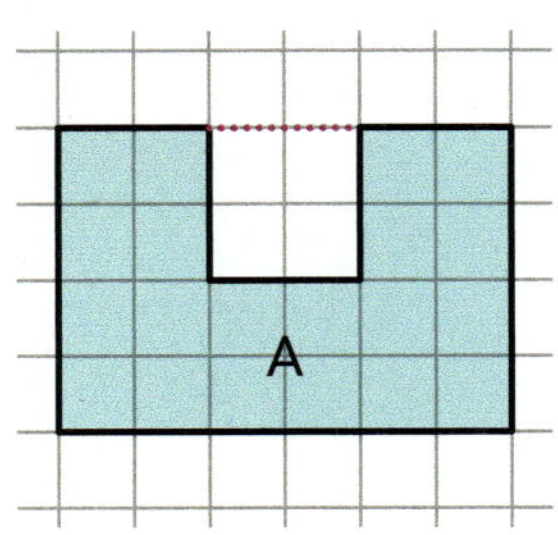

c)
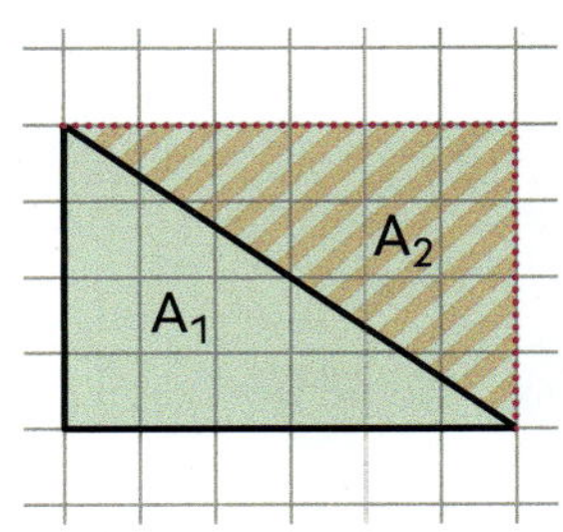

Übertrage ins Heft. Male die passende Anzahl von Smileys aus.

So gut kann ich ...	Meine Beurteilung
1 Flächeninhalte messen durch Zählen der Kästchen.	☺ ☺ ☺
2 Flächeninhalte von Rechtecken und Quadraten berechnen.	☺ ☺ ☺
3 Flächeninhalte zusammengesetzter Figuren berechnen.	☺ ☺ ☺

Teste dich! Lösungen S. 206 Methoden-Lexikon S. 194

Achsenspiegelung

1 Untersuche die Achsenspiegelungen. ▶ Video

A
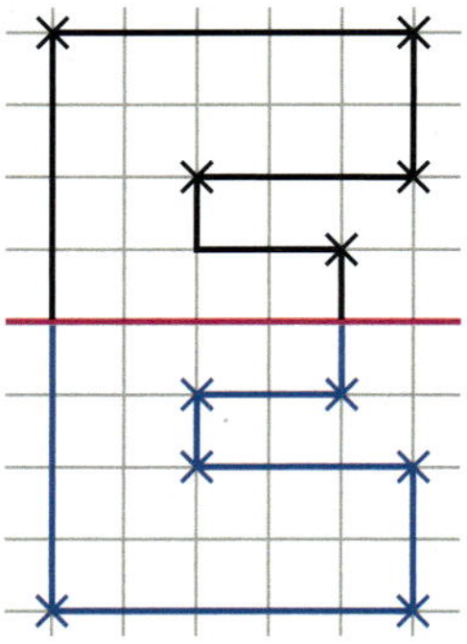
B
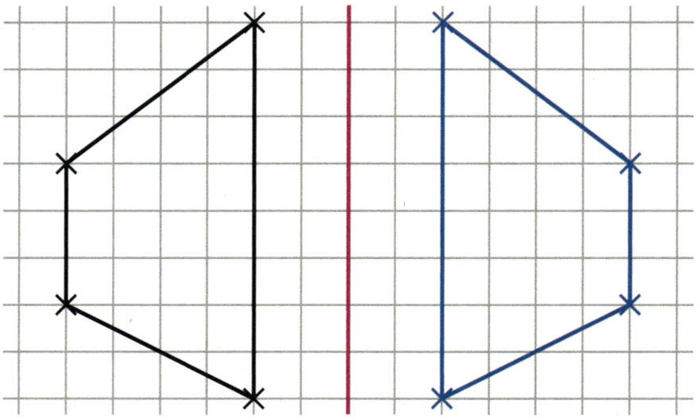

a) Stelle einen Spiegel auf die roten Geraden. Was fällt dir auf?

b) Beschreibe Gemeinsamkeiten und Unterschiede von **A** und **B**.

→
- achsensymmetrisch
- seitenverkehrt
- die Figur
- der Punkt
- die Spiegelachse
- das Spiegelbild

2 Welches Spiegelbild ist richtig? Begründe.

A

B

C

3 Wurde an den roten Geraden gespiegelt? Überprüfe mit einem Spiegel. ▶ Üben

a)
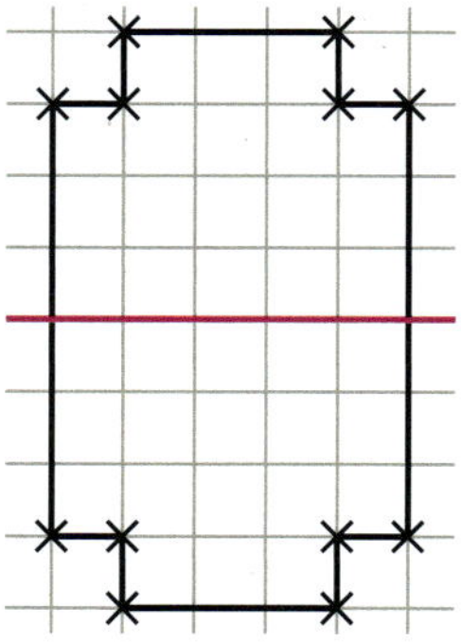
b)
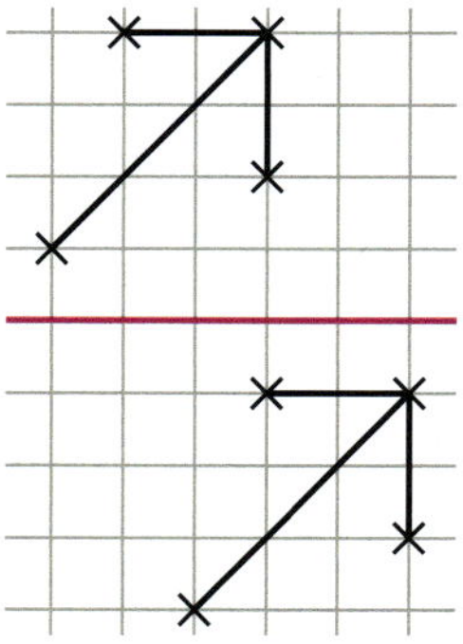
c)
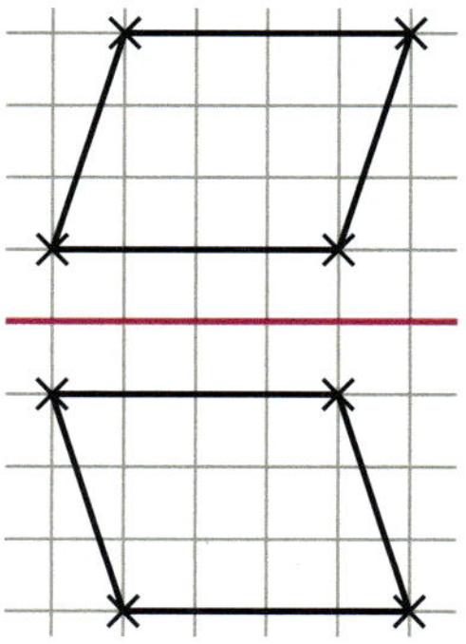

Achsenspiegelung

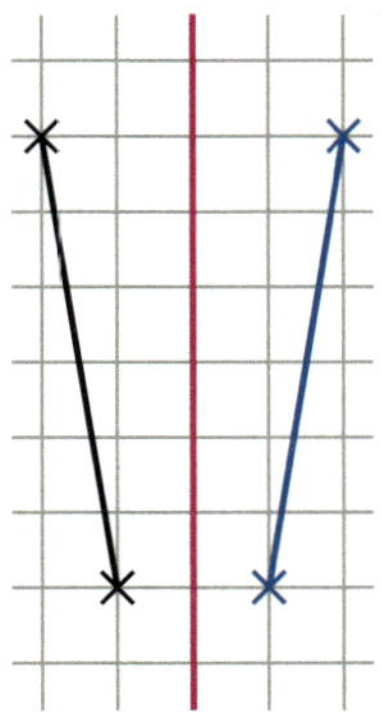

! Bei einer **Achsenspiegelung** ...
- sind alle Strecken zwischen Punkten × und **Bildpunkten** × senkrecht zur **Spiegelachse**.
- haben alle Punkte × den gleichen Abstand zur **Spiegelachse** wie ihre **Bildpunkte** ×.

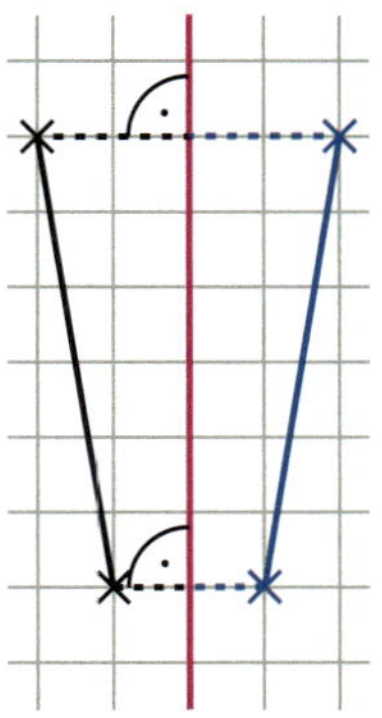

▶ Quiz

4 Wie überprüfen Mascha und Ina, ob die rote Gerade eine Spiegelachse ist? Erkläre.

▶ Video

Ich zähle die Kästchen: Sind es vom Punkt bis zur roten Geraden jeweils genauso viele Kästchen wie vom gegenüberliegenden Punkt bis zur roten Geraden?

Ich messe mit dem Geodreieck nach: Ist der Abstand zwischen Punkt und roter Gerade jeweils genauso groß wie der Abstand zwischen gegenüberliegendem Punkt und roter Gerade?

5 Ist die rote Gerade eine Spiegelachse? Überprüfe.

▶ Üben

a)

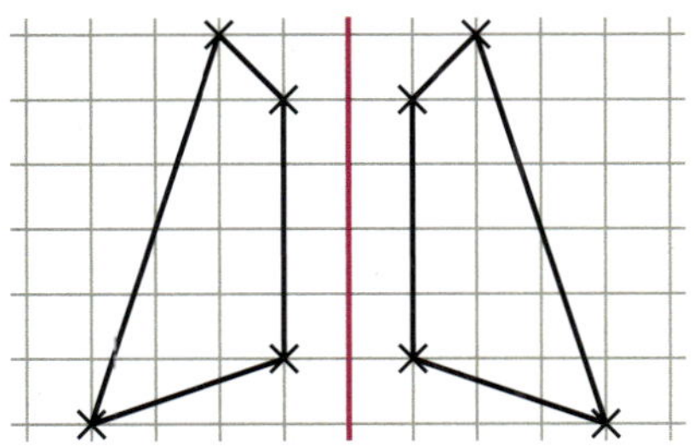

b)

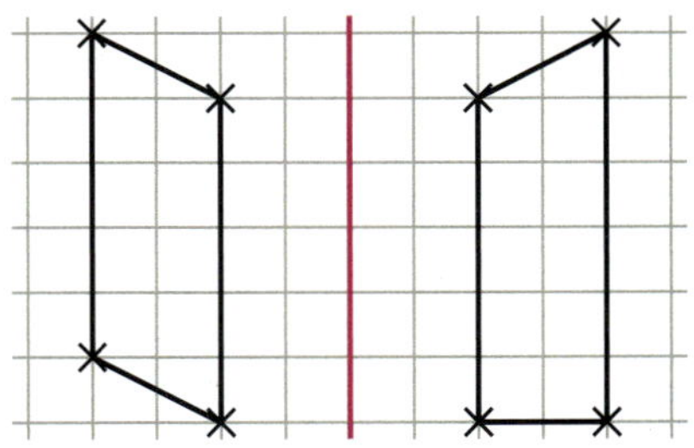

c)

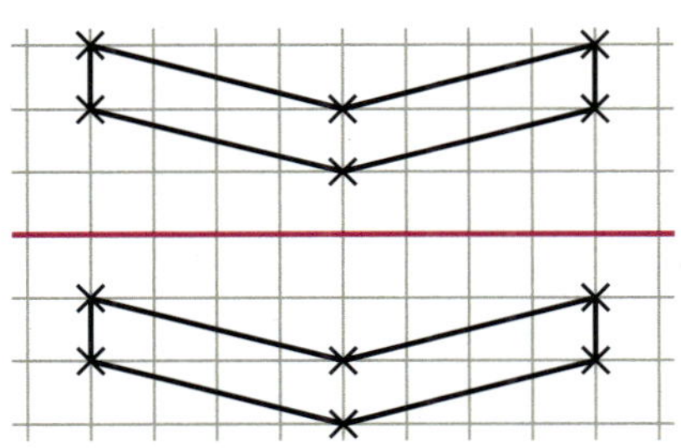

d) ☆

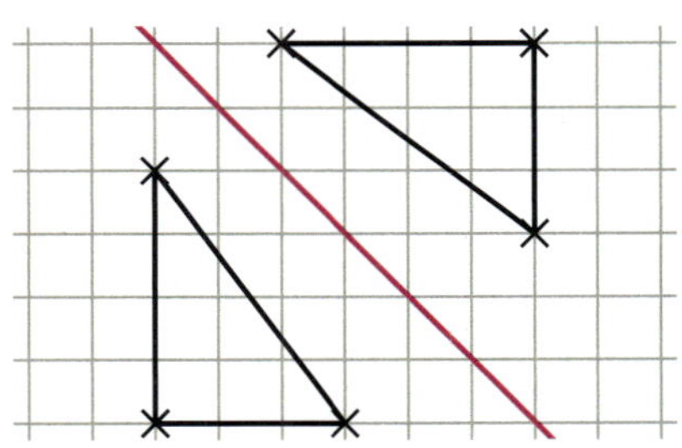

Figuren spiegeln

▶ Video

Paul spiegelt ein Dreieck an der Spiegelachse:

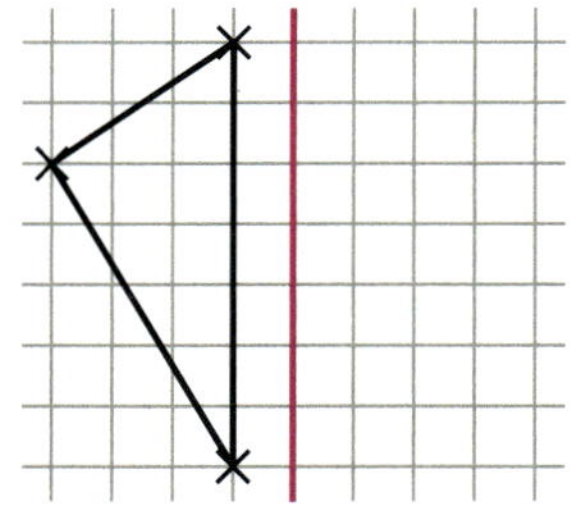

Ich lege die Null-Linie vom Geodreieck genau auf die Spiegelachse.

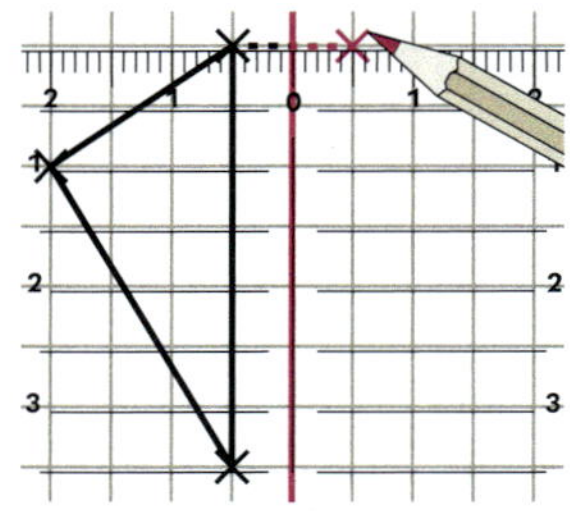

Zuerst spiegele ich den oberen Punkt:
Ich schiebe das Geodreieck an den Punkt.
Ich messe 0,5 cm vom Punkt bis zur Spiegelachse.
Also zeichne ich den Bildpunkt
0,5 cm neben der Spiegelachse ein.

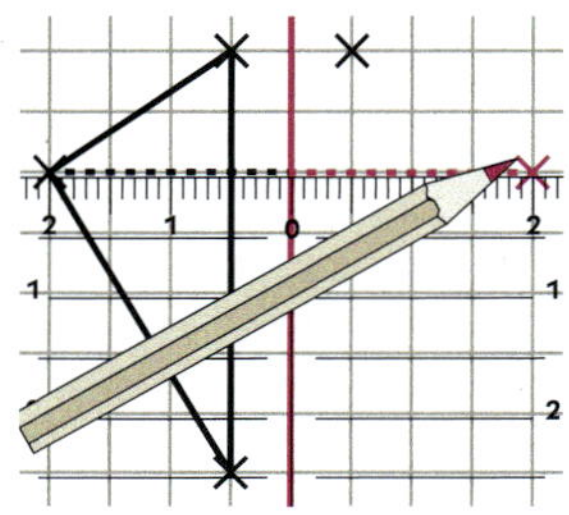

Dann spiegele ich den mittleren Punkt:
Ich schiebe das Geodreieck an den Punkt.
Ich messe 2 cm vom Punkt bis zur Spiegelachse.
Also zeichne ich den Bildpunkt
2 cm neben der Spiegelachse ein.

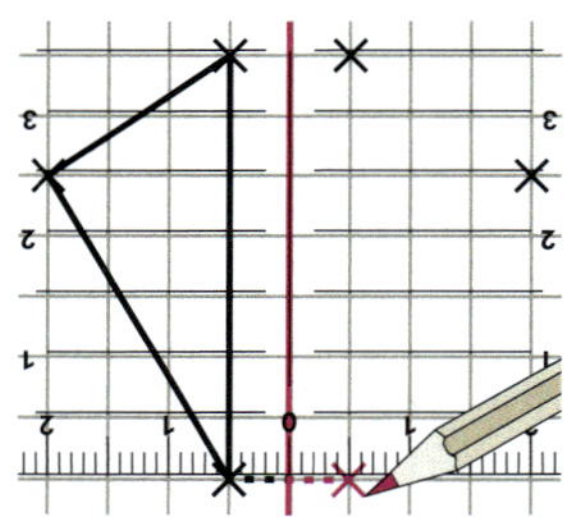

Dann spiegele ich den unteren Punkt:
Ich schiebe das gedrehte Geodreieck an den Punkt.
Ich messe 0,5 cm vom Punkt bis zur Spiegelachse.
Also zeichne ich den Bildpunkt
0,5 cm neben der Spiegelachse ein.

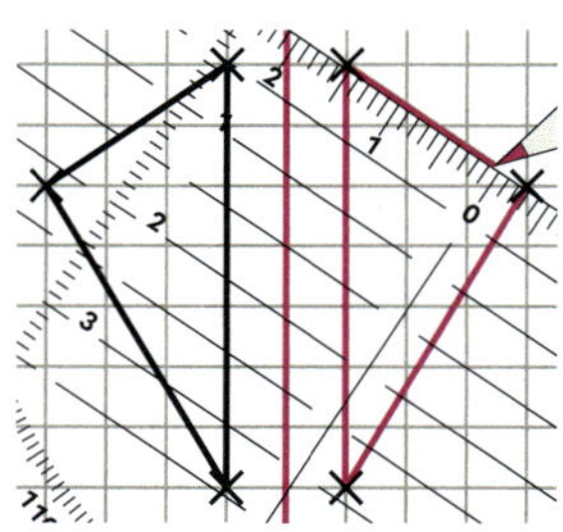

Zum Schluss verbinde ich die Bildpunkte mit dem Geodreieck.

1 Ilja möchte das Dreieck spiegeln, indem er die Kästchen zählt.
Wie würde Ilja seinen Lösungsweg beschreiben?

→ ... Ich zähle ▇ Kästchen vom Punkt bis zur Spiegelachse.
Also zeichne ich den Bildpunkt ▇ Kästchen neben ...

2 Übertrage die Figuren mit Spiegelachsen ins Heft.
Spiegele die Figuren an den Spiegelachsen.

► Üben

a)

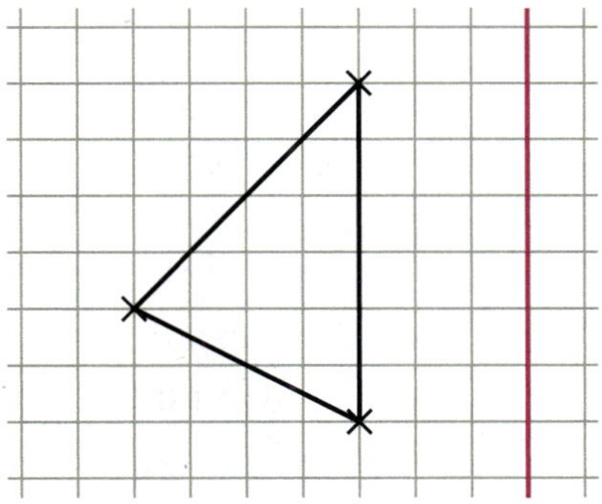

b)

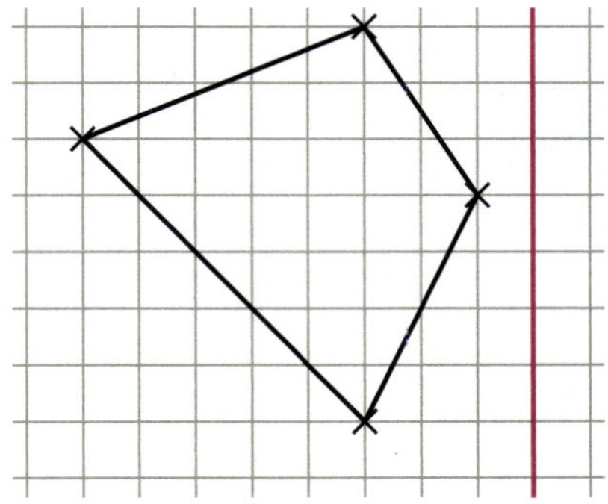

c)

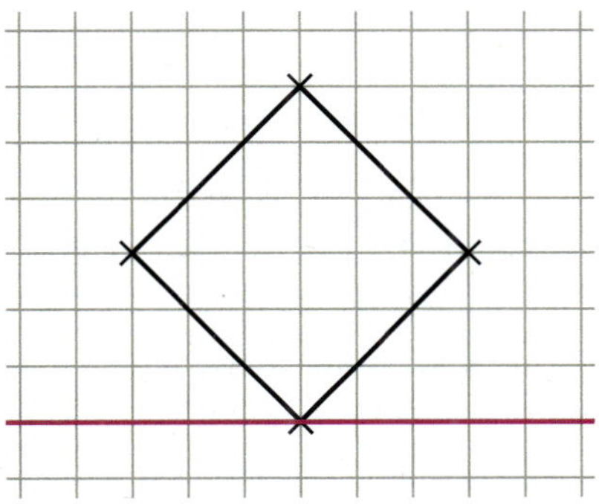

d)

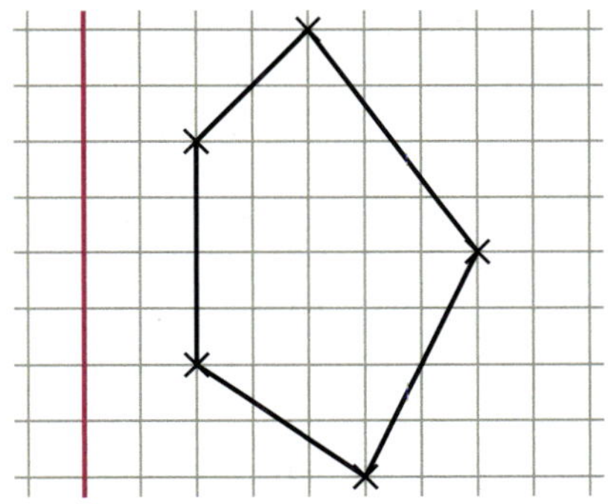

e)

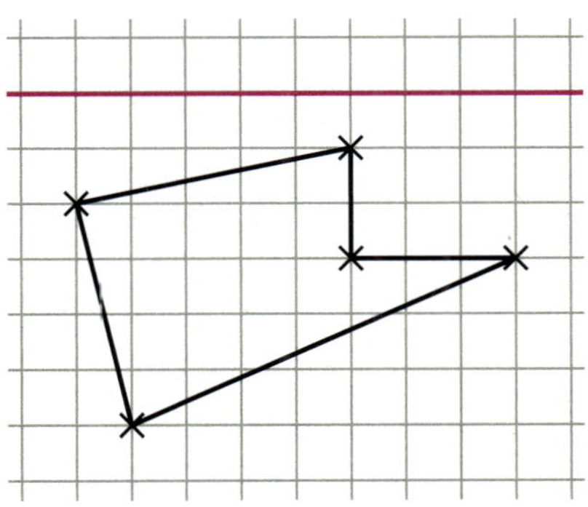

f) ☆

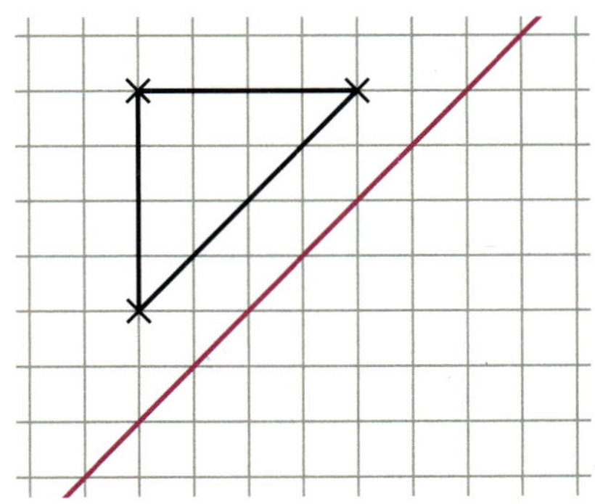

☆ **3** Zeichne ein Dreieck
auf weißes Papier.
Ergänze eine Spiegelachse.
Spiegele das Dreieck
an der Spiegelachse.

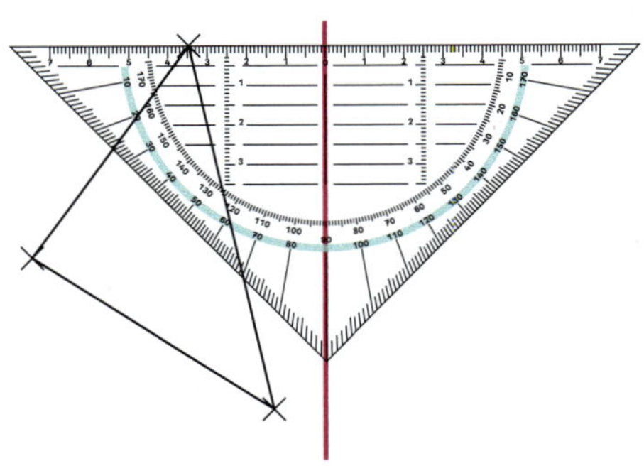

Division

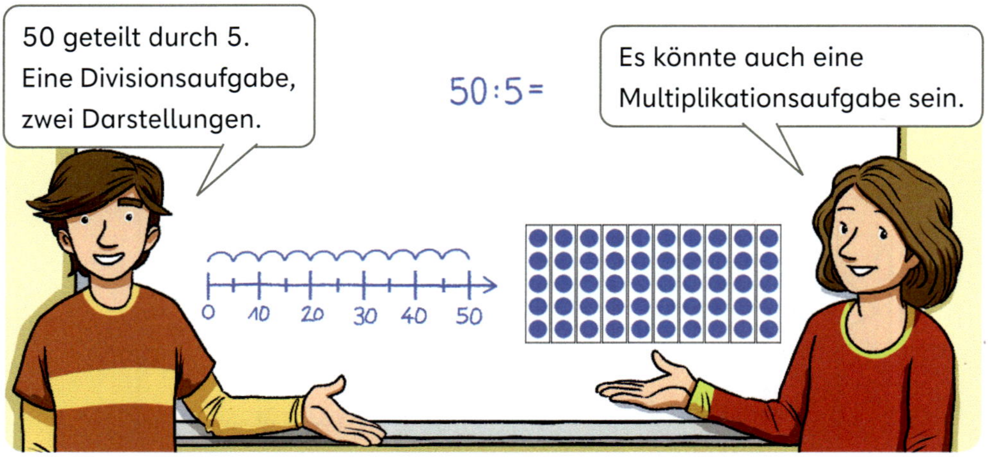

▶ Quiz

I Was siehst du?

II Wie verstehen Tim und Mascha die Darstellungen zu der Aufgabe? Wie heißt die **Umkehraufgabe**?

III Wie kann die Aufgabe mithilfe der Darstellungen gelöst werden?

→
- dividieren,
  der Dividend,
  der Divisor,
  der Quotient
- multiplizieren,
  der 1. Faktor,
  der 2. Faktor,
  das Produkt

▶ Mathe-Lexikon S. 198

Start ins Thema

1 Ordnet die Aufgaben den Abbildungen zu. Begründet.

36 : 4	56 : 7	35 : 5	40 : 5

A
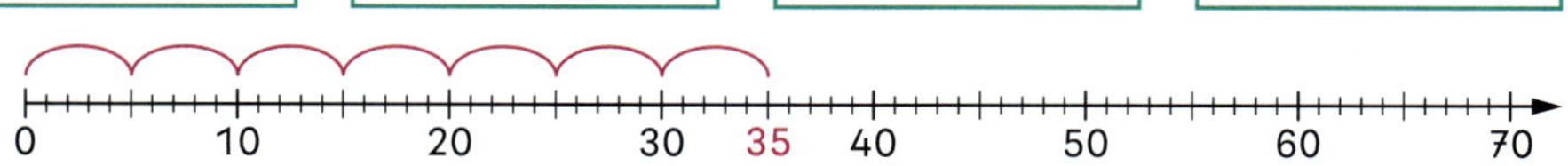

B
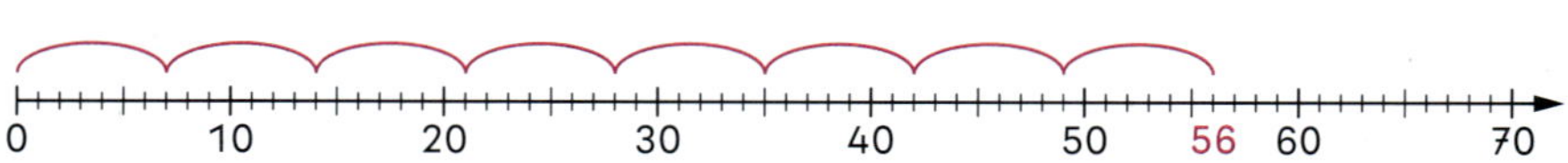

C
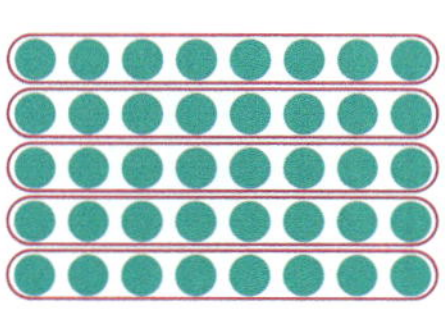

D
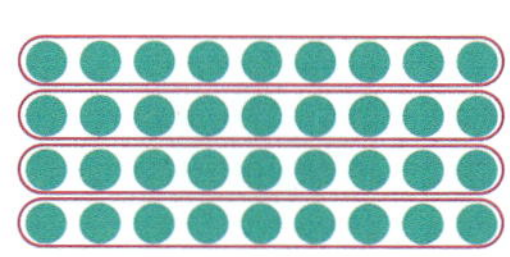

Start ins Thema

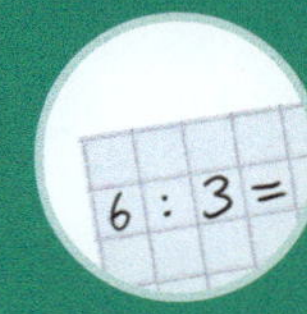

2 Schreibe die Divisionsaufgabe und die Umkehraufgabe ins Heft. ▶ Üben

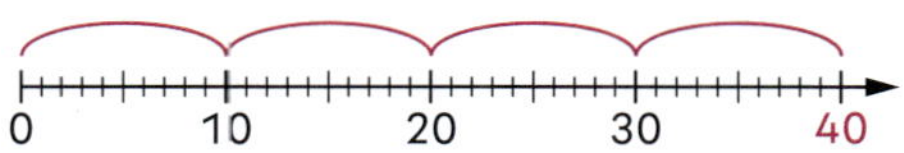

Divisionsaufgabe: ■ : ■ = ■
Umkehraufgabe: ■ · ■ = ■

3 Schreibe die Divisionsaufgaben und Umkehraufgaben ins Heft. ▶ Üben

a)

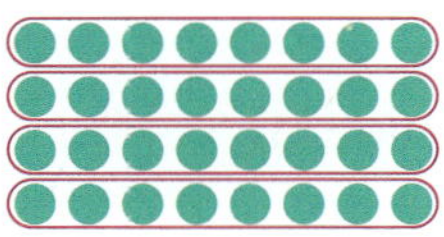

b)

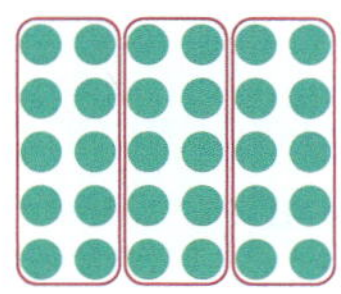

4 **Aufgabenfamilien**. Schreibe die Aufgaben ins Heft. Berechne. ▶ Mathe-Lexikon S. 198

a)

7	8	56

7 · 8 = 56	56 : 8 = ■
■ · ■ = ■	■ : ■ = ■

b)

5	9	■

■ · ■ = ■	■ : ■ = ■
■ · ■ = ■	■ : ■ = ■

5 Berechne mithilfe der Umkehraufgabe. ▶ Üben

a) 24 : 4 = ■, denn ■ · 4 = 24

b) 21 : 7 = ■, denn ■ · 7 = 21

c) 42 : 6 = ■, denn ■ · 6 = 42

6 Erkläre, wie Paul sein Ergebnis mit der Probe überprüft.

54 : 6 = 9
Probe: 9 · 6 = 54

7 Dividiere. Überprüfe dein Ergebnis mit der Probe.

a)	b)	c)	d)
18 : 2	14 : 7	54 : 9	35 : 5
36 : 4	28 : 7	27 : 9	70 : 10
60 : 10	64 : 8	16 : 8	36 : 6
30 : 5	32 : 8	40 : 8	70 : 7

Division mit Rest

1 Die Kinder werden beim Sport in Mannschaften aufgeteilt.

a) Immer vier Kinder sollen in einer Mannschaft spielen.
Geht das? Begründe.

b) Lena hat eine Skizze angefertigt. Erkläre.

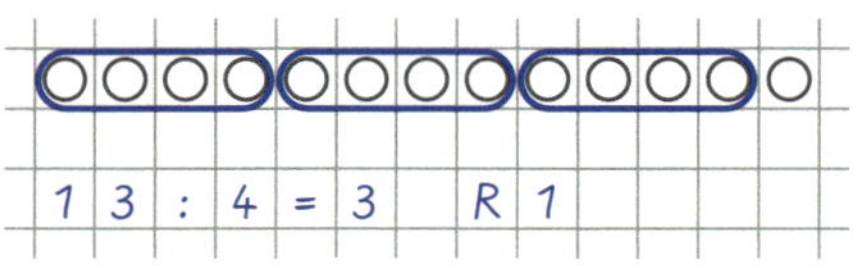

R steht für Rest.
13 dividiert durch 4
ist gleich 3, Rest 1.

c) Immer drei Kinder sollen in einer Mannschaft spielen.
Geht das? Fertige eine Skizze an und erkläre.

2 Worum geht es?

Wie oft passt 9 in 29?

29 gehört nicht zur 9er-Reihe.
Die nächstkleinere Zahl der 9er-Reihe ist 27.
9 passt 3-mal in 29. Es bleiben 2 übrig.

3 Dividiere. Schreibe mit Rest.

▶ Üben

a) 21 : 10
22 : 10

b) 9 : 2
7 : 2

c) 13 : 6
17 : 6

d) 18 : 8
25 : 8

e) 99 : 10
49 : 5

4 Dividiere. Überprüfe mit der Probe.

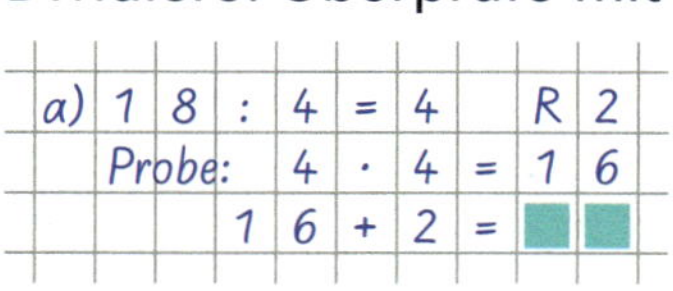

a) 18 : 4
22 : 4

b) 45 : 7
59 : 7

c) 39 : 9
57 : 9

Teilbarkeit

Ich kann an einer Zahl erkennen, ob sie ohne Rest durch 2, 5 oder 10 teilbar ist.

Wie praktisch!

1 Teilbarkeit durch 2

Nur die Vielfachen von 2 sind ohne Rest durch 2 teilbar.

a) Ergänze die 2er-Reihe im Heft.
Unterstreiche jeweils die letzte Ziffer.
Was fällt dir auf?
2, 4, 6, ..., 26, 28, 30

b) Ergänze den Satz im Heft.
Teilbarkeit durch 2
Eine Zahl lässt sich ohne Rest durch 2 teilen, wenn ihre letzte Ziffer ■, ■, ■, ■ oder ■ ist.

! **Gerade Zahlen** lassen sich ohne Rest durch 2 teilen.
Ungerade Zahlen lassen sich nicht ohne Rest durch 2 teilen.

2 Teilbarkeit durch 10

a) Ergänze die 10er-Reihe im Heft. Was fällt dir auf?
10, 20, 30, ..., 130, 140, 150

b) Schreibe einen Hefteintrag für die Teilbarkeit durch 10.

3 Teilbarkeit durch 5

a) Ergänze die 5er-Reihe im Heft. Was fällt dir auf?
5, 10, 15, ..., 65, 70, 75

b) Schreibe einen Hefteintrag für die Teilbarkeit durch 5.

4 Stimmen die Regeln für große Zahlen?

Überprüfe mit dem **Taschenrechner**.

teilbar durch 2: ■
teilbar durch 10: ■
teilbar durch 5: ■

152 205 630
1 284 3 725
4 700 8 408 9 760

Tipp Ist die Zahl nicht teilbar, zeigt dir der Taschenrechner eine Zahl mit Komma an:
21 : 2 = 10,5

► Methoden-Lexikon S. 195

Division mit System

1 Dividiere mit System. Was fällt dir auf?

a)

			8	:	4	=				2
		8	0	:	4	=			2	0
	8	0	0	:	4	=		2	0	0
8	0	0	0	:	4	=	■	■	■	■

b)
6 : 2
60 : 2
600 : 2
6 000 : 2

c)
5 : 5
50 : 5
500 : 5
5 000 : 5

2 Dividiere mit System. Was fällt dir auf?

▶ Üben

a)

	1	6	:	2	=			8
1	6	0	:	2	=		■	■
1	6	0	0	:	2	=	■	■	■

b)
12 : 6
120 : 6
1 200 : 6

c)
28 : 7
280 : 7
2 800 : 7

3 Erfindet eigene Aufgaben mit System. Löst sie gegenseitig.

4 Setze die Reihen im Heft fort.

▶ Üben

a) 20, 40, 60, ..., 200

b) 200, 400, 600, ..., 2 000

c) 50, 100, 150, ..., 500

d) 500, 1 000, 1 500, ..., 5 000

e) 60, 120, 180, ..., 600

f) 600, 1 200, 1 800, ..., 6 000

g) 80, 160, 240, ..., 800

h) 800, 1 600, 2 400, ..., 8 000

5 Dividiere. Was fällt dir auf?

a)
80 : 20 = 4
80 : 2 = 40

160 : 20 = ■
160 : 2 = ■

b)
450 : 50 = ■
450 : 5 = ■

250 : 50 = ■
250 : ■ = ■

c)
600 : 60 = ■
600 : 6 = ■

300 : 60 = ■
300 : ■ = ■

6 Dividiere. Was fällt dir auf?

▶ Üben

a)
600 : 200 = 3
600 : 2 = 300

1 200 : 200 = ■
1 200 : 2 = ■

b)
2 000 : 500 = ■
2 000 : 5 = ■

3 500 : 500 = ■
3 500 : ■ = ■

c)
2 400 : 600 = ■
2 400 : 6 = ■

3 600 : 600 = ■
3 600 : ■ = ■

Halbschriftliche Division

Murat möchte 56 durch 4 teilen. Er rechnet geschickt.

▶ Video

Ich zerlege 56 in **40** und **16**, denn diese Zahlen kann ich einfach durch 4 teilen.

5	6	:	4			
4	**0**					
1	**6**					

Ich dividiere:
40 **geteilt durch** 4 **ist gleich** 10.
16 **geteilt durch** 4 **ist gleich** 4.

5	6	:	4			
4	0	:	4	=	1	0
1	6	:	4	=		4

Ich addiere die Ergebnisse:
10 **plus** 4 **ist gleich** 14.

5	6	:	4	=	1	4
4	0	:	4	=	1	0
1	6	:	4	=		4

1 Dividiere wie Murat.

▶ Üben

a) 22 : 2
24 : 2

b) 55 : 5
65 : 5

c) 44 : 4
52 : 4

d) 88 : 8
96 : 8

e) 77 : 7
84 : 7

2 Beschreibe wie Mira zerlegt. Rechne im Heft weiter.

Ich sage mir die 80er-Reihe auf:
80, 160, 240, 320, 400.
400 ist zu viel. 320 passt.
Jetzt kann ich 368 geschickt aufteilen.

3	6	8	:	8	=	□	□
□	□	□	:	8	=	□	□
	□	□	:	8	=		□

3 Dividiere halbschriftlich.

a) 145 : 5
245 : 5
125 : 5

b) 122 : 2
128 : 2
164 : 2

c) 88 : 4
132 : 4
176 : 4

d) 168 : 8
248 : 8
328 : 8

4 Nachbaraufgaben. Dividiere. Was fällt dir auf?

a) 2 997 : 3
3 000 : 3
3 003 : 3

b) 4 990 : 5
4 995 : 5
5 000 : 5

c) **1 800 : 9**
1 809 : 9
1 818 : 9

d) 3 184 : 8
3 192 : 8
3 200 : 8

Schriftliche Division: Einführung

Anna löst die Aufgabe 952 : 4 schriftlich.

▶ Video

Die Aufgabe heißt:
952 geteilt durch 4.

H	Z	E				H	Z	E
9	5	2	:	4	=			

Ich beginne bei den Hundertern:
Wie oft passt 4 in 9? 2-mal.

H	Z	E				H	Z	E
9	5	2	:	4	=	2		

Ich multipliziere:
2 **mal** 4 **ist gleich** 8.
Ich unterstreiche 8.

H	Z	E				H	Z	E
9	5	2	:	4	=	2		
8								

Ich subtrahiere:
9 **minus** 8 **ist gleich** 1.

H	Z	E				H	Z	E
9	5	2	:	4	=	2		
8								
1								

Ich hole die 5 nach unten.

H	Z	E				H	Z	E
9	5	2	:	4	=	2		
8	↓							
1	5							

Wie oft passt 4 in 15?
3-mal.

H	Z	E				H	Z	E
9	5	2	:	4	=	2	3	
8								
1	5							

Ich multipliziere:
3 **mal** 4 **ist gleich** 12.
Ich unterstreiche 12.

H	Z	E				H	Z	E
9	5	2	:	4	=	2	3	
8								
1	5							
1	2							

Ich subtrahiere:
15 **minus** 12 **ist gleich** 3.

H	Z	E				H	Z	E
9	5	2	:	4	=	2	3	
8								
1	5							
1	2							
	3							

Schriftliche Division: Einführung

Ich hole die **2** nach unten.

```
H Z E         H Z E
9 5 2 : 4 =   2 3
8
1 5
1 2 ↓
  3 2
```

Wie oft passt 4 in 32? **8**-mal.

```
H Z E         H Z E
9 5 2 : 4 =   2 3 8
8
1 5
1 2
  3 2
```

Ich multipliziere: 8 **mal** 4 **ist gleich** **32**. Ich unterstreiche 32.

```
H Z E         H Z E
9 5 2 : 4 =   2 3 8
8
1 5
1 2
  3 2
  3 2
```

Ich subtrahiere: 32 **minus** 32 **ist gleich** **0**.

```
H Z E         H Z E
9 5 2 : 4 =   2 3 8
8
1 5
1 2
  3 2
  3 2
    0
```

Das Ergebnis ist 238.

1 Dividiere schriftlich wie Anna. Sprich die Schritte leise mit.

▶ Üben

a)	b)	c)	d)
372 : 2	462 : 3	572 : 4	625 : 5
376 : 2	525 : 3	576 : 4	925 : 5
572 : 2	732 : 3	976 : 4	795 : 5
776 : 2	858 : 3	972 : 4	765 : 5

2 Anna möchte ihr Ergebnis mit der Probe überprüfen. Dazu benötigt sie die **Umkehraufgabe**.

▶ Mathe-Lexikon S. 198

a) Mit welcher Aufgabe kann Anna ihr Ergebnis überprüfen?

A 952 · 4 **B** 238 · 4 **C** 238 : 4

b) Welches Ergebnis muss die Probe haben?

Schriftliche Division

1 Wo findet ihr die vier Rechenschritte von Hamid in der Rechnung wieder? Erklärt.

Ich merke mir vier Rechenschritte.
1. Ich dividiere: Wie oft passt ...
2. Ich multipliziere.
3. Ich subtrahiere.
4. Ich hole nach unten.

Dann beginne ich von vorne.

T	H	Z	E				T	H	Z	E
3	7	5	4	:	2	=	1	8	7	7
2										
1	7									
1	6									
	1	5								
	1	4								
		1	4							
		1	4							
			0							

2 Dividiere schriftlich. Beachte die vier Rechenschritte. Überprüfe mit der Probe.

a) 3 758 : 2
5 136 : 2

b) 4 638 : 3
7 125 : 3

c) 5 412 : 4
9 852 : 4

d) 7 125 : 5
9 765 : 5

3 Wie rechnet Paul weiter? Erkläre.

Ich beginne bei den Tausendern.
Wie oft passt 9 in 1? 0-mal.
Ich schreibe 0 neben das Gleichheitszeichen ...

T	H	Z	E				T	H	Z	E
1	1	1	6	:	9	=	0	1	2	4
0										
1	1									
	9									
	2	1								
	1	8								
		3	6							
		3	6							
			0							

4 Dividiere schriftlich wie Paul. Überprüfe mit dem **Taschenrechner**.

▶ Methoden-Lexikon S. 195

a) 1 356 : 2
1 358 : 2

b) 1 925 : 5
1 725 : 5

c) 1 392 : 6
1 992 : 6

d) 1 144 : 8
☆ 1 168 : 8

5 Dividiere schriftlich. Überprüfe mit der Probe.

a) 1 731 : 3
1 422 : 3

b) 1 175 : 5
1 195 : 5

c) 2 512 : 8
☆ 2 744 : 8

d) 1 368 : 9
☆ 1 467 : 9

Schriftliche Division mit Rest

1 Acht Landwirte teilen sich ein Feld mit Erdbeeren.
Sie haben die Erdbeeren geerntet und auf 987 Kisten verteilt.
Jeder Landwirt bekommt den gleichen Anteil.
Den Rest schenken die Landwirte den Kindern der Klasse 6.

a) Beschreibe den Rechenweg.

b) Welche Fragen können mit der Rechnung beantwortet werden?

A Wie viele Kisten bekommt jeder Landwirt?

B Wie viele Kisten bekommen die Kinder der Klasse 6?

C Wie viele Erdbeeren sind in einer Kiste?

H	Z	E				H	Z	E			
9	8	7	:	8	=	1	2	3		R	3
8											
1	8										
1	6										
	2	7									
	2	4									
		3									

2 Dividiere schriftlich. Beachte den Rest.

▶ Hilfe

a) 713 : 3
824 : 3
1 312 : 3

b) 719 : 5
728 : 5
1 177 : 5

c) 978 : 8
986 : 8
2 514 : 8

d) 1 187 : 9
1 276 : 9
1 365 : 9

3 Dividiere schriftlich. Überprüfe mit der Probe.

H	Z	E				H	Z	E			
4	6	1	:	3	=	1	5	3		R	2
3											
1	6										
1	5										
	1	1									
		9									
		2									

Probe:

1	5	3	·	3				
		4	5	9				
4	5	9	+	2	=	4	6	1

! Bei der Probe addiere ich den Rest zum Ergebnis der Multiplikationsaufgabe.

a) 627 : 5
849 : 5

b) 939 : 4
1 739 : 4

c) 954 : 7
956 : 7

d) 4 717 : 8
☆ 4 543 : 8

4 Erfindet eigene Divisionsaufgaben mit und ohne Rest. Löst sie gegenseitig.

Tipp: Nutzt die **Teilbarkeitsregeln**.

▶ Mathe-Lexikon S. 198

Die Null in der schriftlichen Division

1 Beschreibe den Rechenweg. Wie rechnet Ina weiter?
Übertrage ins Heft und rechne weiter.

▶ Hilfe

Als nächstes hole ich die 8 nach unten. Wie oft passt 6 in 8?

T	H	Z	E				T	H	Z	E
7	2	8	4	:	6	=	1	2	■	■
6										
1	2									
1	2									
	0	■								
	■	■								
		■	■							
		■	■							
			■							

2 Dividiere schriftlich wie Ina. Überprüfe mit dem **Taschenrechner**.

▶ Methoden-Lexikon S. 195

a)	b)	c)	d)
3 432 : 2	6 565 : 5	5 187 : 3	8 477 : 7
3 458 : 2	6 575 : 5	☆ 5 283 : 3	☆ 9 684 : 4
3 632 : 2	6 585 : 5	4 251 : 3	1 484 : 7
3 678 : 2	6 595 : 5	4 629 : 3	2 496 : 4

3 Bei Divisionsaufgaben wird anders **überschlagen**.

▶ Methoden-Lexikon S. 196

8 1 8 4 : 3

Überschlag:
6 0 0 0 : 3 = 2 0 0 0
9 0 0 0 : 3 = 3 0 0 0

Das Ergebnis muss zwischen 2 000 und 3 000 liegen.

a) Beschreibe wie Murat überschlagen hat.

b) Berechne die Aufgabe im Heft. Hat Murat recht?

→
- **der** nächstkleinere Dividend
- **der** nächstgrößere Dividend
- **das** Ergebnis

4 Können die Ergebnisse stimmen? Überprüfe durch Überschlagen.
Berechne die Aufgaben, die falsch gelöst wurden.

▶ Üben

a) 3358 : 2 = 2679 **b)** 4128 : 4 = 1032 **c)** 8768 : 8 = 1096

d) 5580 : 2 = 2790 **e)** 8976 : 4 = 1244 **f)** 9624 : 8 = 2203

Die Null in der schriftlichen Division

5 Beschreibe den Rechenweg. Wie rechnet Ilja weiter?
Übertrage ins Heft und rechne weiter.

▸ Hilfe

T	H	Z	E				T	H	Z	E
8	1	2	7	:	3	=	2	7	■	■
6										
2	1									
2	1									
	0	2								
		■								
		■	■							
		■	■							
			■							

6 Dividiere schriftlich wie Ilja. Überprüfe deine Ergebnisse.

a) 3 412 : 2
3 612 : 2

b) 5 127 : 3
4 215 : 3

c) 9 288 : 9
☆ 9 486 : 9

d) 2 576 : 7
☆ 1 575 : 7

7 Beschreibe den Rechenweg. Wie rechnet Lisa weiter?
Übertrage ins Heft und rechne weiter.

▸ Hilfe

T	H	Z	E				T	H	Z	E
6	2	5	0	:	5	=	1	2	5	■
5										
1	2									
1	0									
	2	5								
	2	5								
		0	■							
			■							
			■							

8 Dividiere schriftlich wie Lisa. Überprüfe deine Ergebnisse.

▸ Üben

a) 9 340 : 2
7 340 : 2

b) 6 350 : 5
6 450 : 5

c) 9 240 : 7
☆ 8 540 : 7

d) 9 840 : 8
☆ 1 760 : 8

9 Dividiere schriftlich. Überprüfe deine Ergebnisse.

a) 4 209 : 3
5 109 : 3

b) 9 606 : 6
8 406 : 6

c) 5 608 : 4
☆ 5 808 : 4

d) 9 505 : 5
☆ 9 705 : 5

Schriftliche Division mit Zehnerzahlen

1 Wie haben Fatima und Dennis gerechnet? Erkläre.

▶ Video

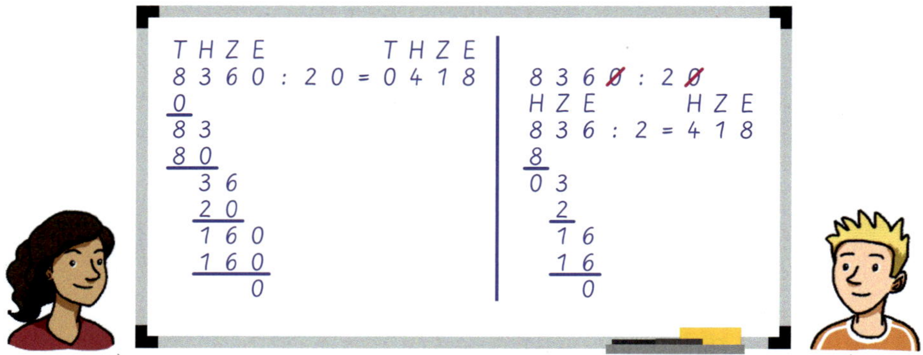

Ich beginne bei den Tausendern. Wie oft passt 20 in 8?

Die beiden Nullen am Ende kann ich streichen.

2 Berechne einmal wie Fatima und einmal wie Dennis.
Vergleiche die Ergebnisse.

a)	b)	c)	d)
9 780 : 20	9 360 : 40	6 750 : 50	2 370 : 30
7 780 : 20	9 440 : 40	6 850 : 50	2 430 : 30
5 780 : 20	9 760 : 40	6 950 : 50	2 490 : 30

3 Bearbeite mit dem **Aufgaben-Profi**.
Inas Bruder Oscar arbeitet in einem Gartencenter.
Heute ist eine Lieferung mit 3 580 Tulpenzwiebeln eingetroffen. Oscar soll sie in Tüten verpacken.
Wie viele Tüten benötigt er?

Vor dem Bearbeiten
- Ich lese die Sachaufgabe. Welche Frage soll ich beantworten?
- Ich entnehme die wichtigen Informationen aus dem Text und aus dem Bild. Was ist gesucht? Was ist gegeben?

▶ Aufgaben-Profi S. 192

4 Dividiere schriftlich. Was fällt dir auf?

▶ Üben

a)	b)	c)	d)
3 780 : 20	5 720 : 40	1 684 : 4	1 446 : 3
3 780 : 2	5 720 : 4	1 684 : 2	1 446 : 6

Das kann ich!

Schätze zuerst deinen Lernerfolg ein.

- Ich lese die Aufgaben auf der Seite genau.
  Was soll ich tun?
- Ich schätze vor dem Bearbeiten ein:
  Wie gut kann ich die Aufgabe?

Ich kann die Aufgabe ...	
noch nicht.	☺ ☺ ☺
etwas.	☻ ☺ ☺
gut.	☻ ☻ ☺
sicher.	☻ ☻ ☻

1 Dividiere im Kopf. Beachte den Rest bei **c)**.

a) 8 : 2 **b)** 210 : 7 **c)** 38 : 6

2 Schreibe ins Heft. Welche der Zahlen sind ...

a) durch 2 teilbar? 68; 547; 1 383; 9 056; 4 500

b) durch 5 teilbar? 54; 310; 2 875; 6 985; 3 007

c) durch 10 teilbar? 65; 702; 3 870; 5 190; 9 007

3 Dividiere schriftlich. Beachte den Rest bei **c)**.

a)

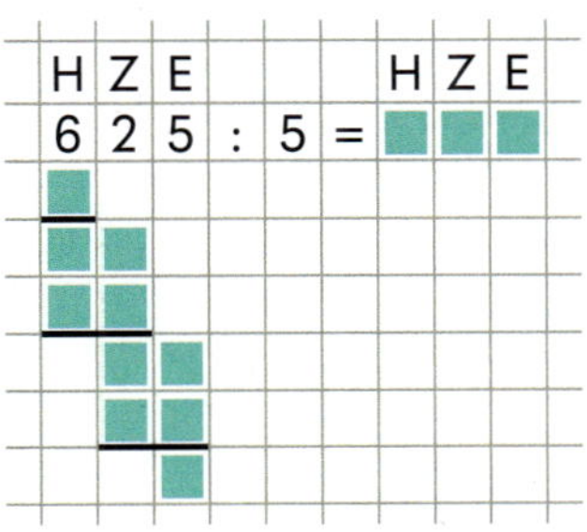

b) 5 816 : 4 **c)** 2 470 : 3

Übertrage ins Heft. Male die passende Anzahl von Smileys aus.

So gut kann ich ...	Meine Beurteilung
1 im Kopf dividieren.	☺ ☺ ☺
2 die Teilbarkeitsregeln für 2, 5 und 10 anwenden.	☺ ☺ ☺
3 schriftlich dividieren.	☺ ☺ ☺

Teste dich! Lösungen S. 207 Methoden-Lexikon S. 194

Zeit

Februar

Mo	Di	Mi	Do	Fr	Sa	So
		1	2	3	4	5
6	7	8	9	10	11	12
13	14	15	16	17	18	19
20	21	22	23	24	25	26
27	28	29				

März

Mo	Di	Mi	Do	Fr	Sa	So
			1	2	3	4
5	6	7	8	9	10	11
12	13	14	15	16	17	18
19	20	21	22	23	24	25
26	27	28	29	30	31	

▶ Video

I Was siehst du?

II An welchem Datum kam …
Ling in die Klasse?
Kenan in die Klasse? Erkläre.

III Wann beginnt die nächste Stunde?

→
- das Kalenderblatt
- der Monatskalender
- das Schaltjahr
- die Armbanduhr
- die Spalte
- der Wochentag

Start ins Thema

1 Arbeite mit einem Kalender.
Welches Datum ist heute? Welches Datum war dann …

▶ Üben

a) vor 2 Tagen?
vor 1 Woche?

b) vor 1 Woche und 2 Tagen?
vor 2 Wochen und 4 Tagen?

2 Übertrage ins Heft und ergänze.

		1 Woche vorher	2 Wochen vorher
a)	27.3.		
b)	16.10.		
c)	30.8.		

3 Wie spät ist es? Lies die beiden möglichen Uhrzeiten ab. ▶ Video

a)  b)  c)  d) 

4 Arbeite mit einer Lernuhr. Stelle die Uhrzeiten ein.

a)	b)	c)	d)
4:50 Uhr	8:05 Uhr	15:42 Uhr	22:09 Uhr
12:30 Uhr	2:45 Uhr	19:24 Uhr	13:33 Uhr

5 Erkläre. ▶ Hilfe

Auf der Uhr fehlen einige Zahlen.

Ich kann trotzdem die Uhrzeit ablesen.

6 Wie viele Minuten nach 10 Uhr zeigt die Uhr an? ▶ Üben

a)  b)  c)  d) 

7 Welche Uhren gehören zusammen? Ordne im Heft zu. ▶ Üben

A  B  C  D 

1 2:41 2 5:38 3 11:26 4 7:53

Wie spät ist es genau?

1 Auf Bahnhofsuhren fehlen alle Zahlen und die Zeiger sind schwarz. Wie spät ist es genau? ▶ Hilfe

Der kurze Zeiger steht zwischen 9 und 10.

Der lange Zeiger steht bei 32 Minuten.

2 Wie viele Minuten nach 9 Uhr zeigt die Uhr an? ▶ Üben

a)  **b)**  **c)**  **d)** 

3 Welche Uhren gehören zusammen? Ordne im Heft zu.

A  **B**  **C**  **D** 

1 

2 

3 

4 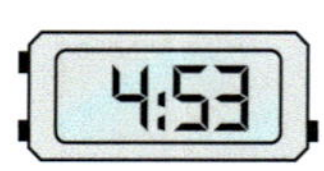

4 Wie spät ist es? Lies die beiden möglichen Uhrzeiten ab. ▶ Üben

a)  **b)**  **c)**  **d)** 

5 Arbeite mit einer Lernuhr ohne Ziffern. Stelle die Uhrzeiten ein.

a) 5:11 Uhr, 8:57 Uhr
b) 10:34 Uhr, 2:29 Uhr
c) 23:38 Uhr, 14:51 Uhr
d) 19:29 Uhr, 13:48 Uhr

1 Lisa und Lena werden in 2 Stunden von ihren Eltern abgeholt.

a) Wie lange dauert die Vorstellung? Rechne die Dauer in Minuten um.

! 1 h = 60 min

b) Wie viel Zeit bleibt nach der Vorstellung zum Ponyreiten?

2 Rechne in Minuten um.

2 · 60 min = ___ min

▶ Üben

a) 2 h 7 h 4 h 9 h

☆ b) 15 h 18 h 20 h 30 h 40 h

3 Rechne in Stunden um.

Tipp
Dividiere durch 60.

▶ Üben

a) 180 min 600 min 300 min

☆ b) 720 min 780 min 840 min 900 min 960 min

4 Übertrage ins Heft und ergänze.

▶ Hilfe

100 min	75 min	___ min	___ min	___ min
___ h ___ min	___ h ___ min	1 h 50 min	1 h 30 min	1 h 25 min

5 Welches Kind muss eher zu Hause sein? Begründe.

Tipp
Eine halbe Stunde ist die Hälfte von 60 Minuten. Also dividiere ich 60 durch 2.

Minuten und Sekunden

1 Wie viele Minuten erhitzt Murat das Popcorn?

! 1 min = 60 s

2 Rechne in Minuten um.

2 4 0 : 6 0 = ■
2 4 0 s = ■ min

▶ Üben

a) 240 s   420 s   540 s   120 s

☆ **b)** 900 s   660 s   780 s   960 s   840 s

3 Rechne in Sekunden um.

8 · 6 0 s = ■ ■ ■ s

▶ Üben

a) 8 min   10 min   5 min   3 min

☆ **b)** 13 min   15 min   19 min   20 min   25 min

4 Übertrage ins Heft und ergänze.

▶ Hilfe

■ s	■ s	■ s	170 s	155 s
2 min 10 s	2 min 40 s	2 min 25 s	■ min ■ s	■ min ■ s

5 Rechne in Sekunden um. Vergleiche: >, < oder =.

▶ Mathe-Lexikon S. 200

▶ Üben

1 min = 6 0 s
1 min ■ 9 0 s

a) 1 min ■ 90 s
1 min 40 s ■ 100 s

b) 130 s ■ 130 s
1 min 45 s ■ 115 s

c) 9 min ■ 500 s
6 min ■ 380 s

6 Wie viele Sekunden hat eine Stunde?

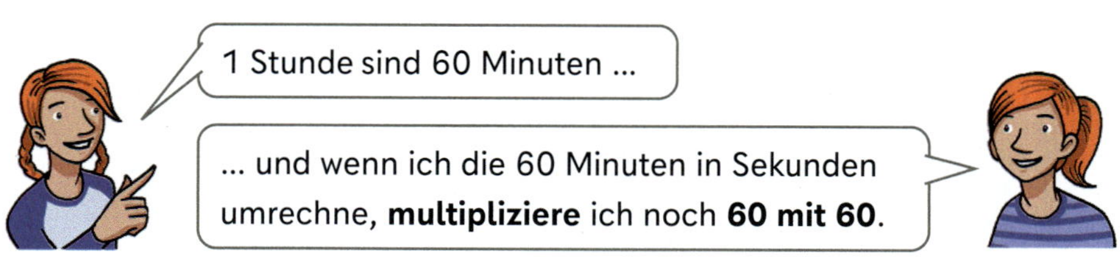

Zeitpunkte

1 Wann beginnt Annas Reitstunde? Wann ist Anna wieder zuhause?

2 Rechne vor. Wie spät ist es ... ▶ Üben

a)	nach 17 min?	14:31 Uhr	7:19 Uhr	23:27 Uhr	8:41 Uhr
b)	nach 10 h?	17:00 Uhr	23:00 Uhr	15:00 Uhr	21:00 Uhr
☆ **c)**	nach 2 h 8 min?	16:47 Uhr	4:39 Uhr	21:05 Uhr	23:05 Uhr

3 Paul braucht 30 Minuten für den Schulweg. ▶ Üben

a) Am Montag hat er um 13:40 Uhr Unterrichtsschluss. Wann kommt Paul zuhause an?

b) Am Freitag hat er um 12:50 Uhr Schluss. Wann ist Paul am Freitag zuhause?

4 Rechne zurück. Wie spät war es ... ▶ Üben

a)	vor 23 min?	22:46 Uhr	5:37 Uhr	19:23 Uhr	8:51 Uhr
b)	vor 40 min?	12:10 Uhr	12:30 Uhr	12:20 Uhr	12:00 Uhr
c)	vor 9 h?	6:00 Uhr	2:00 Uhr	8:00 Uhr	4:00 Uhr

☆ **5** Fatima und ihre Eltern holen ihre Oma vom Bahnhof ab. Fatimas Vater löst einen Parkschein für 45 Minuten. Wann hat er den Parkschein gekauft?

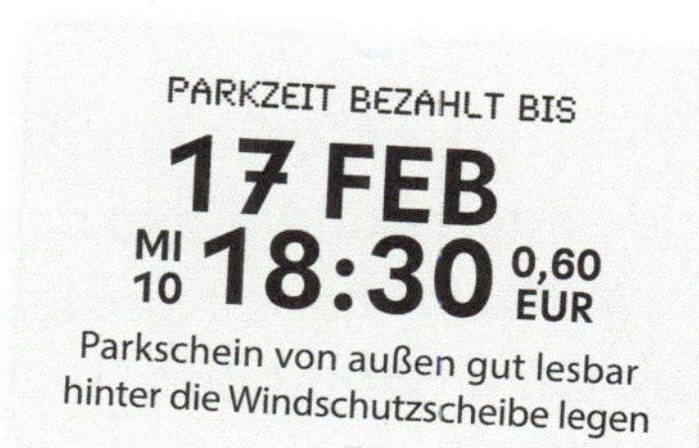

Zeitdauern

1 Wie lange hat Mascha geschlafen? Begründe.

2 Wie viele Stunden sind seit 21:00 Uhr vergangen?

a) 

b) 

c) 

Tipp
Ich zähle erst bis Mitternacht und dann weiter.

▶ Üben

3 Übertrage ins Heft und ergänze.

▶ Üben

a)

Beginn	Dauer	Ende
23:00 Uhr	▬	6:00 Uhr
19:00 Uhr	▬	8:00 Uhr
20:00 Uhr	▬	10:00 Uhr
22:00 Uhr	▬	4:00 Uhr
18:00 Uhr	▬	2:00 Uhr

b)

Beginn	Dauer	Ende
8:30 Uhr	▬	9:15 Uhr
8:45 Uhr	▬	9:05 Uhr
8:50 Uhr	▬	9:40 Uhr
8:25 Uhr	▬	9:10 Uhr
8:40 Uhr	▬	9:15 Uhr

☑ 20 min 35 min 45 min 45 min 50 min 55 min 6 h 7 h 8 h 13 h 14 h

4 Die Kinder der Klasse 6 holen gerade ihren Auflauf aus dem Ofen. Um 11:25 Uhr haben sie den Auflauf in den Ofen geschoben. Wie lange stand der Auflauf im Ofen?

Zeitpunkte und Zeitdauern

1 Wie viel Zeit hat Murat noch? Begründe.

2 Übertrage die Tabelle ins Heft und ergänze.

	Zeitpunkt	Zeitdauer
Fragen	___, ___	___, ___
Antworten	___, ___	___, ___

Wie lange ...?	2024	In welchem Jahr ...?	3 h
12:30 Uhr	25 min	Wie viele Minuten ...?	Wann?

3 Bearbeite die Sachaufgaben mit dem **Aufgaben-Profi**.

▶ Üben

a) Tim steht jeden Morgen um 6:00 Uhr auf. Wann geht Tim ins Bett?

b) Tims große Schwester steht zur selben Zeit auf. Sie schläft aber nur 7 Stunden. Wann geht sie ins Bett?

c) Tims Opa geht um 22:00 Uhr ins Bett und steht um 5:00 Uhr auf. Wie lange schläft der Opa?

Vor dem Bearbeiten

- Ich lese den Text und betrachte das Bild. Welche Frage soll ich beantworten?
- Ich entnehme die wichtigen Informationen. Was ist gesucht: ein Zeitpunkt oder eine Zeitspanne? Was ist gegeben?

▶ Aufgaben-Profi S. 192

Fahrpläne lesen

NJ40424 Berlin → Paris	Ankunft	Abfahrt
Berlin Hbf		20:18
Halle (Saale) Hbf	22:14	22:18
Erfurt Hbf	23:32	23:36
Frankfurt (Main) Südbahnhof	02:08	02:12
Straßburg	05:50	05:55
Paris Ostbahnhof	10:24	
Abfahrt: montags, mittwochs und freitags		

▶ Quiz

1 Sieh dir den Fahrplan genau an.

a) Wo startet der Nachtzug?

b) Wohin fährt der Nachtzug?

c) An welchen Wochentagen fährt der Nachtzug?

2 Entnimm die Informationen aus dem Fahrplan.

a) Wann fährt der Nachtzug in Berlin ab?

b) Wann kommt der Nachtzug in Paris an?

3 Berechne. Wie lange fährt der Nachtzug von Berlin Hbf bis ...

a) Halle (Saale) Hbf?

b) Frankfurt (Main) Südbahnhof?

c) Straßburg?

d) Paris Ostbahnhof?

4 Berechne. Wie lange fährt der Nachtzug von ...

▶ Üben

a) Halle (Saale) Hbf bis Paris Ostbahnhof?

b) Erfurt Hbf bis Straßburg?

5 Sucht Fahrpläne von Nachtzügen im Internet.

a) Wo starten die Nachtzüge?
Wohin fahren sie?

b) Stellt euch gegenseitig Aufgaben zu Fahrtdauern der Züge.

Das kann ich!

Schätze zuerst deinen Lernerfolg ein.

- Ich lese die Aufgaben auf der Seite genau.
  Was soll ich tun?
- Ich schätze vor dem Bearbeiten ein:
  Wie gut kann ich die Aufgabe?

Ich kann die Aufgabe ...
noch nicht. ☺ ☺ ☺
etwas. ☻ ☺ ☺
gut. ☻ ☻ ☺
sicher. ☻ ☻ ☻

1 Wie spät ist es?
Lies die beiden möglichen Uhrzeiten ab.

a) 

b) 

c) 

2 Rechne in Minuten um. a) 4 h b) 2 h 30 min c) 540 s

3 Rechne zurück. Wie spät war es vor 5 Stunden?

a) 19:00 Uhr b) 7:45 Uhr c) 2:00 Uhr

4 Übertrage ins Heft und ergänze.

	Beginn	Dauer	Ende
a)	8:00 Uhr		14:00 Uhr
b)	22:00 Uhr		7:00 Uhr
c)	8:45 Uhr		9:30 Uhr

Übertrage ins Heft. Male die passende Anzahl von Smileys aus.

So gut kann ich ...	Meine Beurteilung
1 die Uhrzeit ablesen.	☺ ☺ ☺
2 Stunden, Minuten und Sekunden umrechnen.	☺ ☺ ☺
3 zurückliegende Zeitpunkte berechnen.	☺ ☺ ☺
4 Zeitdauern berechnen.	☺ ☺ ☺

Teste dich! Lösungen S. 208 Methoden-Lexikon S. 194

Brüche

▶ Quiz

I Worum geht es?

II Was bedeutet halbieren?

III Wie kann Dennis das Blatt halbieren?
Worauf muss er achten?

→
- gerecht teilen
- gleich große Teile
- halbieren
- die Hälfte

Start ins Thema

1 Nutze verschieden große Blätter Papier.
Falte die Blätter, so dass zwei gleich große Hälften entstehen.

2 Wurde gerecht geteilt? Begründe.

a) 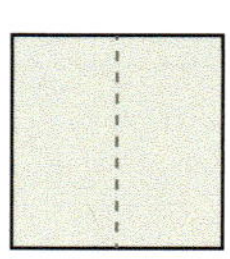

b) 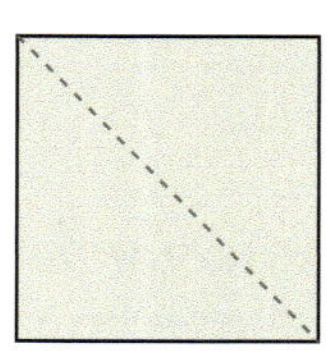

c) 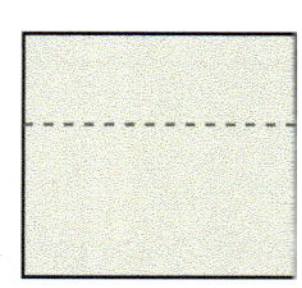

d) 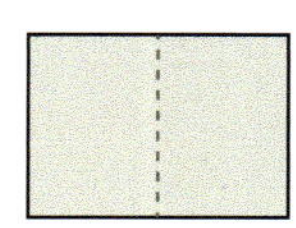

e) 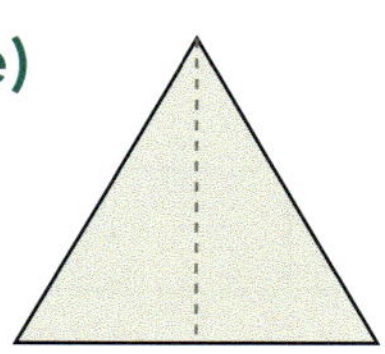

f) 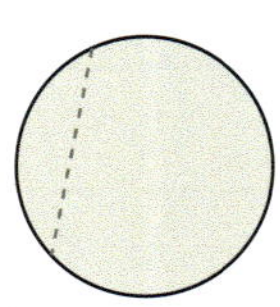

g) 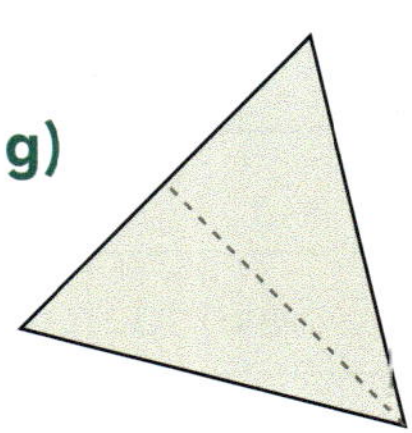

h) 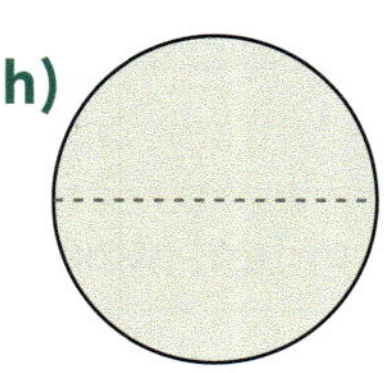

! Wenn ich **gerecht teile**, entstehen genau gleich große Teile.

3 Wurde gerecht geteilt? Begründe jeweils. ▸ Üben

a) 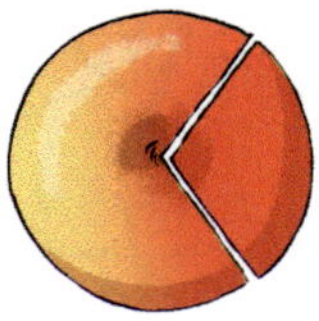
b) 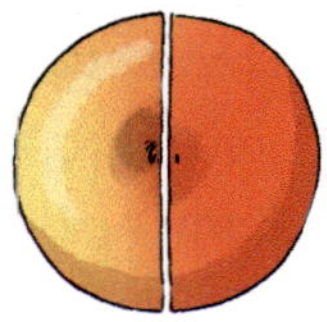
c) 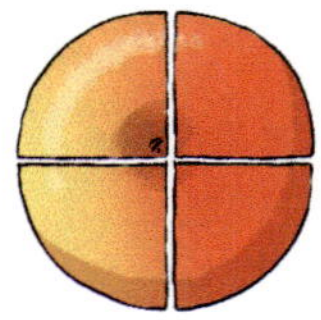
d) 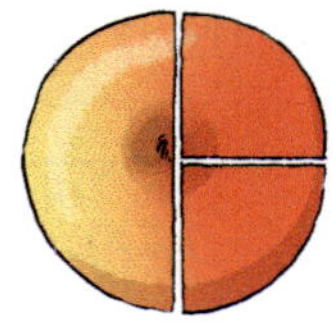

e) 
f) 
g) 
h) 

4 Wurden die Getränke gerecht geteilt? Begründe. ▸ Üben

a) 
b) 
c) 

5 Hamid möchte ein Blatt Papier gerecht in vier Teile teilen.

a) Was bedeutet Viertel?

b) Wie muss Hamid vorgehen?

c) Nimm ein Blatt und falte es in Viertel. Findest du verschiedene Möglichkeiten?

6 Ina, Anna und Mira wollen die Schokolade gerecht aufteilen.

a) Löse mithilfe einer Skizze.

b) Vergleicht. Habt ihr die Schokolade gleich aufgeteilt?

c) Findet verschiedene Möglichkeiten, die Schokolade in drei gleich große Teile zu teilen.

Die Teile haben Namen

1 Beim gerechten Aufteilen haben die Teile besondere Namen.

a) Vervollständige bis zehn Teile im Heft.

Anzahl der Teile	Name der Teile
vier Teile	Viertel
fünf Teile	Fünftel
...	...

Wenn man etwas in fünf gleich große Teile teilt, dann heißen die Teile Fünftel.

b) Ergänze die Ausnahmen im Heft.

Ausnahmen:
zwei Teile:
drei Teile:

→ • das Drittel
• die Hälfte

2 Ordne im Heft zu.

zwei Hälften | drei Drittel | vier Viertel | neun Neuntel

a) 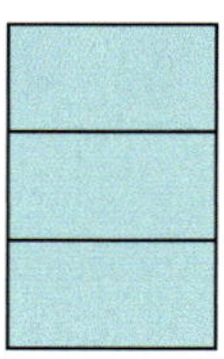
b) 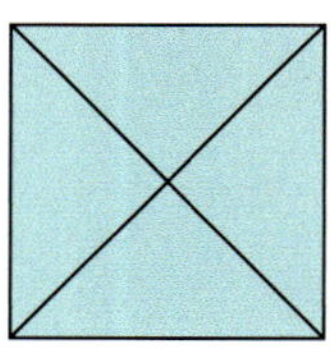
c) 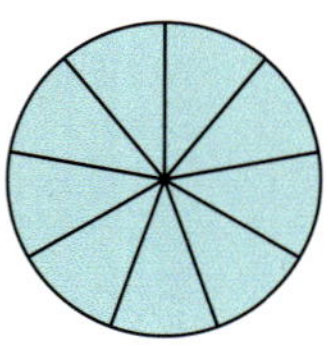
d) 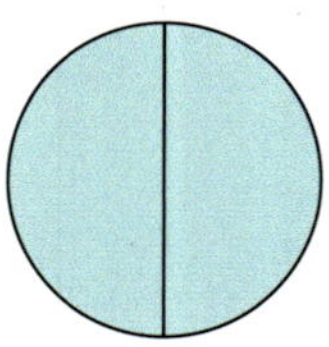

3 Wie heißen die Teile? Schreibe ins Heft.

▶ Üben

a) 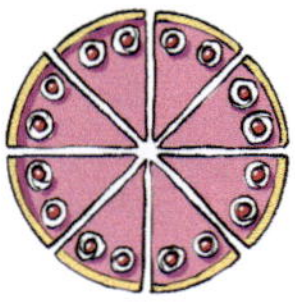
b) 
c) 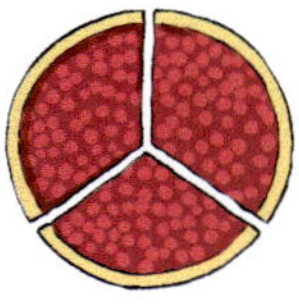
d) 

☑ acht Achtel   drei Drittel   fünf Fünftel   sechs Sechstel   vier Viertel

☆ **4** Welche Figuren wurden in vier Viertel geteilt? Begründe.

▶ Üben

a) 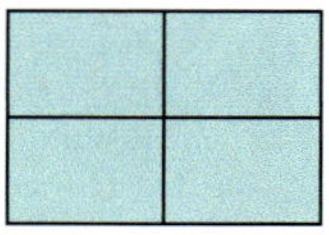
b) 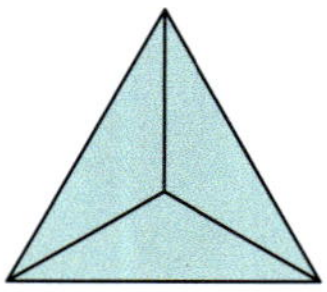
c) 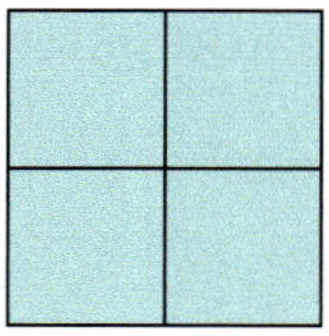
d) 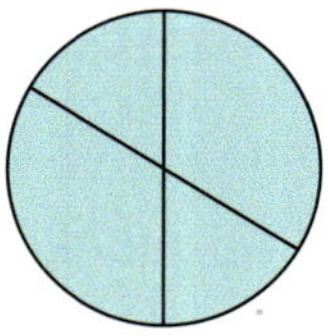

Anteile vom Ganzen

1 In der Garten-AG teilen sich acht Kinder ein rechteckiges Beet.

a) Hat Tim recht? Begründe.

b) Wie muss das Beet gerecht geteilt werden? Erkläre.

c) Welchen Anteil bekommt jedes Kind?

! Ich teile ein Ganzes gerecht in gleich große Teile.
Diese Teile sind **Anteile vom Ganzen**.

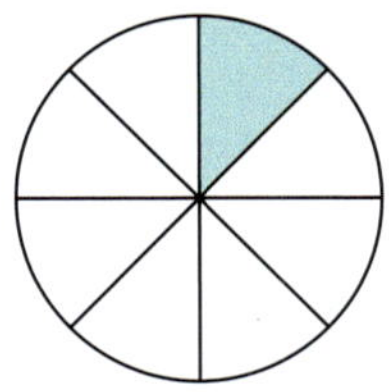

2 Ordne die Anteile im Heft zu.

▶ Üben

a) ein Teil von 5 Teilen

b) ein Teil von 9 Teilen

c) ein Teil von 3 Teilen

d) ein Teil von 4 Teilen

A

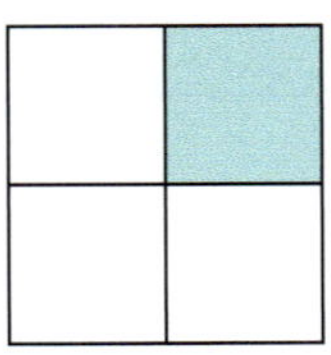

B

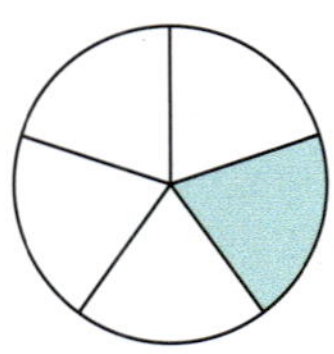

C

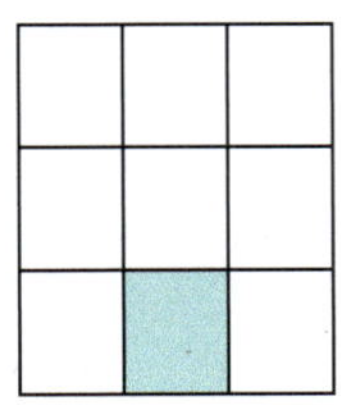

D

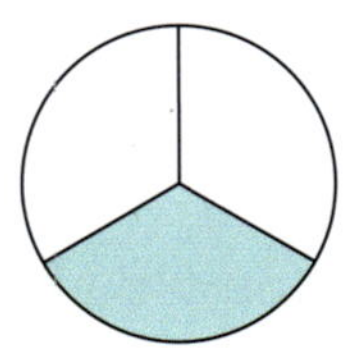

3 Wie müssen die Kinder vorgehen?

a)

b)

c)

Anteile vom Ganzen

4 Ilja überlegt: Welchen Anteil der Torte nehme ich?

In wie viele gleich große Teile ist die Torte geteilt? Wie viele von diesen Teilen nehme ich?

Ich nehme 3 von 8 gleich großen Teilen. Der Anteil heißt **drei Achtel**.

a) Erkläre, wie Ilja zur Lösung kommt.

b) Welcher Anteil der Torte bleibt übrig? Überlege wie Ilja.

5 Ordne die Anteile im Heft zu. ▶ Üben

a) 3 von 4 Teilen **b)** 5 von 6 Teilen **c)** 3 von 5 Teilen

A

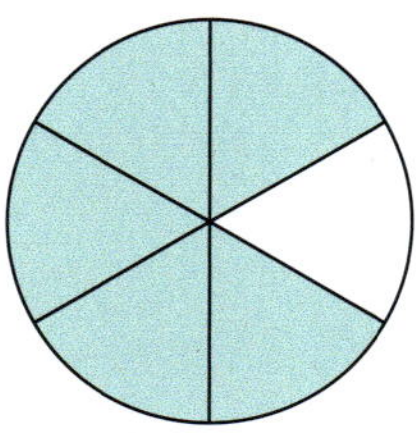

B

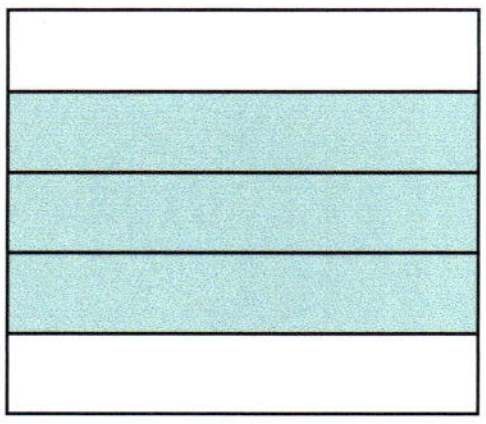

C

6 Ordne die Anteile im Heft zu. ▶ Üben

a) drei Neuntel **b)** fünf Sechstel **c)** zwei Fünftel

A

B

C

7 Welcher Anteil ist eingefärbt?

a)

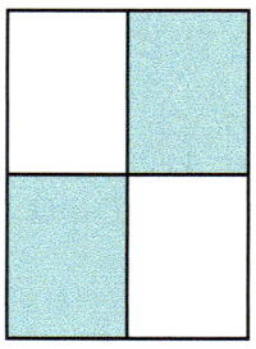

b)

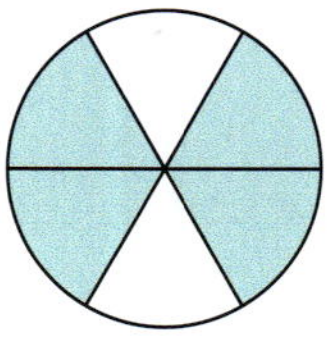

c)

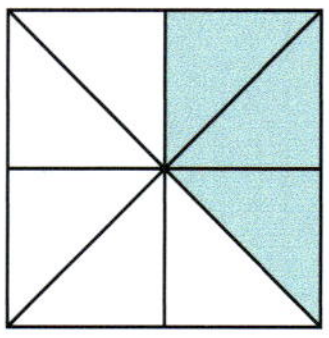

d)

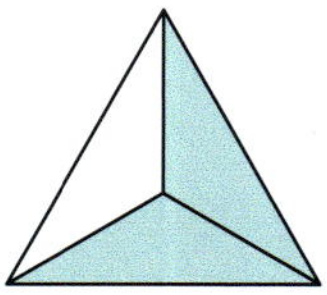

Die Anteile kann man als Bruch schreiben

So kannst du den Anteil ein Achtel als Bruch schreiben. ▶ Video

Ein Achtel bedeutet:
1 Teil von 8 gleich großen Teilen von einem Ganzen.

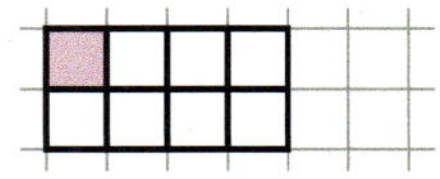

Die **8** gibt an, in wie viele gleich große Teile das Ganze geteilt wird.

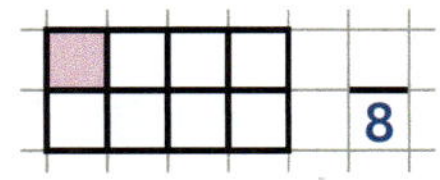

Die **1** bedeutet:
Es geht um einen Teil.

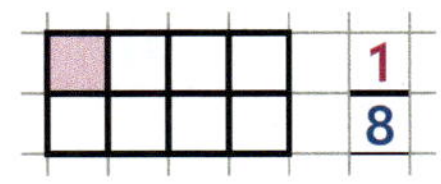

! Ein **Bruch** besteht aus einem **Zähler**, einem **Nenner** und einem Bruchstrich.

$\frac{1}{8}$		
	Zähler	**ein Teil**
	Bruchstrich	von
	Nenner	**acht Teilen**

1 Schreibe als Bruch.

a) **ein Fünftel** **b)** ein Viertel **c)** ein Sechstel
d) ein Neuntel **e)** ein Drittel **f)** ein Halb

Tipp
Ein Halb bedeutet eine Hälfte.

2 Schreibe die Anteile als Bruch. ▶ Üben

a) 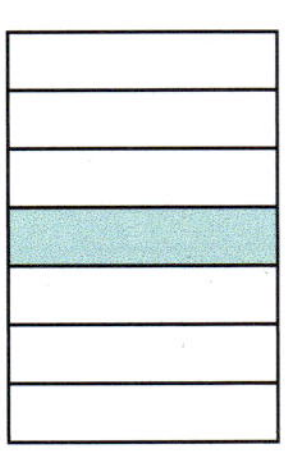
b) 
c) 
d) 
e) 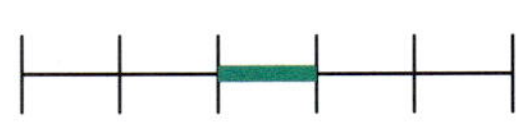

3 Ina und Paul haben beim Zeichnen von $\frac{1}{9}$ Fehler gemacht. ▶ Üben
Erkläre die Fehler und zeichne richtig ins Heft.

a) Ina: 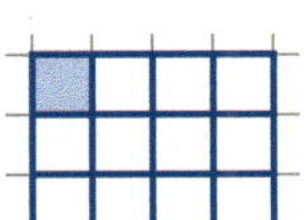
b) Paul: 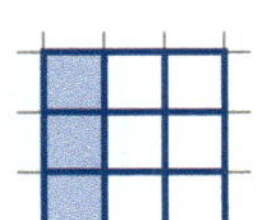

Die Anteile kann man als Bruch schreiben

4 Wie kann man drei Achtel als Bruch schreiben? Beschreibe.

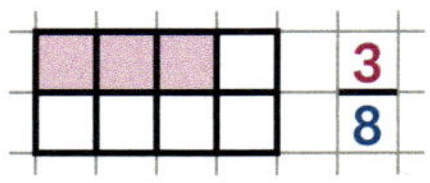

> **Zähler**: Wie viele Teile sind ausgewählt?
> **Nenner**: Wie viele Teile gibt es insgesamt?

▶ Video

5 Schreibe als Bruch.

▶ Üben

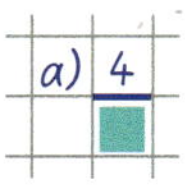

a) **vier Siebentel** **b)** drei Achtel **c)** zwei Drittel
d) fünf Neuntel **e)** vier Fünftel **f)** sechs Zehntel

6 Zeichne die Brüche.

▶ Üben

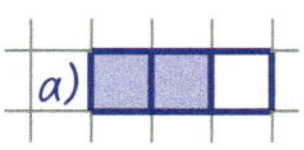

a) $\frac{2}{3}$ **b)** $\frac{3}{4}$ **c)** $\frac{5}{9}$ **d)** $\frac{4}{6}$

7 Welcher Anteil ist blau, welcher ist weiß?
Was fällt dir auf? Erkläre.

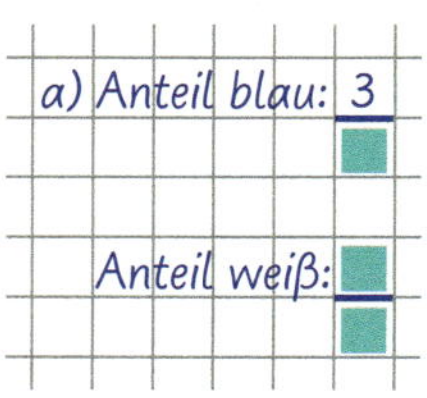

a) 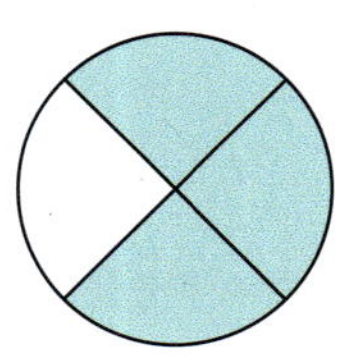

b) 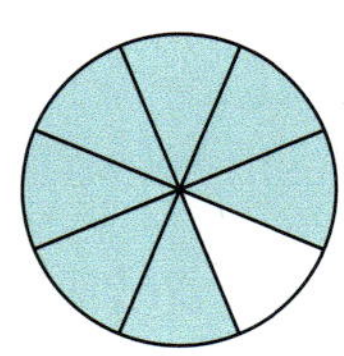

c) 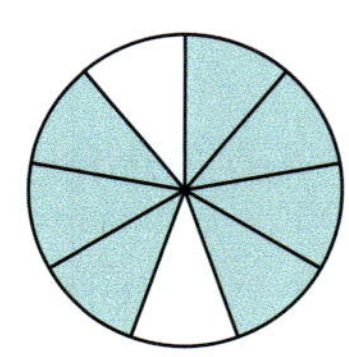

8 Ergänze.

> Wenn ich die Pizza in 8 gleich große Teile schneide und alle 8 Teile esse, dann habe ich ...

> Wenn in einem Bruch Zähler und Nenner gleich sind, dann ist es **ein Ganzes**.

9 Schreibe wie im Beispiel.

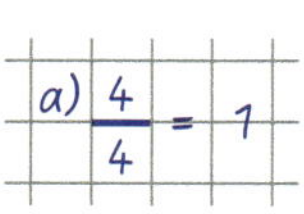

a) 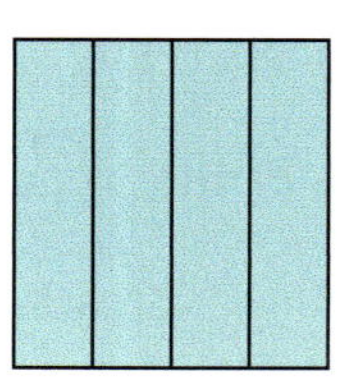

b) 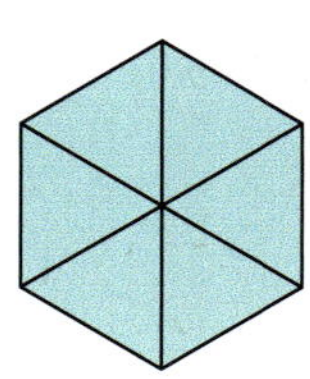

c) 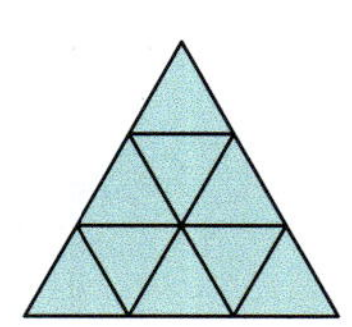

Bruchteile von Größen

1 Hat Fatima recht?
Erkläre.

2 Hamid braucht ein halbes Kilogramm Mehl.
Wie viel Gramm muss er abwiegen?

$1\,kg = 1000\,g$

$1000\,g : 2 = 500\,g$

$\frac{1}{2}\,kg = 500\,g$

3 Berechne wie Hamid.

Tipp
1 m = 100 cm

4 Wie viele Minuten sind $\frac{1}{4}$ Stunde?

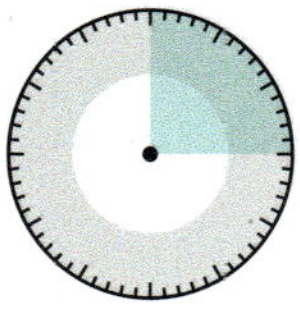

5 Berechne. Was fällt dir auf?

a) Wie viel g sind $\frac{1}{4}$ kg?

b) Wie viel cm sind $\frac{1}{4}$ m?

c) Wie viel cm sind $\frac{1}{100}$ m?

d) Wie viel g sind $\frac{1}{100}$ kg?

Bruchteile von Anzahlen

1 Die 12 Kinder der Sport-AG stimmen für die Sportart ab.
Es können mehrere Angebote gewählt werden.

Fußball:	$\frac{1}{2}$ der 12 Kinder
Basketball:	$\frac{1}{3}$ der 12 Kinder
Tanzen:	$\frac{1}{4}$ der 12 Kinder

a) Vermute zuerst. Welcher Vorschlag hat die meisten Stimmen bekommen? Erkläre.

b) Wie ist Fatima vorgegangen? Erkläre.

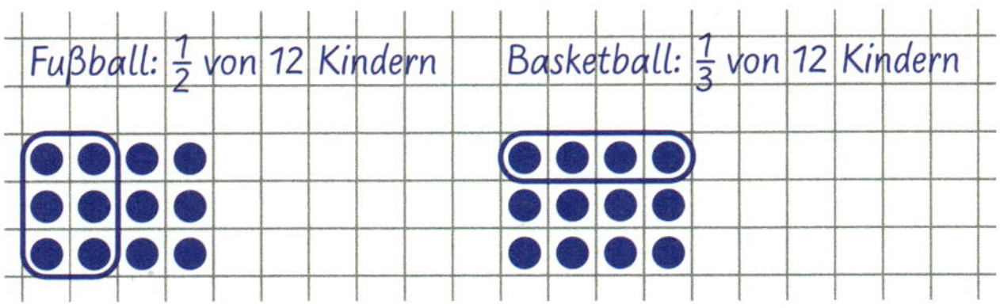

Ich stelle mir das so vor.

c) Wie viele Kinder haben für Fußball und wie viele Kinder für Basketball gestimmt?

d) Wie viele haben für Tanzen gestimmt? Löse wie Fatima.

e) Erkläre Pauls Rechenweg.

Das kann ich auch berechnen, indem ich die Anzahl durch den Nenner dividiere.

☆ **2** Bestimme die Bruchteile. Löse wie Fatima oder Paul. ▶ Üben

a) $\frac{1}{3}$ von 9 Äpfeln sind faul.

b) $\frac{1}{5}$ von 15 Elfmetern werden gehalten.

c) $\frac{1}{4}$ von 16 Kindern spielen ein Musikinstrument.

d) $\frac{1}{6}$ von 30 Unterrichtsstunden in der Woche sind Mathematikstunden.

Das kann ich!

Schätze zuerst deinen Lernerfolg ein.

- Ich lese die Aufgaben auf der Seite genau. Was soll ich tun?
- Ich schätze vor dem Bearbeiten ein: Wie gut kann ich die Aufgabe?

Ich kann die Aufgabe ...
noch nicht.
etwas.
gut.
sicher.

1 Was gehört zusammen? Ordne im Heft zu.

a)
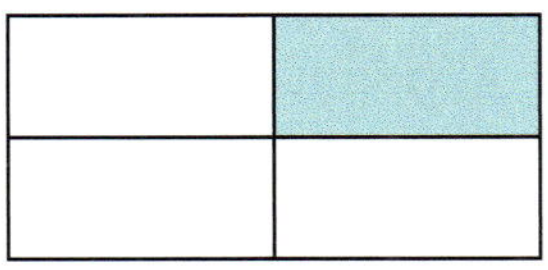

b)
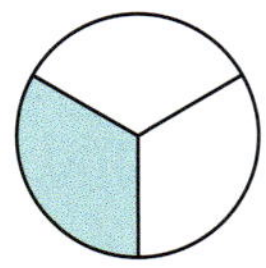

c)
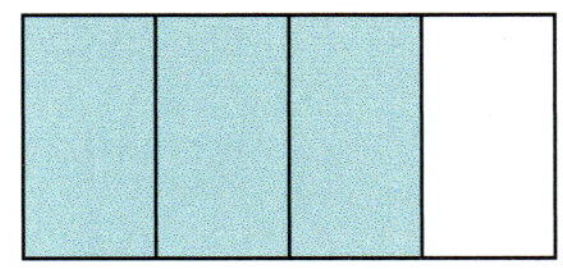

ein Teil von 3 Teilen	drei Teile von 4 Teilen	ein Teil von 4 Teilen
drei Viertel	ein Viertel	ein Drittel

2 Schreibe den Anteil als Bruch.

a)
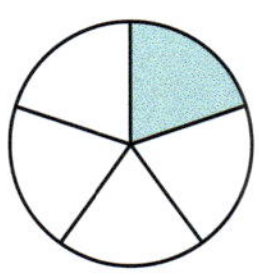

b)
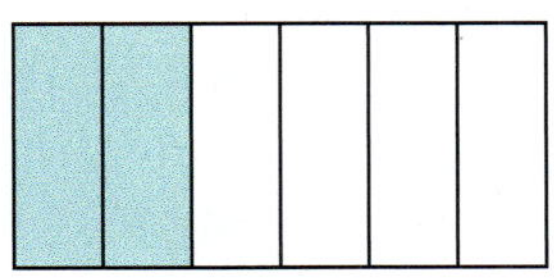

c)
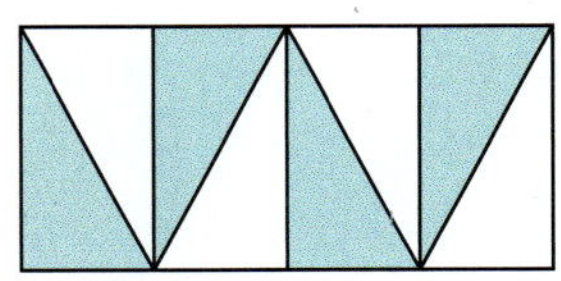

3 Bestimme den Bruchteil.

a) $\frac{1}{3}$ von 15

b) $\frac{1}{6}$ von 12

c) $\frac{1}{5}$ von 20

Übertrage ins Heft. Male die passende Anzahl von Smileys aus.

So gut kann ich ...	Meine Beurteilung
1 Anteile in verschiedenen Darstellungen erkennen.	
2 Anteile als Bruch schreiben.	
3 Bruchteile bestimmen.	

Maßstab

1 Wurde vergrößert oder verkleinert?

a) Was siehst du?

b) Wie groß sind die Blüte und die Zecke in Wirklichkeit?

c) Warum werden sie nicht in der Originalgröße dargestellt?

→
- genau
- groß, klein
- das Bild
- das Detail
- das Einzelteil
- das Modell

▶ Hilfe

2 Wurde vergrößert oder verkleinert?

a) Was siehst du?

b) Wie groß sind das Sonnensystem und die Straße in Wirklichkeit?

c) Warum werden sie nicht in der Originalgröße dargestellt?

→
- kompakt
- groß, klein
- das Bild
- das Ganze
- das Modell
- der Überblick

▶ Hilfe

3 Schreibe die Sätze zweimal ins Heft.
Ergänze einmal für **Verkleinern** und einmal für **Vergrößern**.
Nutze auch das Wortmaterial von den Aufgaben **1** und **2**.

Sehr ___ Dinge werden oft ___ dargestellt. So kann ich ___ sehen.
Beim ___ ist das Bild oder das Modell ___ als die Wirklichkeit.

4 Miss die verschiedenen **Durchmesser**. Vergleiche sie im Heft. Was fällt dir auf?

▶ Mathe-Lexikon S. 199

maßstäbliche Vergrößerung →

← maßstäbliche Verkleinerung

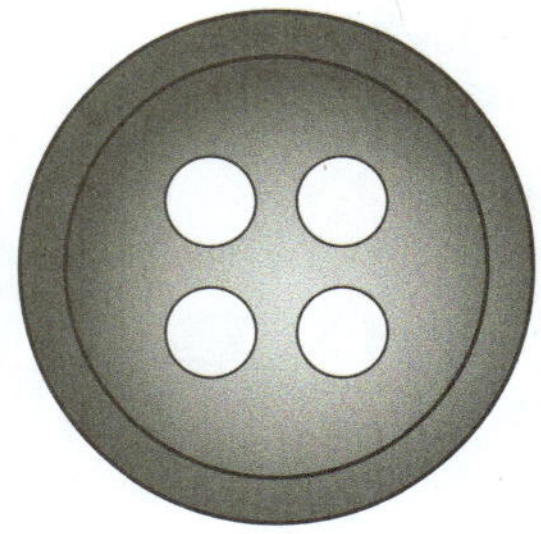

Durchmesser
Knopf außen: ___ ___ mm
Knopf innen: ___ ___ mm
Knopfloch: ___ mm

Alle Durchmesser ___ sich. →

← Alle Durchmesser ___ sich.

Durchmesser
Knopf außen: ___ ___ mm
Knopf innen: ___ ___ mm
Knopfloch: ___ mm

Der **Maßstab** beschreibt das Verhältnis von **Bild** zu **Wirklichkeit**.

Verkleinern, z.B. 2-mal kleiner (halb so groß)	1 : 2
Vergrößern, z.B. 2-mal größer (doppelt so groß)	2 : 1

▶ Video

5 Beschreibe die Maßstäbe wie Tim.

a) 1 : 2

b) 2 : 1 c) 1 : 10 d) 10 : 1 e) 3 : 1

6 Ordne den Bildern vom Gebirge, von der Fruchtfliege, vom Spermium und von Fatima im Heft den passenden Maßstab zu.

▶ Hilfe

10 : 1

1 000 : 1

1 : 100 000

1 : 100

A

B

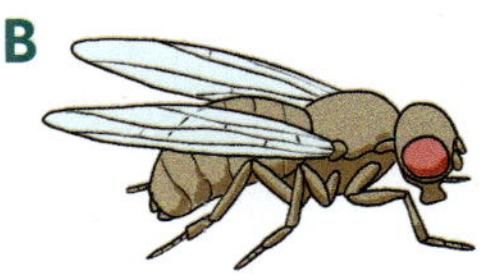

C

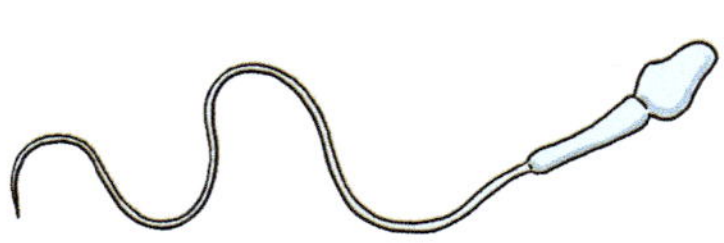

D

Körper

▶ Quiz

I Was siehst du?

II Welche Körper erkennst du? Beschreibe die Merkmale.

→ die Ecke • die Fläche • die Kante • der Kegel • die Kugel
die Pyramide • der Quader • die Spitze • der Würfel • der Zylinder

III Welche Körper sind ähnlich? Begründe.

Start ins Thema

1 Ergänzt im Heft Gegenstände in Form von Kegeln und Pyramiden.

Pyramide:	*Metronom,*
Kegel:	*Partyhut,*

→ die Eiswaffel • die Räucherkerze • die Rankpyramide • die Tanne
der Trichter • das Turmdach • das Verkehrshütchen • das Zelt

2 Welche Körper sind gemeint?

▶ Üben

a) Diese Körper sehen von allen Seiten gleich aus.

b) Diese Körper können rollen.

c) Mit diesen Körpern kann man Mauern bauen.

d) Dieser Körper sieht aus wie eine Schultüte.

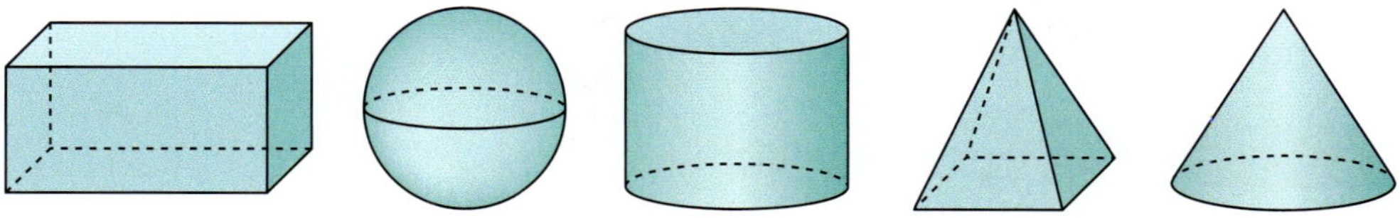

3 Suche dir einen Körper aus. Erstelle einen **Steckbrief**.

▶ Methoden-Lexikon S. 195

Der Würfel

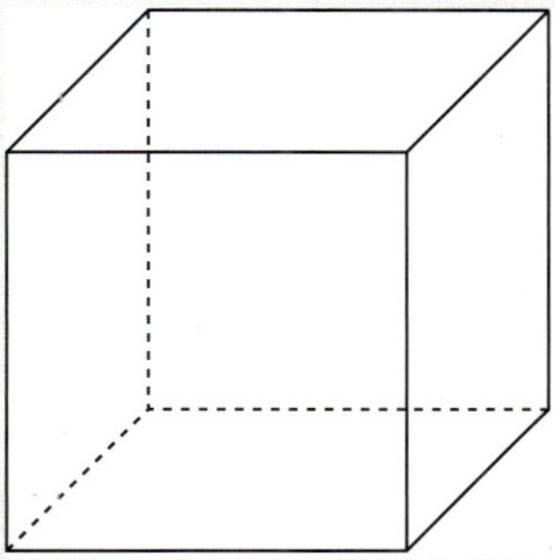

Ecken: 8
Kanten: 12
Flächen: 6, quadratisch

Alltagsgegenstände:

4 Wie heißen die Körper mit den angegebenen Merkmalen?

▶ Hilfe

A ___

Ecken	8
Kanten	12
Flächen	6

B ___

Ecken	0
Kanten	0
Flächen	1

C ___

Spitze	1
Kante	1
Flächen	2

D ___

Ecken	0
Kanten	2
Flächen	3

E ___

Spitze	1
Kanten	8
Flächen	5

5 Ein Kind legt einen Gegenstand unter ein Tuch.
Ein anderes Kind ertastet den Körper und beschreibt die Merkmale.
Alle Kinder erraten den Körper.

Grundfläche, Deckfläche und Seitenflächen

1 Körper haben verschiedene Flächen.
Übertrage die Sätze ins Heft und ergänze.

Körper mit 2 gleichen **Flächen, die parallel zueinander sind**:
Davon ist eine Fläche die ___
und die andere Fläche die ___.
Alle anderen Flächen sind ___.

Körper mit einer Spitze:
Die ___ liegt gegenüber der Spitze.
Alle anderen Flächen sind ___.

▶ Hilfe

2 Bestimme die Grundfläche, die Deckfläche und die Seitenflächen von einem quaderförmigen Gegenstand.

a) Stelle einen quaderförmigen Gegenstand auf. Bestimme die verschiedenen Flächen.

b) Stelle diesen Gegenstand anders auf. Bestimme wieder die Flächen.

c) Was fällt dir auf?

3 Bestimme die Grundfläche von verschiedenen Körpern.

▶ Üben

a) Welche Körper haben 2 gleiche Flächen, die parallel zueinander sind? Welche Körper haben eine Spitze?

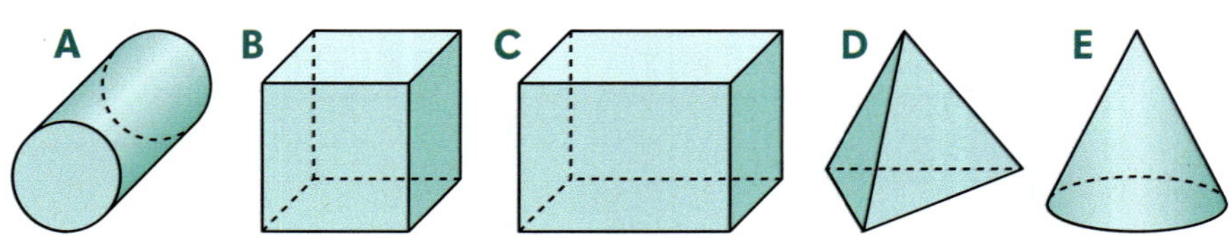

b) Ordne den Körpern im Heft die passenden Grundflächen zu.

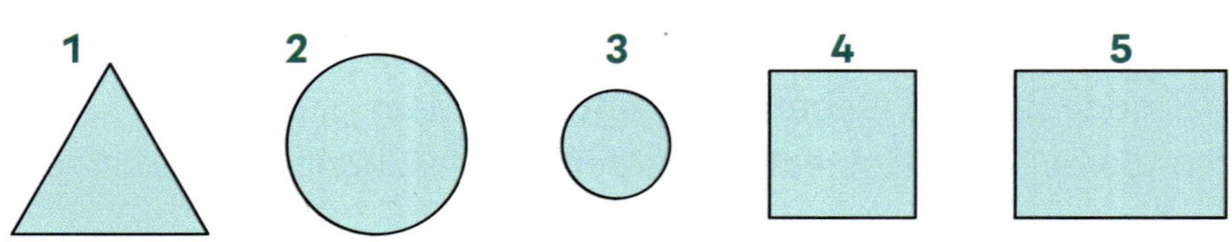

Quadernetze und Würfelnetze

1 Untersucht Körpernetze wie Hamid. Nutzt Scheren und quaderförmige Verpackungen. ▶ Hilfe

a) Schneidet eure Verpackung sorgfältig an einigen Kanten auf und klappt sie auseinander. Die Verpackung darf dabei nicht in mehrere Teile zerfallen.

b) Vergleicht eure Ergebnisse.

> Ein **Körpernetz** entsteht, wenn ich eine Verpackung an einigen Kanten aufschneide und auseinanderklappe.

▶ Video

2 Lisa zeichnet ein Würfelnetz und überprüft ihr Ergebnis. ▶ Hilfe

a) Wie viele Flächen muss Lisa zeichnen?

① 

② 

③ 

→
- abrollen
- ausschneiden
- umfahren
- falten
- die Fläche
- der Stift

b) Wie zeichnet Lisa ein Würfelnetz?

c) Wie überprüft Lisa, ob sie ein Netz des Würfels gezeichnet hat?

d) Wie müssen die Flächen zusammenhängen?

3 Zeichne ein Würfelnetz wie Lisa. Überprüfe dein Netz wie Lisa.

Quadernetze und Würfelnetze

4 Stelle verschiedene Quadernetze her. Nutze eine quaderförmige Verpackung, eine Schere und Klebeband.

- Schneide die Verpackung an allen Kanten auseinander.
- Klebe die einzelnen Flächen zu einem Quadernetz zusammen.
- Überprüfe dein Quadernetz: Lässt es sich zur Verpackung falten?
- Finde verschiedene Möglichkeiten. Skizziere sie im Heft.

5 Zeichne verschiedene Quadernetze.

a) Schneide die Netze aus. Lassen sie sich zu Quadern falten?

b) Markiere jeweils die gegenüberliegenden Seiten in einer Farbe.

6 Welche Netze lassen sich zu einem Quader falten?

▶ Üben

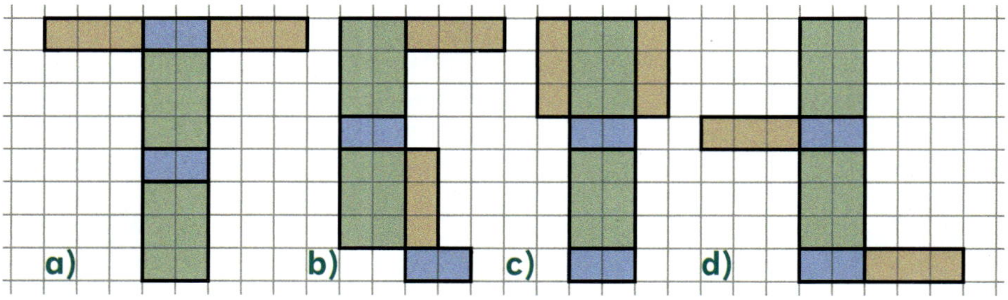

7 Zeichne verschiedene Würfelnetze.

a) Schneide die Netze aus. Lassen sie sich zu Würfeln falten?

b) Markiere jeweils die gegenüberliegenden Seiten in einer Farbe.

8 Welche Netze lassen sich zu einem Würfel falten?

▶ Üben

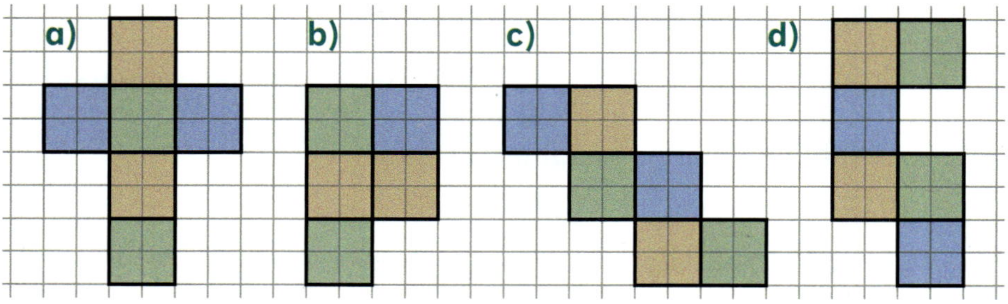

Würfelgebäude

1 Baue die Würfelgebäude nach. Ermittle die Anzahl der Würfel.

A

B

C

Tipp
Nicht alle Würfel sind zu sehen.

Ein **Bauplan** beschreibt
- die Anzahl und
- die Anordnung

der Würfel vom Würfelgebäude.

2	1
1	0

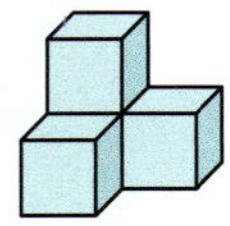

▶ Video

2 Ordne im Heft die richtigen Würfelgebäude zu. Begründe.

▶ Üben

1

1	3	3
1	3	3

2

3	2	2
1	2	1

3

1	4	4

A
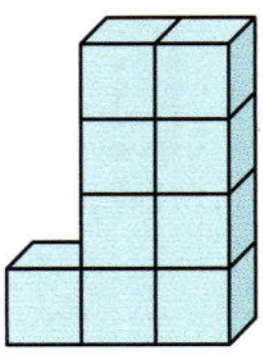

B

C

3 Baut die Würfelgebäude nach. Schreibt die Baupläne.

▶ Üben

A

B
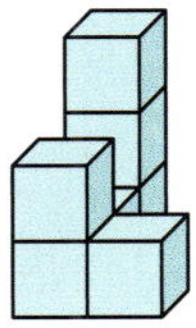

C

D

4 Baue die Würfelgebäude nach. Ergänze sie zu quaderförmigen Würfelgebäuden. Wie viele Würfel hast du hinzugefügt?

A
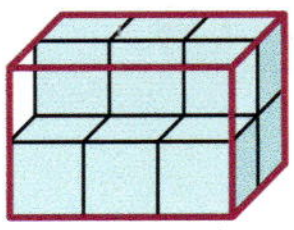

B
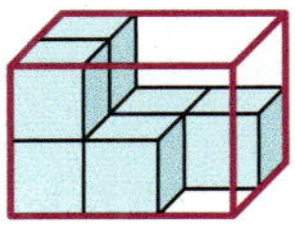

C
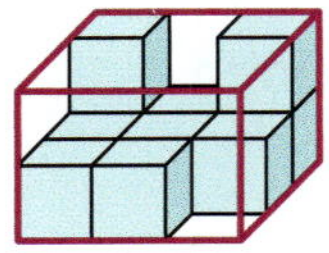

D
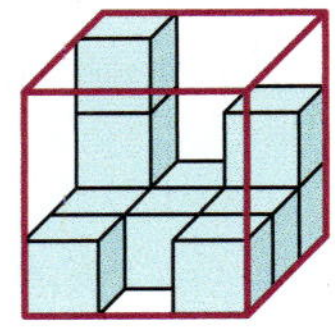

Ansichten von Würfelgebäuden

1 Dennis (rechts), Ina (links), Ilja und Mascha sehen sich den zusammengesetzten Körper von verschiedenen Seiten an.

a) Beschreibt den zusammengesetzten Körper. ▶ Hilfe

b) Die Kinder haben ihre Ansicht gezeichnet. Ordnet im Heft zu.

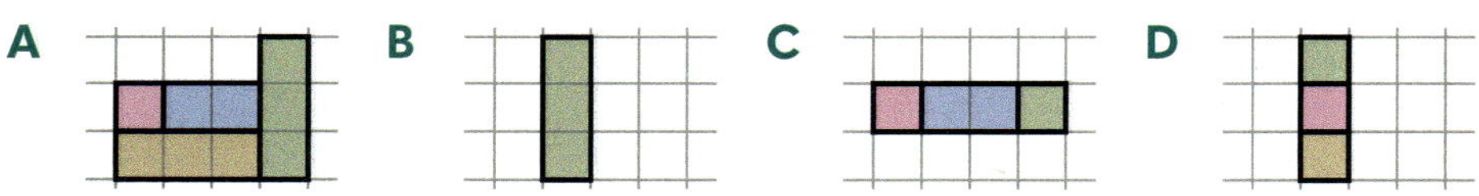

c) Baut selbst einen zusammengesetzten Körper. Seht ihn euch von verschiedenen Seiten an. Zeichnet eure Ansichten.

2 Dennis hat nach dem Bauplan ein Würfelgebäude gebaut.

3	3	2
2	2	1
0	1	0

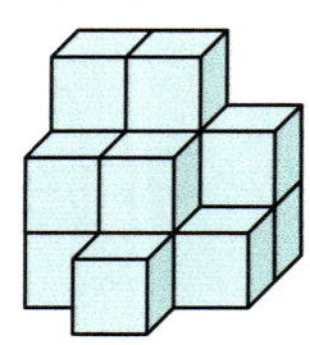

▶ Hilfe

a) Beschreibe das Würfelgebäude.

b) Übertrage die Ansichten ins Heft und ergänze …

die Ansicht von hinten,
die Ansicht von rechts,
die Ansicht von oben.

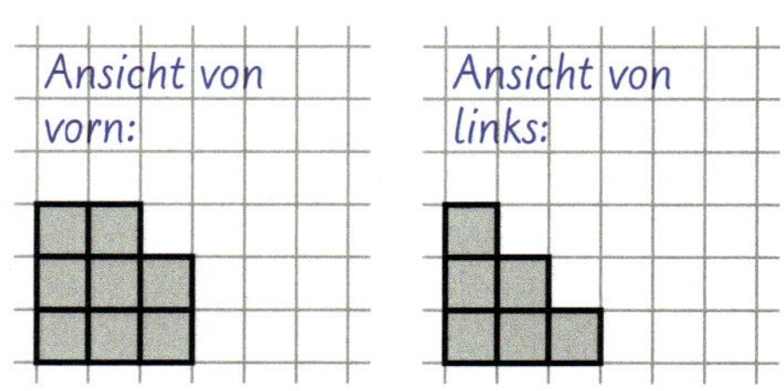

3 Baue ein Würfelgebäude aus 18 Würfeln. Schreibe den Bauplan und zeichne die verschiedenen Ansichten.

☺ Das kann ich!

Schätze zuerst deinen Lernerfolg ein.

- Ich lese die Aufgaben auf der Seite genau. Was soll ich tun?
- Ich schätze vor dem Bearbeiten ein: Wie gut kann ich die Aufgabe?

Ich kann die Aufgabe ...
noch nicht. ☺ ☺ ☺
etwas. ☻ ☺ ☺
gut. ☻ ☻ ☺
sicher. ☻ ☻ ☻

1 Wie heißen die gefärbten Flächen? Benenne.

a)
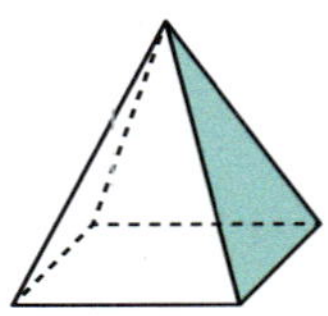

b)
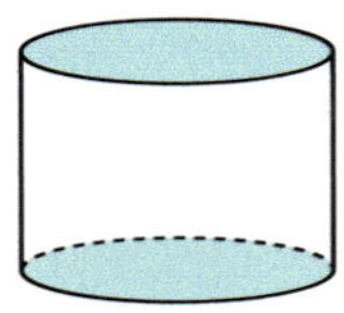

c)
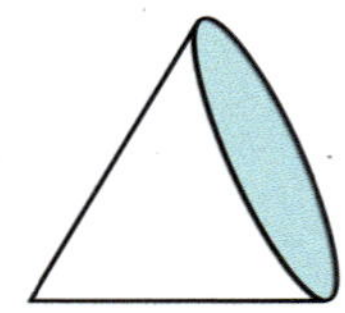

2 Lassen sich die Netze zu einem Körper falten?

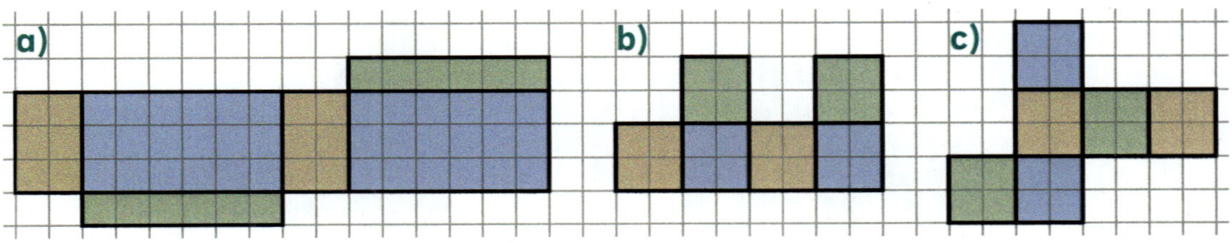

3 Schreibe die Baupläne.

a)

b)

c)

Übertrage ins Heft. Male die passende Anzahl von Smileys aus.

So gut kann ich ...	Meine Beurteilung
1 Flächen von Körpern benennen.	☺ ☺ ☺
2 Würfelnetze und Quadernetze erkennen.	☺ ☺ ☺
3 Baupläne von Würfelgebäuden schreiben.	☺ ☺ ☺

Rauminhalte

1 Fatima und Paul vergleichen Rauminhalte.

a) Welche Idee hat Paul?

b) Welche Idee hat Fatima?

c) Wie würdest du die Rauminhalte vergleichen? Begründe.

→
- ablesen
- füllen, umfüllen
- messen
- die Füllskala
- der Messbecher

2 Welche Sätze stimmen? Begründe.

▶ Quiz

A Das Gewicht, das in ein Gefäß passt, heißt Rauminhalt.

B Den Rauminhalt kann ich in Litern (l) messen.

C Die Menge, die in ein Gefäß passt, heißt Rauminhalt.

D Den Rauminhalt kann ich in Millimetern (mm) messen.

3 In welchen **Maßeinheiten** kannst du den Rauminhalt abmessen? Lies mit dem **Lese-Profi**.

▶ Hilfe

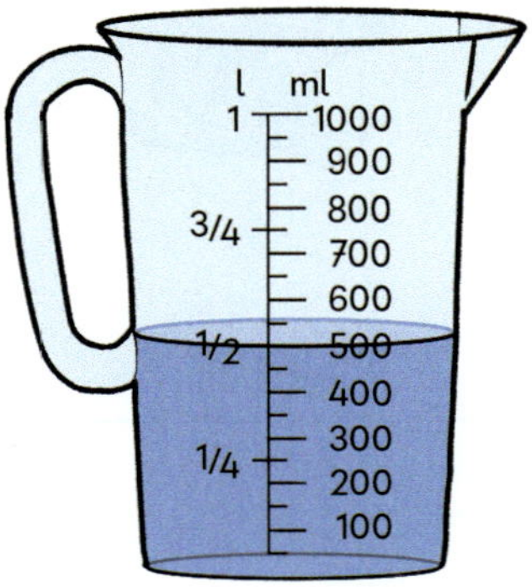

Mit einem Messbecher kann ich Rauminhalte abmessen.

Der Messbecher zeigt den Rauminhalt in Liter und Milliliter an.

! 1 Liter = 1 000 Milliliter
1 l = 1 000 ml

Beim Lesen
- Ich lese die Sprechblasen. Worum geht es?
- Ich nutze Hilfen, zum Beispiel Worterklärungen.
- Ich entnehme die wichtigen Informationen.
  Was sehe ich auch auf dem Bild?

▶ Lese-Profi S. 193

4 Wie viel Wasser ist im Messbecher?

▶ Üben

a)
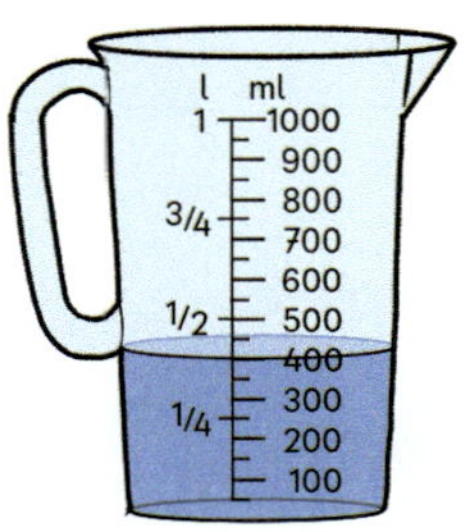

b)
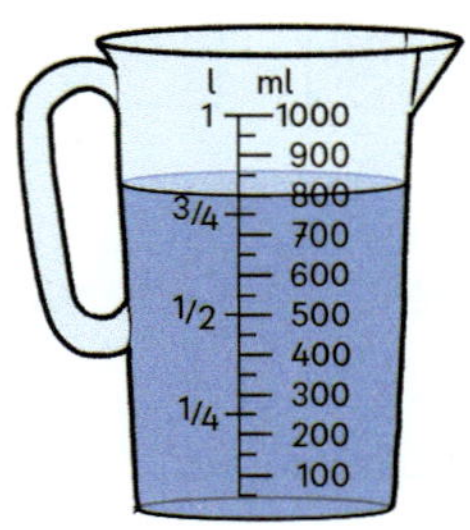

c) ☆
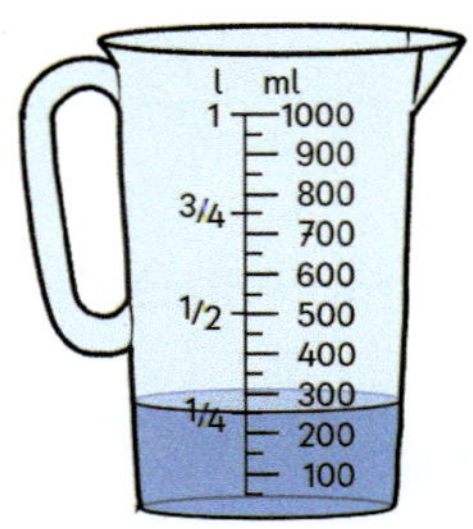

5 Übertragt die Tabelle ins Heft. Messt die Rauminhalte verschiedener kleiner Gefäße mit einem Messbecher.

- Füllt das Gefäß bis zum Rand.
- Füllt den Inhalt vom Gefäß in den Messbecher um.
- Lest den Rauminhalt ab.

Gefäß	Rauminhalt
Müslischale	
Becher	

Liter und Milliliter

1 Wie viele Liter sind es? Lies ab.

▶ Üben

a)

b)

c)

2 Projektaufgabe

Wie viele Milliliter sind es?

- Duschgel
- Spülmittel
- Trinkpäckchen
- Deodorant
- Parfüm
- Zahncreme

3 Welcher Rauminhalt passt? Begründe.

▶ Üben

a)

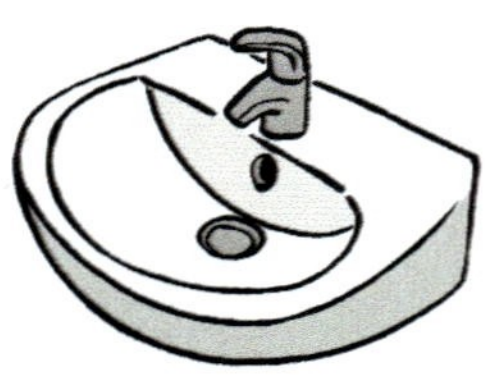

b)

c)

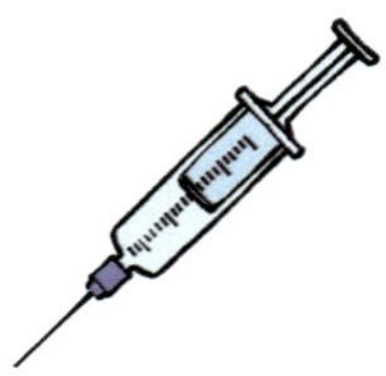

9 l | 90 ml | 500 ml | 5 ml | 2 ml | 200 ml

4 Übertrage die Tabelle ins Heft. Ergänze weitere Beispiele.

Rauminhalt ...	**in Litern**	**in Millilitern**
Beispiele	der Eimer	der Joghurtbecher

5 Welcher Rauminhalt passt? Ordne im Heft zu. Begründe.

1 ml, 10 ml, 100 ml, 1 l, 10 l, 100 l

das Aquarium, die Patrone, die Milchpackung, das Nasenspray, der Eimer, die Handcreme

6 Wie viele Milliliter Milch fehlen noch? Erkläre.

Wir brauchen 1 l Milch.

Im Messbecher sind erst 750 ml Milch.

7 Wie viele Milliliter fehlen bis zum vollen Liter? Übertrage ins Heft und ergänze.

▶ Üben

a)

550 ml	+	■■■	ml	=	1000	ml
720 ml	+	■■■	ml	=	1000	ml
380 ml	+	■■■	ml	=	1000	ml
410 ml	+	■■■	ml	=	1000	ml

b) 645 ml
275 ml
395 ml
115 ml

c) 437 ml
☆ 892 ml
166 ml
981 ml

☑ 19 ml 108 ml 175 ml 280 ml 355 ml 450 ml 563 ml 590 ml 605 ml 620 ml 725 ml 834 ml 885 ml

8 Übertrage ins Heft. Setze ein: >, < oder =.

▶ Mathe-Lexikon S. 200

a) 1 500 ml ■ 1 l
650 ml ■ 65 l

b) 950 ml ■ 870 ml
480 ml ■ 48 l

c) 300 ml ■ 3 l
7 000 ml ■ 7 l

9 Ordne. Beginne mit dem kleinsten Rauminhalt.

▶ Üben

a) 2 l; 500 ml; 3 500 ml; 20 l

b) 75 l; 7 500 ml; 7 l; 75 ml

c) 800 ml; 80 l; 8 l; 80 ml

d) 950 ml; 9 l; 9 500 ml; 90 ml

10 Rechne in l um.

▶ Video

	l	ml H	ml Z	ml E	
1 l 250 ml	1	2	5	0	1,250 l
5 l 26 ml	5	0	2	6	5,026 l
2 l 5 ml	2	0	0	5	2,005 l

! In die leeren Stellen schreibe ich eine Null. Der rote Strich trennt l und ml. Ich setze ein **Komma**, wenn ich in l schreibe.

a) 1 l 250 ml
2 l 370 ml

b) 2 l 480 ml
4 l 750 ml

c) 1 l 895 ml
1 l 360 ml

d) 2 l 55 ml
☆ 3 l 9 ml

▶ Üben

Teste dich!

Rechnen mit System

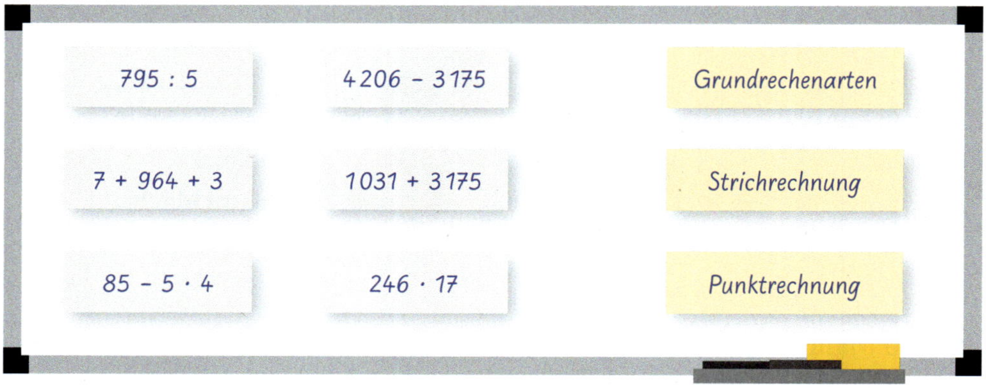

▶ Quiz

I Was siehst du?

II Ordne die Aufgaben den Fachbegriffen im Heft zu. →

III Welche Fachbegriffe gehören zusammen?

- **die** Addition, **die** Subtraktion
- **die** Multiplikation, **die** Division
- **die** Umkehraufgabe, **die** Probe
- **die** Vorrangregel

Start ins Thema

1 Wie werden die Aufgaben genannt? Berechne.

a) 135 + 246
246 + 135

b) 3 623 + 7
7 + ▭

c) 3 114 · 3
3 · ▭

d) 2 431 · 3
3 · ▭

2 Wie werden die Aufgaben genannt? Berechne.

a) 135 + 246
381 − 246

b) 3 623 + 7
3 630 − ▭

c) 3 114 · 3
9 342 : ▭

d) 2 431 · 3
▭ : ▭

3 **Aufgabenfamilien.** Schreibe die Aufgaben ins Heft. Berechne.

▶ Mathe-Lexikon S. 198

a)

1 382	6 640	8 022

▭ + ▭ = ▭	▭ − ▭ = ▭
▭ + ▭ = ▭	▭ − ▭ = ▭

b)

674	13	8 762

▭ · ▭ = ▭	▭ : ▭ = ▭
▭ · ▭ = ▭	▭ : ▭ = ▭

4 Beschreibe die Aufgaben mit Fachbegriffen. ▶ Hilfe

	1350	+	2463	=	3813
addieren:	1. Summand	+	2. Summand	=	Summe

a) 2 872 + 1 393 = 4 265   b) 3 630 – 1 235 = 2 395

c) 3 114 · 3 = 9 342   d) 2 429 : 7 = 347

→
- dividieren, **der** Dividend, **der** Divisor, **der** Quotient
- multiplizieren, **der** 1. Faktor, **der** 2. Faktor, **das** Produkt
- subtrahieren, **der** Minuend, **der** Subtrahend, **die** Differenz

5 Berechne nur die Aufgaben, deren **2. Faktor** 2 oder deren **1. Summand** 246 ist. ▶ Üben

a) 987 · 2
2 · 543

b) 375 + 246
246 + 789

c) 642 · 2
246 + 154

d) 7 482 : 2
☆ 246 – 135

6 Berechne nur Aufgaben, deren **Subtrahend** 357 oder deren **Divisior** 4 ist. ▶ Üben

a) 987 – 357
357 – 124

b) 4 : 2
472 : 4

c) 357 – 246
984 : 4

d) 357 · 4
☆ 246 + 357

7 Eine Stunde vor Spielbeginn waren 5 997 Zuschauer im Eisstadion. Zu Spielbeginn waren es 6 256.
Wie kann Ina die Aufgabe lösen?

5997 + ■■■ = 6256

☆ **8** Welche Zahl steht jeweils für x? Berechne und erkläre. ▶ Üben

a) 335 + x = 538
Umkehraufgabe:
538 – 335 = ■■■
x = ■■■

a) 335 + x = 538

b) x – 39 = 182

c) x : 4 = 228

d) 98 · x = 686

Rechnen mit System

1 Wie würdest du rechnen? Begründe.

im Kopf	halbschriftlich		schriftlich
250 · 2	1270 · 5	467 · 8	3 840 : 6
4 500 + 5 200	7 680 − 3 870	4 · (20 + 5)	1879 · 5

Beim Bearbeiten
- Ich wähle einen Lösungsweg, mit dem ich die Aufgabe passend berechnen kann.
- Wenn ich Hilfe brauche, schaue ich im Schulbuch nach, im Regelheft nach oder ich frage jemanden.

▶ Aufgaben-Profi S. 192

2 Sammelt weitere Aufgaben. Sortiert sie wie in Aufgabe **1**.

3 Wähle eine passende Rechenstrategie und berechne.

+	−	·	:
3 700 + 1 280	8 953 − 2 540	2 431 · 2	7 266 : 6
3 458 + 2 343	7 800 − 5 200	9 · 6	64 : 8
5 670 + 2 340	6 925 − 4 659	1 345 · 5	2 550 : 5
5 034 + 4 276	9 435 − 6 743	320 · 3	8 286 : 3

4 Berechne und schreibe die **Umkehraufgaben**.

a) 6 320 + 2 470 b) 7 234 − 4 057

c) 3 927 · 2 d) 8 368 : 4

Tipp: Für die Umkehraufgaben brauche ich das Ergebnis.

▶ Mathe-Lexikon S. 198
▶ Üben

5 Berechne. Beachte die **Vorrangregeln**.

a) 30 · 70 + 16
30 + 70 · 16

b) 800 + 3 200 : 4
(800 + 3 200) : 4

c) 970 − 2 · (25 − 5)
☆ 970 − 2 · 25 − 5

▶ Mathe-Lexikon S. 198
▶ Üben

Sachaufgaben rechnen mit System

1 Bearbeite die Aufgaben mit dem **Aufgaben-Profi**.

Im Sommer gibt es ein Stadtfest.

a) Zum Fest kommen 4 527 Kinder und 3 435 Erwachsene.
Wie viele Personen sind insgesamt auf dem Fest?

b) An einem Stand gibt es Flammkuchen.
Im letzten Jahr wurden 1 450 Stücke verkauft. Dieses Jahr sind es doppelt so viele.
Wie viele Stücke werden in diesem Jahr verkauft?

c) Der Getränkestand hat 6 500 Flaschen Wasser im Lager.
5 200 Flaschen Wasser werden verkauft.
Wie viele Flaschen sind noch übrig?

d) An einem Stand wird Geld für drei Umweltprojekte gesammelt.
Am Ende sind es 7 248 €.
Das Geld soll gleichmäßig verteilt werden.
Wie viel Geld erhält jedes Projekt?

Beim Bearbeiten
Ich wähle einen Lösungsweg:
- Muss ich addieren, subtrahieren, multiplizieren oder dividieren?
- Kann ich die Aufgabe im Kopf, halbschriftlich oder schriftlich rechnen?
- Ich überprüfe mein Ergebnis, zum Beispiel mit der Umkehraufgabe.

▶ **Aufgaben-Profi S. 192**

☆ **2** Die Klasse 6 verkauft zwei Sorten Blumensträuße aus dem Schulgarten.
Für das Stadtfest erstellen sie von jeder Sorte 43 Sträuße.
Wie viele Blumen werden insgesamt gebraucht?

▶ Üben

Rechengesetze

1 Wie haben Lena und Paul die Aufgabe 3 + 26 + 697 gerechnet? Erkläre. Bleibt das Ergebnis gleich?

```
      3
+    26
+   697
    111
-------
    726
```

```
  697 + 3 + 26
= 700 + 26 = 726
```

Ich addiere die Zahlen in einer anderen Reihenfolge. Dann kann ich auch im Kopf rechnen.

2 Das Vertauschungsgesetz ▶ Video

a) Vervollständige die Sätze im Heft.

Vertauschungsgesetz (Kommutativgesetz)
Beim **Addieren** darf ich die Summanden beliebig ___. Das Ergebnis bleibt ___.
Beim **Multiplizieren** darf ich die Faktoren beliebig ___. Das Ergebnis bleibt ___.

→
- gleich
- vertauschen

b) Entscheide ohne zu rechnen:
Bei welchen Aufgaben ist das Ergebnis gleich?

73 · 8	4 + 5 + 6	6 · 5 · 2	a + b
4 + 6 + 5	b + a	8 · 73	2 · 5 · 6

3 Addiere geschickt. Wie hast du gerechnet? Begründe. ▶ Üben

a) 97 + 212 + 3
8 + 331 + 192

b) 6 + 145 + 324
524 + 168 + 6

c) 429 + 394 + 1
☆ 758 + 73 + 42

4 Multipliziere geschickt. Wie hast du gerechnet? Begründe. ▶ Üben

a) 2 · 78 · 5 **b)** 50 · 18 · 2 **c)** 4 · 36 · 25

☆ **5** Gilt das Vertauschungsgesetz auch für die Subtraktion und Division? Überprüfe.

a) 6 – 4 **b)** 6 : 1 **c)** 18 : 2

6 Wie rechnet Hamid? Erkläre.

7 Das Verbindungsgesetz

▶ Video

a) Vervollständige die Sätze im Heft.

Verbindungsgesetz (Assoziativgesetz)
Beim **Addieren** mehrerer Summanden darf ich beliebig ▬. Das Ergebnis bleibt ▬.
Beim **Multiplizieren** mehrerer Faktoren darf ich beliebig ▬. Das Ergebnis bleibt ▬.

→
- gleich
- Klammern setzen

b) Entscheide ohne zu rechnen:
Bei welchen Aufgaben ist das Ergebnis gleich?

$3 + 4 + 6$	$(4 + 16) + 5$	$7 \cdot (2 \cdot 5)$	$a \cdot b \cdot c$
$4 + (16 + 5)$	$a \cdot (b \cdot c)$	$7 \cdot 2 \cdot 5$	$3 + (4 + 6)$

8 Welche Aufgabe ist einfacher zu rechnen? Berechne.

a) $(84 + 17) + 3$
$84 + (17 + 3)$

b) $(17 \cdot 2) \cdot 5$
$17 \cdot (2 \cdot 5)$

c) $(11 + 89) + 17$
$11 + (89 + 17)$

9 Übertrage ins Heft und setze selbst Klammern. Berechne.

▶ Üben

a) $25 + 170 + 30$
b) $49 \cdot 2 \cdot 50$
c) $279 + 1 + 25$

10 Gilt das Verbindungsgesetz auch für die Subtraktion und die Division? Überprüfe.

a) $23 - 8 - 7$
b) $80 : 20 : 4$
c) $36 : 6 : 2$

Sachaufgaben mit Rechengesetzen

1 Gehe wie Fatima und Murat vor.
Erkläre deinen Lösungsweg und beantworte die Frage.

Ich überlege, wie die Rechenaufgabe heißt.

Ich überlege, ob mir die Rechengesetze beim Rechnen helfen können.

a) Die Klasse 6 hat drei Müllsammel-Aktionen in diesem Schuljahr gemacht. Am ersten Aktionstag sammelten sie 76 Teile, am zweiten Tag 118 und am dritten Tag 82.
Wie viele Teile Müll sammelte die Klasse insgesamt?

▸ Hilfe

b) Hamids großer Bruder arbeitet in den Sommerferien pro Woche 4 Tage im Supermarkt. Die Sommerferien dauern 6 Wochen.
Pro Tag verdient Hamids großer Bruder 75 €.
Wie viel Euro verdient er in den Sommerferien?

c) In diesem Schuljahr gab es 13 AGs. In jeder AG waren 15 Kinder. Die AGs haben sich an 34 Tagen im Schuljahr getroffen.
Wie viele Stunden haben sie zusammen gearbeitet?

d) Im Werkunterricht gestaltet die Klasse mit Fliesen eine Mosaikwand.
Die Mosaikwand besteht aus 20 gleich großen Mosaikbildern.
Wie viele Fliesen werden insgesamt benötigt?

Schau mal, mein Mosaikbild ist fertig.

☆ **2** Ilja geht zusammen mit seinem Vater einkaufen.
Zum Bezahlen nehmen sie einen 50 Euro-Schein mit. Im ersten Geschäft zahlt Iljas Vater 34 €.
Im zweiten Geschäft zahlt er 14 €.
Ilja rechnet:

50 € − (34 € − 14 €)
= 50 € − 20 € = 30 €

▸ Üben

Wir haben noch 30 € über.

Hat Ilja recht? Begründe.

Das kann ich!

Schätze zuerst deinen Lernerfolg ein.

- Ich lese die Aufgaben auf der Seite genau.
  Was soll ich tun?
- Ich schätze vor dem Bearbeiten ein:
  Wie gut kann ich die Aufgabe?

Ich kann die Aufgabe ...	
noch nicht.	☺ ☺ ☺
etwas.	☻ ☺ ☺
gut.	☻ ☻ ☺
sicher.	☻ ☻ ☻

1 Berechne im Kopf, halbschriftlich oder schriftlich.

a) 6 843 + 2 794
6 900 – 2 000

b) 2 130 · 4
304 · 12

c) 5 400 : 6
3 780 : 2

2 Schreibe zu den Aufgaben die Umkehraufgaben.

a) 5 900 + 3 000
9 600 – 1 500

b) 320 · 3
243 · 10

c) 160 : 8
2 340 : 10

3 Berechne. Beachte die Rechenregeln.

a) 5 · 6 + 144
3 · 10 + 1 290

b) 215 – 2 · 5
467 – 7 · 3

c) 179 + 2 · (6 + 4)
765 – 5 · (13 – 3)

4 Berechne geschickt.
Nutze die Rechengesetze Vertauschungsgesetz und Verbindungsgesetz.

a) 78 + 22 + 67
2 · 53 · 50

b) 27 · 20 · 5
46 · 4 · 25

c) 60 + 59 + 340
2 · 478 · 5

Übertrage ins Heft. Male die passende Anzahl von Smileys aus.

So gut kann ich ...	Meine Beurteilung
1 im Zahlenraum bis 10 000 rechnen.	☺ ☺ ☺
2 die Umkehraufgaben angeben.	☺ ☺ ☺
3 die Vorrangregeln beachten.	☺ ☺ ☺
4 die Rechengesetze nutzen.	☺ ☺ ☺

Temperaturen

1 Was meinst du? Erkläre.

Temperaturen werden in Grad Celsius (°C) gemessen.
Auf dem Thermometer liegen **die Plusgrade über** 0 °C, **die Minusgrade unter** 0 °C.

2 Auf welchen Thermometern werden Minusgrade angezeigt? ▶ Üben

A

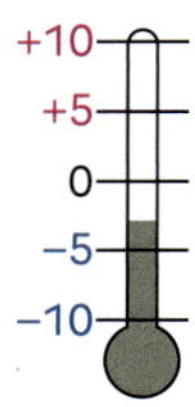

B

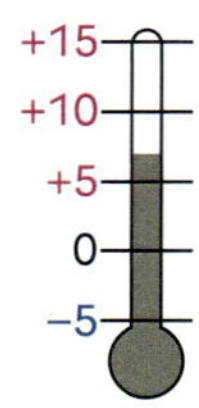

C

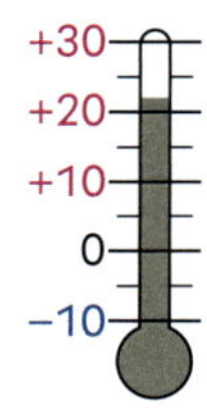

D

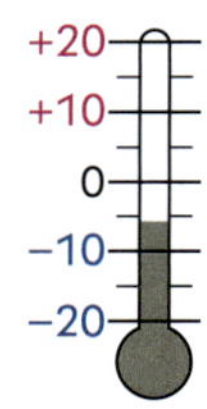

Plusgrade haben positive Werte.
Ich schreibe sie mit einem „+" vor der Zahl: **+10 °C**; **+21 °C**.
Minusgrade haben negative Werte.
Ich schreibe sie mit einem „−" vor der Zahl: **−4 °C**; **−12 °C**.

3 Welche Temperaturen zeigt das Thermometer? ▶ Üben

a)

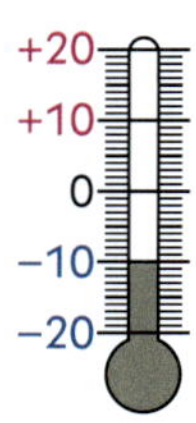

b)

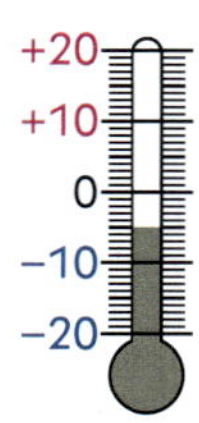

c)

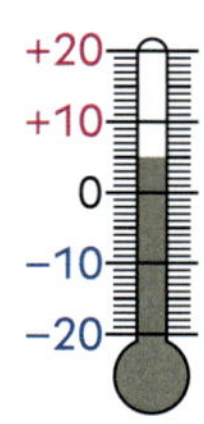

d)

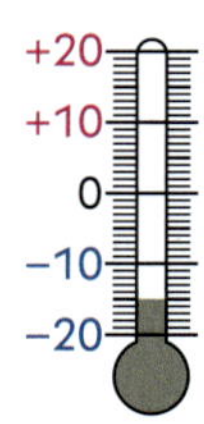

e) Welche Temperatur ist am niedrigsten? Woran erkennst du das?

4 Welche Temperatur passt? ▶ Üben

a) Ordne. Beginne mit der höchsten Temperatur.
+37 °C, –18 °C, +4 °C, 0 °C, +100 °C

b) Übertrage die Tabelle ins Heft und ergänze die Temperaturen aus a). Begründe.

→
- höher als, am höchsten
- niedriger als, am niedrigsten
- über 0 °C, unter 0 °C

Beispiel	Temperatur
Temperatur, bei der Wasser gefriert	
Temperatur, bei der Wasser kocht	
Körpertemperatur des Menschen	
Temperatur im Gefrierschrank	
Temperatur im Kühlschrank	

5 Die Zugspitze ist der höchste Berg in Deutschland. ▶ Hilfe

Wetterstation Zugspitze: Monatswerte der Temperatur

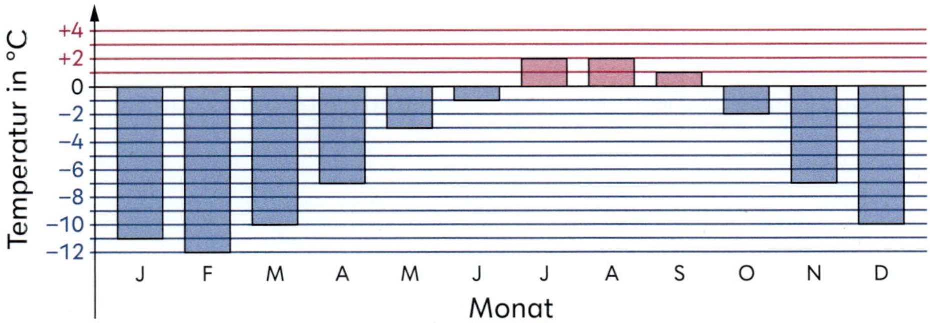

a) Was bedeuten die Buchstaben J, F und M im Diagramm?

b) Schreibe die Tabelle vollständig ins Heft. Ergänze.

c) In welchen Monaten ist es … am kältesten? am wärmsten?

Monat	Temperatur
Januar	–11 °C
Februar	°C
…	…
November	°C
Dezember	°C

Bist du fit?

Sieh dir die Aufgaben auf der Doppelseite an.

- Aus welchen Kapiteln sind die Aufgaben?
- Auf welchen Seiten findest du die Kapitel?

1 Berechne halbschriftlich.

a) 3 500 + 2 400 **b)** 9 400 – 6 300 **c)** 1 200 · 4 **d)** 6 930 : 3

2 Berechne schriftlich.

a) 4 316 + 3 941 **b)** 9 824 – 2 913 **c)** 1 256 · 7 **d)** 8 528 : 4

3 Auf welche Vorrangregel musst du achten? Berechne.

a) 125 + 5 · 5 **b)** 2 · (764 – 64) **c)** 786 – 36 : 6 **d)** (473 – 53) : 7

4 Berechne den Flächeninhalt ...

a) vom Quadrat mit
a = 6 cm

b) vom Rechteck mit
a = 7 cm;
b = 8 cm

c) vom Rechteck mit
a = 60 mm;
b = 9 cm

5 Übertrage ins Heft. Berechne die Flächeninhalte der Figuren.

a)

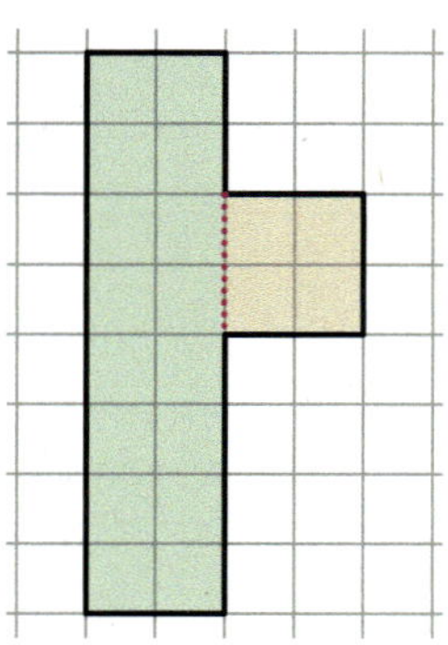

b)

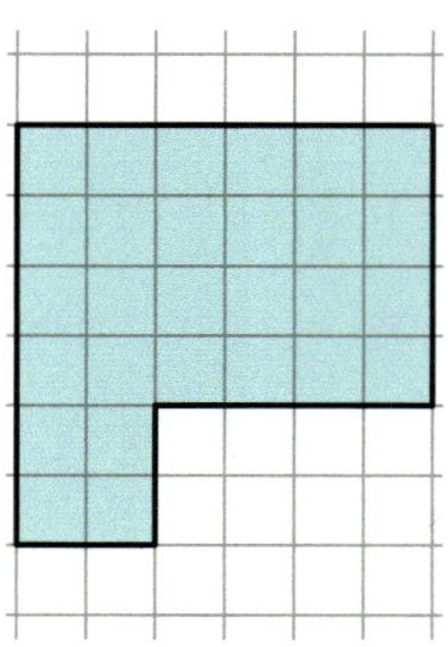

c)

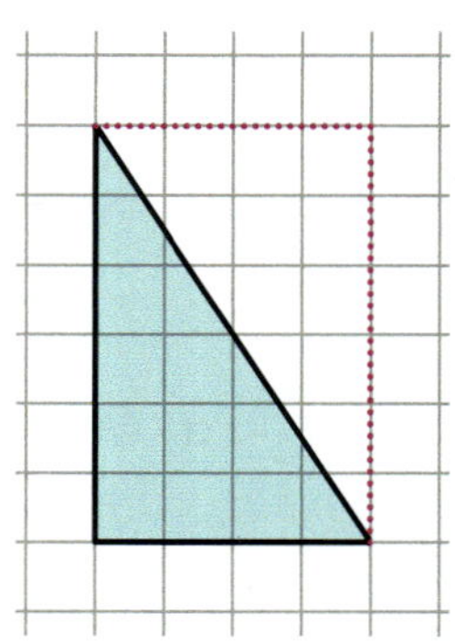

6 Wie viele Milliliter fehlen bis zum vollen Liter?

a) 370 ml **b)** 540 ml **c)** 725 ml **d)** 639 ml **e)** 192 ml **f)** 487 ml

Bist du fit?

7 Schreibe die eingefärbten Anteile als Bruch.

a) 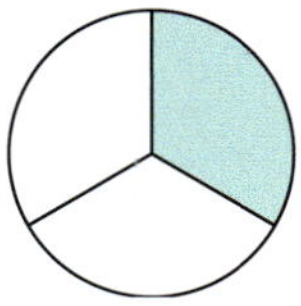

b) 

c) 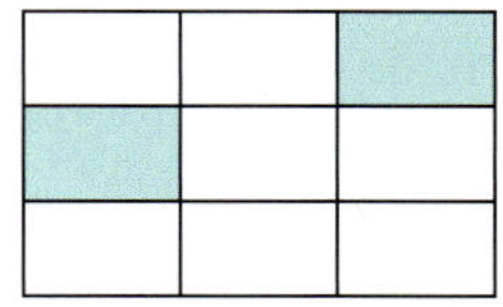

8 Bearbeite die Sachaufgaben mit dem **Aufgaben-Profi**.

a) Murat geht um 21:00 Uhr ins Bett.
Nach 9 Stunden klingelt sein Wecker. Wann steht er auf?

b) Am Samstag darf Murat bis 22:00 Uhr wach bleiben.
Am Sonntag steht er um 9:00 auf. Wie lange hat er geschlafen?

9 Übertrage die Figur und die Spiegelachse ins Heft. Spiegele die Figur an der Spiegelachse.

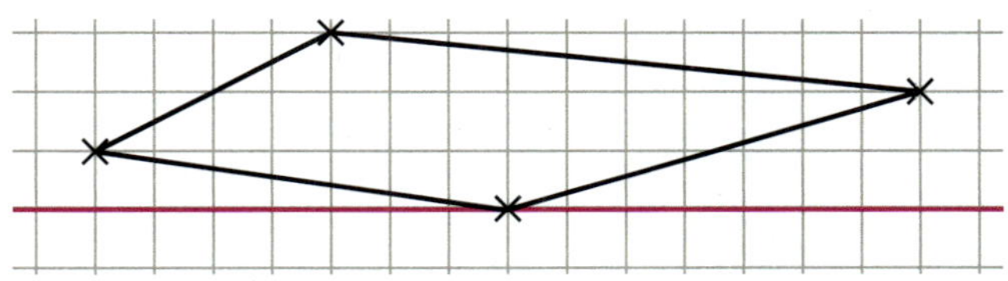

10 Ergänze im Heft 2 Flächen so, dass ein Würfelnetz entsteht.

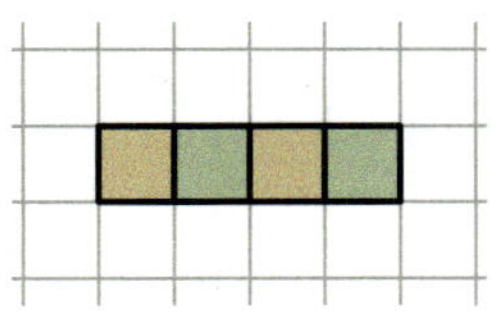

Welche Aufgaben hast du richtig bearbeitet? Ergänze passend im Heft.

Ich bin fit im ...	
1 halbschriftlichen Rechnen,	**6** Ergänzen zum vollen Liter,
2 schriftlichen Rechnen,	**7** Schreiben von Anteilen als Bruch,
3 Rechnen mit Vorrangregeln,	**8** Bearbeiten von Sachaufgaben zu Zeitdauern und Zeitpunkten,
4 Berechnen von Flächeninhalten von Quadraten und Rechtecken,	**9** Spiegeln einer Figur,
5 Berechnen von Flächeninhalten von zusammengesetzten Figuren,	**10** Vervollständigen von Würfelnetzen.

Lösungen S. 213

Abziehverfahren: Schriftliche Subtraktion mit Überträgen

Die Schule hat für den Kauf von Pausen-Spielzeug noch 546 €.
Die Kinder wünschen sich Hüpfbälle für 167 €.
Wie viel Geld bleibt für weiteres Spielzeug übrig?

▶ Video

Die Aufgabe heißt:
546 minus 167.

	T	H	Z	E
		5	4	6
–		1	6	7

Zuerst subtrahiere ich die Einer:
6 **minus** 7 **kann ich nicht rechnen**.

Ich wandle 1 Zehner in 10 Einer um.
Jetzt habe ich nur noch 3 Zehner.

	T	H	Z	E
			3	
		5	~~4~~	6
–		1	6	7

Ich habe nicht mehr 6 Einer,
sondern 16 Einer.
Ich rechne 16 **minus** 7 **ist gleich** 9.

	T	H	Z	E
			3	16
		5	~~4~~	~~6~~
–		1	6	7
				9

Ich subtrahiere die Zehner:
3 **minus** 6 **kann ich nicht rechnen**.

	T	H	Z	E
			3	16
		5	~~4~~	~~6~~
–		1	6	7
				9

Ich wandle 1 Hunderter in
10 Zehner um.
Jetzt habe ich nur noch 4 Hunderter.

	T	H	Z	E
		4	3	16
		~~5~~	~~4~~	~~6~~
–		1	6	7
				9

Ich habe nicht mehr 3 Zehner,
sondern 13 Zehner.
Ich rechne 13 **minus** 6 **ist gleich** 7.

	T	H	Z	E
		4	13	16
		~~5~~	~~4~~	~~6~~
–		1	6	7
			7	9

Zum Schluss subtrahiere ich die Hunderter:
4 **minus** 1 **ist gleich** 3.

	T	H	Z	E
		4	13	16
		~~5~~	~~4~~	~~6~~
–		1	6	7
		3	7	9

Für weiteres Spielzeug bleiben 379 € übrig.

Abziehverfahren: Schriftliche Subtraktion mit Übertrag bei der Null

Auf seinem Sparbuch hat Murat 403 €.
Er möchte sich für 139 € eine Musikanlage kaufen.
Wie viel Geld bleibt noch auf dem Sparbuch?

▶ Video

Die Aufgabe heißt:
403 minus **139**.

	T	H	Z	E
		4	0	3
−		1	3	9

Zuerst subtrahiere ich die Einer:
3 **minus** 9 **kann ich nicht rechnen**.

Achtung:
0 Zehner kann ich nicht
in Einer wechseln!

	T	H	Z	E
		4	0	3
−		1	3	9

Ich gehe eine Stelle weiter.
Dort habe ich 4 Hunderter.
Das sind 40 Zehner.

	T	H	Z	E
		4	0	3
−		1	3	9

Davon wandle ich 1 Zehner
in 10 Einer um.
Dann habe ich nur noch **39** Zehner.

	T	H	Z	E
		3	9	
		~~4~~	~~0~~	3
−		1	3	9

Ich habe nicht mehr 3 Einer,
sondern **13** Einer.
Ich rechne 13 **minus** 9 **ist gleich** 4.

	T	H	Z	E
		3	9	13
		~~4~~	~~0~~	~~3~~
−		1	3	9
				4

Jetzt subtrahiere ich die Zehner:
9 **minus** 3 **ist gleich** 6.

	T	H	Z	E
		3	9	13
		~~4~~	~~0~~	~~3~~
−		1	3	9
			6	4

Zum Schluss subtrahiere ich die Hunderter:
3 **minus** 1 **ist gleich** 2.

	T	H	Z	E
		3	9	13
		~~4~~	~~0~~	~~3~~
−		1	3	9
		2	6	4

Auf dem Sparbuch bleiben noch 264 €.

Bearbeiten mit dem Aufgaben-Profi

Der Aufgaben-Profi hilft mir, Aufgaben zu verstehen und zu bearbeiten.
Ich merke mir die Schritte 1–3 des Aufgaben-Profis.
Ich wende den Aufgaben-Profi vor allem bei Sachaufgaben an.
Auf diesen Seiten kann ich üben: 16, 17, 52, 53, 86, 103, 111, 112, 142, 151, 180, 181.

1 Vor dem Bearbeiten

Ich lese den Text und betrachte das Bild.
Welche Frage soll ich beantworten?

Ich entnehme die wichtigen Informationen.
Was ist gesucht?
Was ist gegeben?

Ich bereite mich vor.
Welche Materialien brauche ich?

2 Beim Bearbeiten

Ich wähle einen Lösungsweg.
Kann mir eine Skizze helfen?
Wie gehe ich vor?

Ich löse die Aufgabe Schritt für Schritt.

Ich überprüfe mein Ergebnis,
zum Beispiel durch Überschlagen.
Stimmt mein Ergebnis?

Ich beantworte die Frage.

3 Nach dem Bearbeiten

Ich überprüfe meine Bearbeitung.
Habe ich an alles gedacht?
Passt meine Antwort zur Aufgabe?
Habe ich den Lösungsweg gut gewählt?

Ich überlege zum Schluss:
Was habe ich gut gemacht?

Lesen mit dem Lese-Profi

Der Lese-Profi hilft mir, Informationen aus Texten und Bildern zu entnehmen.
Ich merke mir die Schritte 1–3 des Lese-Profis.
Ich wende den Lese-Profi bei Texten und Bildern an.
Auf diesen Seiten kann ich üben: 19, 81, 175.

1 Vor dem Lesen

Ich kläre zu Beginn:
Welche Frage soll ich beantworten?
Was verrät mir die Überschrift?

Ich sehe mir die Bilder an.
Was sehe ich?

2 Beim Lesen

Ich lese den Text.
Worum geht es?

Ich nutze Hilfen, zum Beispiel das Mathe-Lexikon oder Worterklärungen.

Ich entnehme die wichtigen Informationen.
Worauf weisen mich die Hervorhebungen hin?
Was sehe ich auch auf den Bildern?

3 Nach dem Lesen

Ich beantworte die Frage.

Ich überlege zum Schluss:
Was habe ich gut gemacht?
Was kann ich jetzt?

Methoden-Lexikon

Methode:	Schritte	Beispiel
Meinen Lernerfolg betrachten	1. Ich schätze ein. • Ich lese die Aufgaben auf der Seite genau. Was soll ich tun? • Ich schätze vor dem Bearbeiten ein: Wie gut kann ich die Aufgabe? Ich kann die Aufgabe … noch nicht. ☺ ☺ ☺ etwas. ☻ ☺ ☺	**3** Runde zum Zehner: 57; 321; 795 Ich kann Aufgabe **3** etwas. Ich male 1 von 3 Smileys aus. 3: ☻ ☺ ☺
	2. Ich teste. • Ich bearbeite alle Aufgaben. • Ich blättere auf die Seite mit den Lösungen. • Ich überprüfe meine Ergebnisse.	57 ≈ 50 321 ≈ 320 795 ≈ 890 Lösungen S. 201 57 ≈ 50 f 321 ≈ 320 795 ≈ 890 f
	3. Ich beurteile und deute. • Ich beurteile meinen Lernerfolg. Wie viele Ergebnisse habe ich richtig pro Aufgabe? 0 ☺ ☺ ☺ 1 ☻ ☺ ☺ 2 ☻ ☻ ☺ 3 ☻ ☻ ☻ • Ich deute meine Beurteilung. Was kann ich schon? Wo brauche ich noch mehr Übung? Wobei brauche ich Hilfe? • Ich vergleiche meine Beurteilung mit meiner Einschätzung. Wie gut kann ich meinen Lernerfolg einschätzen?	 Ich habe 1 Aufgabe richtig. Meine Beurteilung ☻ ☺ ☺ Ich brauche Hilfe beim Runden zum Zehner. Meinen Lernerfolg habe ich richtig eingeschätzt.

Methode:	Schritte	Beispiel
Meinen Lernerfolg steigern	• Ich suche die Seiten im Buch, mit denen ich noch üben kann. • Ich löse die Aufgaben so gut ich kann und nutze die Hilfen. • Ich frage jemanden, wenn ich etwas nicht verstehe. • Ich teste meinen Lernerfolg noch einmal. Habe ich mich verbessert?	Mit Seite 31 kann ich noch üben. ▶ Video ▶ Hilfe Ich lese die Anleitung.
Ergebnisse mit dem Taschenrechner überprüfen	1. Ich berechne die Aufgabe mit dem Taschenrechner. Ich drücke … • die Löschtaste, • die Ziffern der 1. Zahl, • das Rechenzeichen, • die Ziffern der 2. Zahl, • das Gleichheitszeichen. 2. Ich vergleiche mein Ergebnis Ziffer für Ziffer mit der angezeigten Zahl. 3. Wenn die Zahlen … • übereinstimmen, unterstreiche ich mein Ergebnis doppelt. • nicht übereinstimmen, markiere ich den Fehler.	4 1 7 + 9 8 = 5 1 5 on/C 4 1 7 + 9 8 = 515 4 1 7 + 9 8 = 5 1 5 4 1 7 + 9 8 = 5 0 5
Einen Steckbrief erstellen	1. Ich schreibe eine Überschrift auf. 2. Ich male ein Bild oder ich klebe ein Bild auf. 3. Ich beschreibe die Merkmale möglichst genau in Stichworten.	*Tim*  Alter: 11 Jahre Geschwister: 1 Halbbruder Haustiere: Hund Grismo Hobbys: zelten, Gassi gehen, im Chor singen

Methoden-Lexikon

Methode:	Schritte	Beispiel
Ein Regelheft führen ▶ Seite 12	Ich sammle in meinem Regelheft wichtige Begriffe, Merksätze und Regeln der Mathematik. Ich schreibe immer: • eine Überschrift; • einen Merksatz, einen Begriff oder eine Regel und • ein Beispiel. Ich fertige eine Zeichnung an, wenn es sinnvoll ist.	Multiplikation Ich multipliziere: 1. Faktor · 2. Faktor = Produkt 3 · 8 = 24
Runden ▶ Seite 31	Ich schaue mir die Stelle rechts von der Ziffer an, auf die ich runden möchte. Bei 0, 1, 2, 3, 4 runde ich ab. Bei 5, 6, 7, 8, 9 runde ich auf.	runden auf **Zehner** 43 ≈ 40 48 ≈ 50 runden auf **Hunderter** 349 ≈ 300 369 ≈ 400
Überschlagen ▶ Seite 45–46 ▶ Seite 109–110	**Addition, Subtraktion, Multiplikation:** Ich schätze ab, wie groß ein Ergebnis ist: 1. Ich runde die Zahlen. 2. Ich rechne mit den gerundeten Zahlen.	617 + 289 617 ≈ 600 und 289 ≈ 300 Überschlag: 600 + 300 = 900
▶ Seite 140	**Division** Ich bilde zwei Divisionsaufgaben: 1. Ich wähle den nächstkleineren Dividenden so, dass ich einfach dividieren kann. Ich berechne. 2. Ich wähle den nächstgrößeren Dividenden so, dass ich einfach dividieren kann. Ich berechne. Das Ergebnis liegt zwischen den beiden Überschlägen.	8 184 : 3 Überschläge: 6 000 : 3 = 2 000 9 000 : 3 = 3 000 Das Ergebnis liegt zwischen 2 000 und 3 000.

Mathe-Lexikon

Rechenbegriff, Symbol	Erklärung	Beispiel(e)
die ge|ra|de Zahl	ist ohne Rest durch 2 teilbar	2, 4, 6, 8, 10, 12, ...
die un|ge|ra|de Zahl	ist nicht ohne Rest durch 2 teilbar	1, 3, 5, 7, 9, 11, 13, ...
die Ad|di|ti|ons|auf|ga|be	Plusaufgabe	35 + 12
ad|die|ren +	zusammenzählen	12 und 35 addieren
der 1. Sum|mand	1. Zahl der Plusaufgabe	Der 1. Summand ist 35.
der 2. Sum|mand	2. Zahl der Plusaufgabe	Der 2. Summand ist 12.
die Sum|me	Ergebnis der Plusaufgabe	Die Summe ist 47.
die Sub|trak|ti|ons|auf|ga|be	Minusaufgabe	47 – 12
sub|tra|hie|ren von –	abziehen	12 von 47 subtrahieren
der Mi|nu|end	1. Zahl der Minusaufgabe	Der Minuend ist 47.
der Sub|tra|hend	2. Zahl der Minusaufgabe	Der Subtrahend ist 12.
die Dif|fe|renz	Ergebnis der Minusaufgabe	Die Differenz ist 35.
die Mul|ti|pli|ka|ti|ons|auf|ga|be	Malaufgabe	4 · 7
mul|ti|pli|zie|ren mit ·	malnehmen	4 mit 7 multiplizieren
der 1. Fak|tor	1. Zahl der Malaufgabe	Der 1. Faktor ist 4.
der 2. Fak|tor	2. Zahl der Malaufgabe	Der 2. Faktor ist 7.
das Pro|dukt	Ergebnis der Malaufgabe	Das Produkt ist 28.
die Di|vi|si|ons|auf|ga|be	die Geteiltaufgabe	28 : 4
di|vi|die|ren durch :	teilen	28 durch 4 dividieren
der Di|vi|dend	1. Zahl der Geteiltaufgabe	Der Dividend ist 28.
der Di|vi|sor	2. Zahl der Geteiltaufgabe	Der Divisor ist 4.
der Quo|ti|ent	Ergebnis der Geteiltaufgabe	Der Quotient ist 7.
stel|len|ge|recht	Einer unter Einer (E), Zehner unter Zehner (Z), Hunderter unter Hunderter (H)	H Z E 2 1 3 + 7 4 5 ■ ■ ■ H Z E 1 9 7 – 6 2 ■ ■ ■
die Tausch|auf|ga|be	zu einer Plusaufgabe: 1. Zahl und 2. Zahl tauschen	35 + 12 12 + 35
	zu einer Malaufgabe: 1. Zahl und 2. Zahl tauschen	4 · 7 7 · 4

Mathe-Lexikon

die Teil|bar|keits|re|gel von 2	Eine Zahl lässt sich ohne Rest durch 2 teilen, wenn ihre letzte Ziffer 0, 2, 4, 6 oder 8 ist.	durch 2 teilbar sind: 2, 4, 6, 8, 10, 12, ...
die Teil|bar|keits|re|gel von 5	Eine Zahl lässt sich ohne Rest durch 5 teilen, wenn ihre letzte Ziffer 0 oder 5 ist.	durch 5 teilbar sind: 5, 10, 15, 20, 25, 30, ...
die Teil|bar|keits|re|gel von 10	Eine Zahl lässt sich ohne Rest durch 10 teilen, wenn ihre letzte Ziffer 0 ist.	durch 10 teilbar sind: 10, 20, 30, 40, 50, 60, ...
die Um|kehr|auf|ga|be	zu einer **Plusaufgabe**: 1. Zahl vom Ergebnis abziehen, 2. Zahl vom Ergebnis abziehen	**35 + 12** = 47 47 – 12, 47 – 35
	zu einer **Minusaufgabe**: Ergebnis und 2. Zahl zusammenzählen, 2. Zahl und Ergebnis zusammenzählen	**47 – 12** = 35 35 + 12, 12 + 35
	zu einer **Malaufgabe**: Ergebnis durch 1. Zahl teilen, Ergebnis durch 2. Zahl teilen	**4 · 7** = 28 28 : 4, 28 : 7
	zu einer **Geteiltaufgabe**: Ergebnis mit 2. Zahl malnehmen, 2. Zahl mit Ergebnis malnehmen	**28 : 4** = 7 7 · 4, 4 · 7
die Vor|rang|re|geln	1. Klammern zuerst 2. Punktrechnung vor Strichrechnung	40 – 2 · (7 + 3) = 40 – 2 · 10 = 40 – 20 = 20
die Zah|len|mau|er	Jeweils 3 gestapelte Steine der Zahlenmauer bilden eine ... • Plusaufgabe, wenn die Zahl im oberen Stein gesucht ist. • Minusaufgabe, wenn die Zahl im unteren Stein gesucht ist.	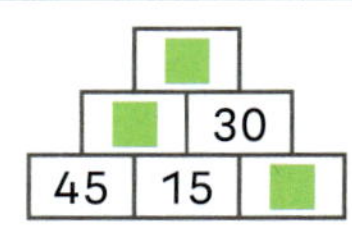  45 + 15 = ■ 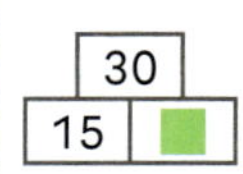 30 – 15 = ■
die Auf|ga|ben|fa|mi|lie	zur Strichrechnung besteht aus ... **A** einer Plusaufgabe **B** ihrer Tauschaufgabe **C** ihren Umkehraufgaben	7 6 13 **A** 7 + 6 = 13 | **C** 13 – 6 = 7 **B** 6 + 7 = 13 | **C** 13 – 7 = 6
	zur Punktrechnung besteht aus ... **A** einer Malaufgabe **B** ihrer Tauschaufgabe **C** ihren Umkehraufgaben	3 7 21 **A** 3 · 7 = 21 | **C** 21 : 7 = 3 **B** 7 · 3 = 21 | **C** 21 : 3 = 7

die Ge|ra|de	gerade Linie ohne Anfangspunkt und Endpunkt	
die Stre|cke	gerade Linie mit Anfangspunkt und Endpunkt	
der Durch|mes|ser d	Strecke von Kreislinie zu Kreislinie, die durch den Mittelpunkt verläuft	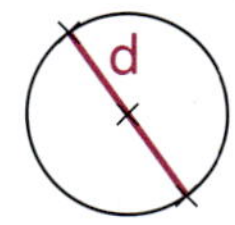
der Ra|di|us r	Strecke vom Mittelpunkt zur Kreislinie	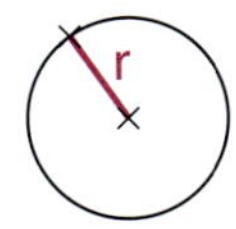
das Recht|eck	Viereck mit 4 rechten Winkeln und gleich langen gegenüberliegenden Seiten	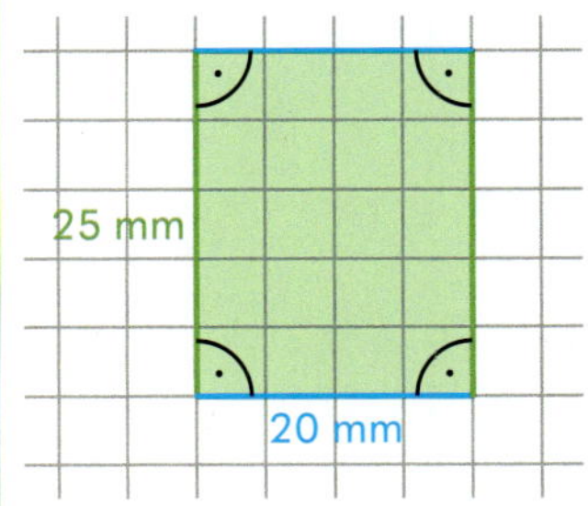
das Qua|drat	Viereck mit 4 rechten Winkeln und 4 gleich langen Seiten	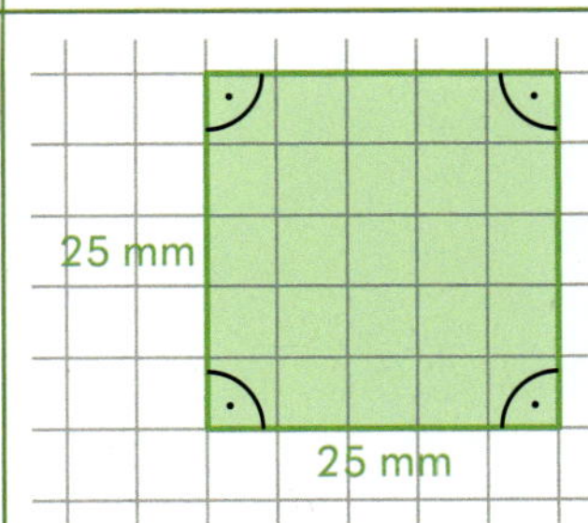

<	■ ist kleiner als ■. ■ ist weniger als ■. ■ sind weniger als ■.	127 < 134 127 ist kleiner als 134. 5 cm < 1 m 5 cm sind weniger als 1 m.
>	■ ist größer als ■ . ■ ist mehr als ■. ■ sind mehr als ■.	134 > 132 134 ist größer als 132. 6 min > 120 s 6 min sind mehr als 120 s.
=	■ ist gleich ■. ■ ist gleich ■. ■ sind gleich ■.	35 + 12 = 47 35 plus 12 ist gleich 47. 1 kg ist gleich 1 000 g. 1 kg = 1 000 g
≈	■ ist ungefähr gleich ■.	5**2** ≈ 50 52 ist ungefähr gleich 50. 5**6**8 ≈ 600 568 ist ungefähr gleich 600.

Lösungen: Das kann ich!

Zahlenraum bis 10 000 S. 35

Hier kannst du üben.

1 Ich kann Zahlen in eine Stellenwerttafel schreiben. . . . . S. 26–27

a)

T	H	Z	E
2	1	3	5

b)

T	H	Z	E
7	0	9	5

c)

T	H	Z	E
3	0	0	2

2 Ich kann Zahlen am Zahlenstrahl ablesen. . . . . S. 28–29

a) 3 500 b) 8 600 c) 6 980

3 Ich kann Zahlen ordnen. . . . . S. 28

a) 3 200 < 4 800 < 5 000 b) 6 390 < 6 710 < 8 560 c) 9 587 < 9 785 < 9 875

4 Ich kann Zahlen runden. . . . . S. 31

a) 9 853 ≈ 9 850 b) 9 853 ≈ 9 900 c) 9 853 ≈ 10 000

Addition und Subtraktion S. 57

1 Ich kann im Kopf addieren. . . . . S. 42–44

2 500 + 400 = 2 900 3 700 + 6 200 = 9 900 7 600 + 900 = 8 500

2 Ich kann im Kopf subtrahieren. . . . . S. 42–44

8 500 – 300 = 8 200 5 400 – 2 100 = 3 300 8 300 – 600 = 7 700

3 Ich kann schriftlich addieren mit Überträgen. . . . . S. 47–48

a)

	T	H	Z	E
	5	7	8	4
+	2	3	8	1
	1	1		
	8	1	6	5

b)

	T	H	Z	E
	3	7	5	1
+		4	2	9
	1		1	
	4	1	8	0

c)

	T	H	Z	E
	2	3	5	2
+	1	2	3	4
	3	8	0	6
	1		1	
	7	3	9	2

4 Ich kann schriftlich subtrahieren mit Überträgen. . . . . S. 49–51

a)

	T	H	Z	E
	7	9	5	3
–	6	2	8	9
		1	1	
	1	6	6	4

b)

	T	H	Z	E
	8	4	5	7
–		5	9	6
	1	1		
	7	8	6	1

c)

	Z	T	H	Z	E
	1	0	0	0	0
–		6	1	4	8
	1	1	1	1	
		3	8	5	2

5 Ich kann überschlagen. . . . . S. 45–46

a) 5 375 ≈ 5 400
2 324 ≈ 2 300
Überschlag:
5 400 + 2 300 = 7 700

b) z. B. runden auf Hunderter
3 921 ≈ 3 900
2 431 ≈ 2 400
Überschlag:
3 900 – 2 400 = 1 500
Das Ergebnis kann nicht stimmen.

c) z. B. runden auf Hunderte
Baden-Württemberg:
1 855 ≈ 1 900
Niedersachsen:
1 655 ≈ 1 700
Überschlag:
1 900 – 1 700 = 200
Der Unterschied betrug ungefähr 200 Stunden.

Gewichte S. 67

1 Ich kann Gegenständen Gewichte zuordnen. . . . . S. 59

a) Tomate: 120 g **b)** Auto: 1 t 100 kg **c)** A4-Blatt Papier: 5 g

2 Ich kann Gewichte umrechnen.. . . . . S. 60–63

a) 1,728 kg = 1 728 g
6 kg 935 g = 6 935 g
3 kg 16 g = 3 016 g

b) 1 235 g = 1,235 kg
5 t 586 kg = 5 586 kg
17 kg 45 g = 17,045 kg

c) 4 t 648 kg = 4,648 t
5 256 kg = 5,256 t
23 t 72 kg = 23,072 t

3 Ich kann Gewichte addieren und subtrahieren. . . . . S. 64–66

a)

	kg	g		
	3	2	8	5
+	6	1	4	3
		1		
	9	4	2	8

b)

	t	kg		
	7	3	8	2
–	2	9	1	4
	1		1	
	4	4	6	8

c) Frage: Wie groß ist der Unterschied zwischen dem Giraffen-Bullen und der Giraffen-Kuh.

Rechnung:

	t	kg		
	1	7	5	6
–	1	1	3	9
			1	
	0	6	1	7

Antwort: Der Unterschied zwischen dem Giraffen-Bullen und der Giraffen-Kuh beträgt 0,617 t.

Lösungen: Das kann ich!

Längen — S. 77

1 Ich kann Gegenständen Längen zuordnen. . . . . S. 68–69

a) Stecknadelkopf: 1 mm **b)** Stuhl: 45 cm **c)** Bett: 1 m

2 Ich kann Längen umrechnen. . . . . S. 70–72, 74–75

a)
85 mm = 8,5 cm
1,6 m = 160 cm
8 cm 6 mm = 8,6 cm

b)
543 cm = 5,43 m
8,356 km = 8 356 m
3 m 8 cm = 3,08 m

c)
1 257 m = 1,257 km
6 070 m = 6,070 km
2 km 5 m = 2,005 km

3 Ich kann Längen addieren und subtrahieren. . . . . S. 76

a)

	m	cm	
	1	2	5
+	7	3	6
		1	
	8	6	1

b)

	m	cm	
			17
	3	8	~~7~~
−	2	4	9
		1	
	1	3	8

c) Frage: Wie viele Kilometer fährt Mascha insgesamt?

gesucht: Weglänge von zu Hause bis zum Freibad

gegeben: Weglänge von zu Hause bis zur Bushaltestelle: 850 m;
Weglänge von zu Hause bis zum Freibad 1,485 km

Rechnung: 1,485 km = 1 485 m

	1	4	8	5
+		8	5	0
	1	1		
	2	3	3	5

Antwort: Mascha fährt insgesamt 2 335 m.

Umfang — S. 89

1 Ich kann Umfänge berechnen. . . . . S. 79

a) 7 cm + 9 cm + 8 cm = 24 cm **b)** 1 m + 1 m + 2 m + 3 m + 3 m = 10 m

c) 45 mm + 30 mm + 25 mm + 50 mm = 150 mm

2 Ich kann Umfänge mit Formeln berechnen. . . . . S. 81–83, 87

a)
$u_{\square} = 2 \cdot a + 2 \cdot b$
$u_{\square} = 2 \cdot 5\,\text{cm} + 2 \cdot 7\,\text{cm}$
$u_{\square} = 10\,\text{cm} + 14\,\text{cm}$
$u_{\square} = 24\,\text{cm}$

b)
$u_{\square} = 4 \cdot a$
$u_{\square} = 4 \cdot 20\,\text{m}$
$u_{\square} = 80\,\text{m}$

c)
$b = 3{,}3\,\text{cm} = 33\,\text{mm}$
$u_{\triangle} = a + b + c$
$u_{\triangle} = 7\,\text{mm} + 33\,\text{mm} + 20\,\text{mm}$
$u_{\triangle} = 60\,\text{mm}$

Lösungen: Das kann ich!

3 Ich kann selbst Formeln für den Umfang von Figuren aufstellen. . . . . S. 85

a) Sechseck:
$u = a + a + a + a + a + a$
$u = 6 \cdot a$

b) Fünfeck:
$u = a + b + c + c + b$
$u = a + 2 \cdot b + 2 \cdot c$

c) Viereck:
$u = a + a + c + b$
$u = 2 \cdot a + b + c$

Kreis S. 97

1 Ich kann Fachbegriffe zum Kreis anwenden.. . . . . S. 92

a) Radius **b)** Durchmesser **c)** Umfang

2 Ich kann Radien von Kreisen bestimmen. . . . . S. 93

a) d = 16 cm
r = 16 cm : 2 = 8 cm

b) d = 23 cm
r = 23 cm : 2 = 11,5 cm

c) d = 122 mm
r = 122 mm : 2 = 61 mm
r = 6,1 cm

3 Ich kann Kreise zeichnen.. . . . . S. 92

a)

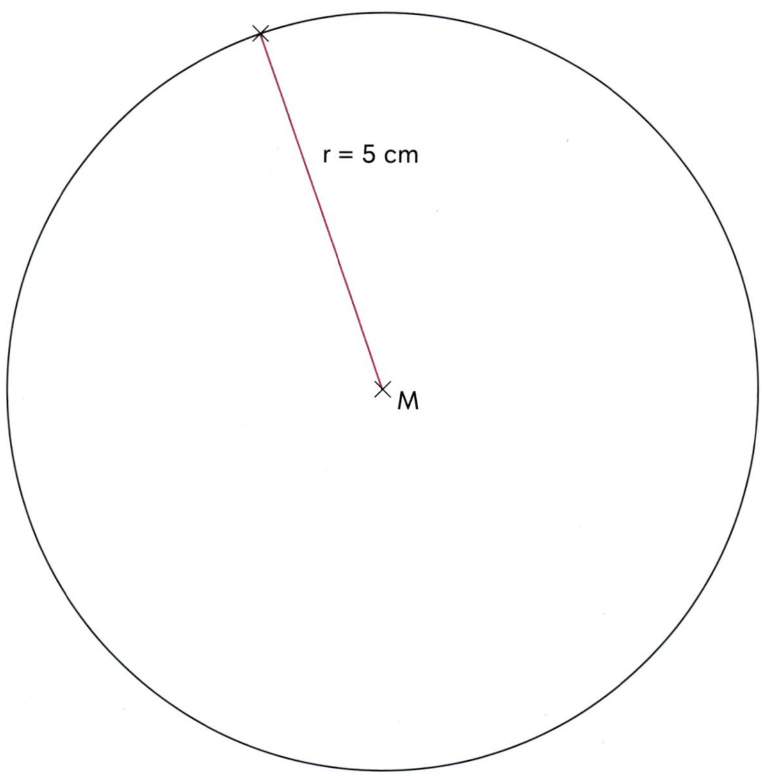

b)

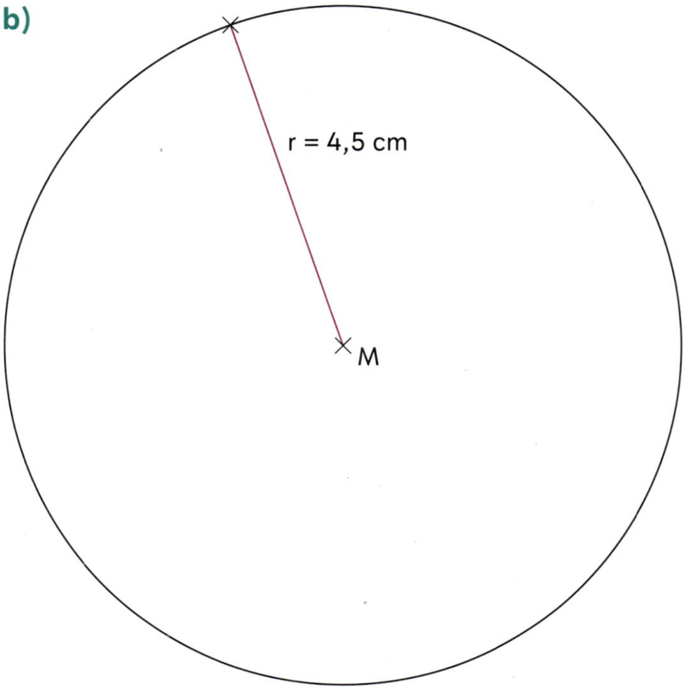

c) d = 5 cm
r = 2,5 cm

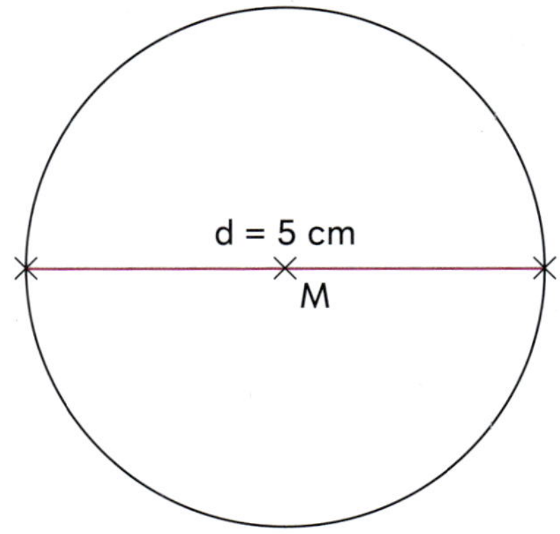

4 Ich kann beschreiben, wie man den Umfang von Kreisen bestimmt. . . . . S. 95

A Zuerst lege ich einen **Bindfaden** eng um den Gegenstand und markiere die Länge der Kreislinie mit den Fingern. Dann messe ich die Länge mit dem Lineal.

B Ich messe mit einem **Maßband**, das ich eng um den Gegenstand lege.

C Zuerst markiere ich eine Stelle auf der Kreislinie. Dann rolle ich den Gegenstand genau **1-mal** neben einem Maßband ab.

Multiplikation S. 113

1 Ich kann schriftlich mit einstelligen Zahlen multiplizieren. . . . . .S. 104–105

a)

	6 1 4 · 2
	1 2 2 8

b)

	4 0 3 · 4
~~1~~	1 6 1 2

c) Frage: Wie viele Flaschen Traubensaft wurden bestellt?

gesucht: Gesamtmenge Flaschen

gegeben: 154 Kisten Traubensaft, 9 Flaschen pro Kiste

Rechnung:

	1 5 4 · 9
~~4~~ ~~3~~	1 3 8 6

Antwort: Es wurden insgesamt 1 386 Flaschen Traubensaft bestellt.

Lösungen: Das kann ich!

2 Ich kann schriftlich mit zweistelligen Zahlen multiplizieren. . . . . S. 107–108

a)

4	1	3	·	2	3
		8	2	6	0
		1	2	3	9
		9	4	9	9

b)

		3	4	5	·	1	2
				3	4	5	0
~~1~~					6	9	0
				1	1		
				4	1	4	0

c) Frage: Wie viele Seiten haben 24 Mathebücher zusammen?

gesucht: Gesamtanzahl Seiten

gegeben: 216 Seiten in einem Buch, 24 Mathebücher

Rechnung:

		2	1	6	·	2	4
~~1~~				4	3	2	0
~~2~~					8	6	4
				1			
				5	1	8	4

Antwort: 24 Mathebücher haben zusammen 5 184 Seiten.

3 Ich kann das Ergebnis überschlagen. . . . . S. 109–112

a) 38 ≈ 40
51 ≈ 50
Überschlag:
40 · 50 = 2 000
richtiges Ergebnis:
38 · 51 = 1 938

b) 382 ≈ 380
12 ≈ 10
Überschlag:
380 · 10 = 3 800
das richtige Ergebnis muss größer sein, als der Überschlag):
382 · 12 = 4 584

c) 123 ≈ 120
31 ≈ 30
Überschlag:
120 · 30 = 3 600
das richtige Ergebnis muss größer sein, als der Überschlag:
123 · 31 = 3 813

Flächeninhalt S. 125

1 Ich kann Flächeninhalte messen durch Kästchen zählen. . . . . S. 116

a) A = 24 Kästchen

b) A = 16 Kästchen

c) A = 20 Kästchen

2 Ich kann Flächeninhalte von Rechtecken und Quadraten berechnen. . . . . S. 119–121

a) $A_{\square} = a \cdot a$
$A_{\square} = 9\text{ cm} \cdot 9\text{ cm}$
$A_{\square} = 81\text{ cm}^2$

b) $A_{\square} = a \cdot b$
$A_{\square} = 5\text{ m} \cdot 7\text{ m}$
$A_{\square} = 35\text{ m}^2$

c) b = 50 mm = 5 cm
$A_{\square} = a \cdot b$
$A_{\square} = 12\text{ cm} \cdot 5\text{ cm}$
$A_{\square} = 60\text{ cm}^2$

Lösungen: Das kann ich!

3 Ich kann Flächeninhalte zusammengesetzter Figuren berechnen. . . . . .S. 122–123

a)

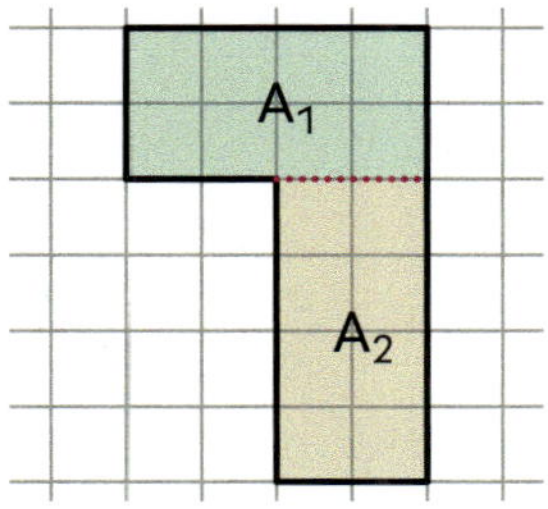

$A_1 = 2\text{ cm} \cdot 1\text{ cm}$
$A_1 = 2\text{ cm}^2$

$A_2 = 1\text{ cm} \cdot 2\text{ cm}$
$A_2 = 2\text{ cm}^2$

$A = A_1 + A_2$
$A = 2\text{ cm}^2 + 2\text{ cm}^2$
$A = 4\text{ cm}^2$

b)

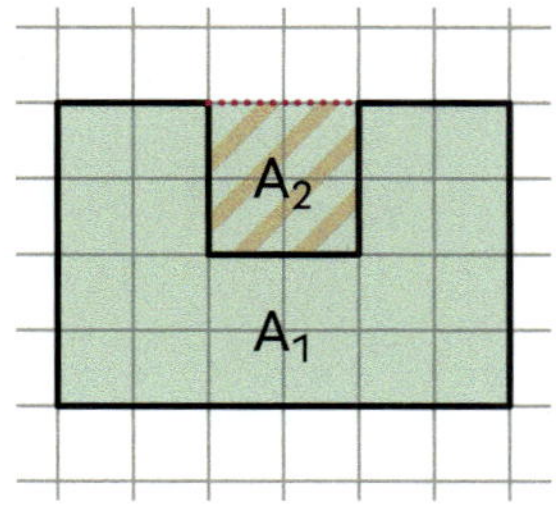

zum Beispiel:
$A_1 = 3\text{ cm} \cdot 2\text{ cm}$
$A_1 = 6\text{ cm}^2$

$A_2 = 1\text{ cm} \cdot 1\text{ cm}$
$A_2 = 1\text{ cm}^2$

$A = A_1 - A_2$
$A = 6\text{ cm}^2 - 1\text{ cm}^2$
$A = 5\text{ cm}^2$

c)

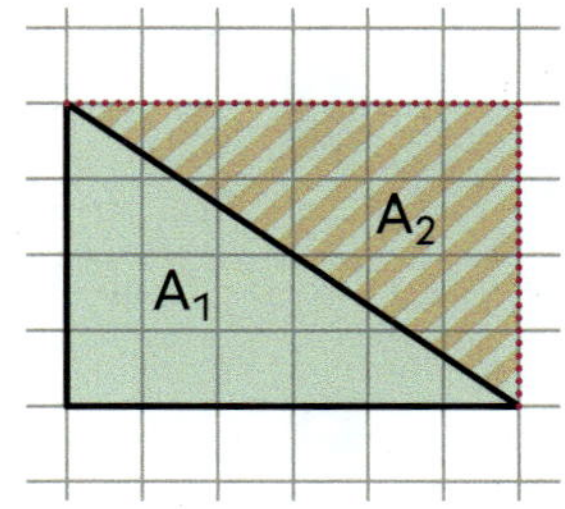

$A_{\square} = 3\text{ cm} \cdot 2\text{ cm}$
$A_{\square} = 6\text{ cm}^2$

$A = A_{\square} : 2$
$A = 6\text{ cm}^2 : 2$
$A = 3\text{ cm}^2$

Division S. 143

1 Ich kann im Kopf dividieren. . . . . .S. 131–132

a) 8 : 2 = 4 **b)** 210 : 7 = 30 **c)** 38 : 6 = 6 R 2

2 Ich kann die Teilbarkeitsregeln für 2, 5 und 10 anwenden. S. 133

a) Durch 2 teilbar sind: 68; 9 056; 4 500

b) Durch 5 teilbar sind: 310; 2 875; 6 985

c) Durch 10 teilbar sind: 3 870; 5 190

3 Ich kann schriftlich dividieren. . . . . .S. 136–141

a)
```
625 : 5 = 125
5
12
10
 25
 25
  0
```

b)
```
5816 : 4 = 1454
4
18
16
 21
 20
  16
  16
   0
```

c)
```
2470 : 3 = 0823   R 1
0
24
24
 07
  6
  10
   9
   1
```

Lösungen: Das kann ich!

Zeit S. 153

1 Ich kann die Uhrzeit ablesen. . . . . S. 145–146

a) 8:10 Uhr
20:10 Uhr

b) 3:40 Uhr
15:40 Uhr

c) 9:37 Uhr
21:37 Uhr

2 Ich kann Stunden, Minuten und Sekunden umrechnen. S. 147–148

a) 4 h = 240 min

b) 2 h 30 min = 150 min

c) 540 s = 9 min

3 Ich kann zurückliegende Zeitpunkte berechnen. . . . . S. 149

a) 14:00 Uhr

b) 2:45 Uhr

c) 21:00 Uhr

4 Ich kann Zeitdauern berechnen. . . . . S. 150

	Beginn	Dauer	Ende
a)	8:00 Uhr	6 h	14:00 Uhr
b)	22:00 Uhr	9 h	7:00 Uhr
c)	8:45 Uhr	45 min	9:30 Uhr

Brüche S. 163

1 Ich kann Anteile in verschiedenen Darstellungen erkennen. . . . . S. 156–158

a) ein Teil von 4 Teilen
ein Viertel

b) ein Teil von 3 Teilen
ein Drittel

c) drei Teil von 4 Teilen
drei Viertel

2 Ich kann Anteile als Bruch schreiben. . . . . S. 159–160

a) $\frac{1}{5}$

b) $\frac{2}{6}$

c) $\frac{4}{8}$

3 Ich kann Bruchteile bestimmen. . . . . S. 162

a) $\frac{1}{3}$ von 15

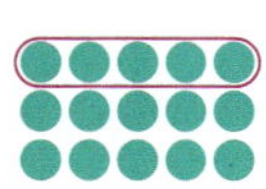

b) $\frac{1}{6}$ von 12

c) $\frac{1}{5}$ von 20

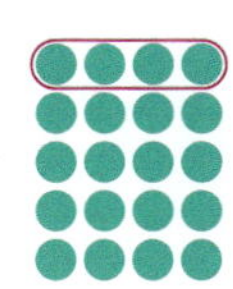

Lösungen: Das kann ich!

Körper S. 173

1 Ich kann Flächen von Körpern benennen. . . . . S. 168

a) Seitenfläche **b)** Grundfläche und Deckfläche **c)** Grundfläche

2 Ich kann Würfelnetze und Quadernetze erkennen. .S. 169–170

a) ja (ein Quader) **b)** nein (Die grünen Flächen liegen nicht auf einander gegenüberliegenden Seiten.) **c)** ja (ein Würfel)

3 Ich kann Baupläne von Würfelgebäuden schreiben. . . . . .S. 171–172

a)

3	3	2
2	2	1
1	1	1

b)

4	3	2	1
4	3	2	1
4	2	1	1

c)

4	3	2	0
3	3	2	1
2	2	2	1
1	1	0	1

Rechnen mit System S. 185

1 Ich kann im Zahlenraum bis 10 000 rechnen.. . . . . S. 180

a) zum Beispiel schriftlich:

	T	H	Z	E
	6	8	4	3
+	2	7	9	4
	1	1		
	9	6	3	7

zum Beispiel im Kopf:
6 900 – 2 000 = 4 900

b) zum Beispiel schriftlich:

	2	1	3	0	·	4
~~1~~		8	5	2	0	

zum Beispiel halbschriftlich:

3	0	4	·	1	2	=	3	6	4	8
3	0	4	·	1	0	=	3	0	4	0
3	0	4	·		2	=		6	0	8

c) zum Beispiel im Kopf:
5 400 : 6 = 900

zum Beispiel halbschritftlich:

3	7	8	0	:	2	=	1	8	9	0
3	6	0	0	:	2	=	1	8	0	0
	1	8	0	:	2	=			9	0

Lösungen: Das kann ich!

2 Ich kann die Umkehraufgaben angeben. . . . . S. 178, 180

a) $5\,900 + 3\,000 = 8\,900$
Umkehraufgaben:
$8\,900 - 3\,000 = 5\,900$ oder
$8\,900 - 5\,900 = 3\,000$

$9\,600 - 1\,500 = 8\,100$
Umkehraufgabe:
$8\,100 + 1\,500 = 9\,600$
oder $1\,500 + 8\,100 = 9\,600$

b) $320 \cdot 3 = 960$
Umkehraufgabe:
$960 : 3 = 320$ oder
$960 : 320 = 3$

$243 \cdot 10 = 2\,430$
Umkehraufgabe:
$2\,430 : 10 = 243$ oder
$2\,430 : 243 = 10$

c) $160 : 8 = 20$
Umkehraufgabe:
$20 \cdot 8 = 160$
oder $8 \cdot 20 = 160$

$2\,340 : 10 = 234$
Umkehraufgabe:
$234 \cdot 10 = 2\,340$
oder $10 \cdot 234 = 2\,340$

3 Ich kann die Vorrangregeln beachten. . . . . S. 180

a) $5 \cdot 6 + 144$
$= 30 + 144 = 174$

$3 \cdot 10 + 1\,290$
$= 30 + 1\,290 = 1\,320$

b) $215 - 2 \cdot 5$
$= 215 - 10 = 205$

$467 - 7 \cdot 3$
$= 467 - 21 = 446$

c) $179 + 2 \cdot (6 + 4)$
$= 179 + 2 \cdot 10$
$= 179 + 20$
$= 199$

$765 - 5 \cdot (13 - 3)$
$= 765 - 5 \cdot 10$
$= 765 - 50$
$= 715$

4 Ich kann die Rechengesetze nutzen. . . . . S. 182–183

a) $78 + 22 + 67$
$= (78 + 22) + 67$
$= 100 + 67$
$= 167$

$2 \cdot 53 \cdot 50$
$= 2 \cdot 50 \cdot 53$
$= (2 \cdot 50) \cdot 53$
$= 100 \cdot 53$
$= 5\,300$

b) $27 \cdot 20 \cdot 5$
$= 27 \cdot (20 \cdot 5)$
$= 27 \cdot 100$
$= 2\,700$

$46 \cdot 4 \cdot 25$
$= 46 \cdot (4 \cdot 25)$
$= 46 \cdot 100$
$= 4\,600$

c) $60 + 59 + 340$
$= 60 + 340 + 59$
$= (60 + 340) + 59$
$= 400 + 59$
$= 459$

$2 \cdot 478 \cdot 5$
$= 2 \cdot 5 \cdot 478$
$= (2 \cdot 5) \cdot 478$
$= 10 \cdot 478$
$= 4\,780$

Lösungen: Bist du fit?

Bist du fit? S. 98, 99

1 Ich bin fit im Addieren und Subtrahieren von Zahlen bis 10 000 im Kopf. . . . . Kapitel: Addition und Subtraktion, S. 42–44

a) 5 300 + 2 600 = 7 900 **b)** 4 600 – 3 500 = 1 100 **c)** 6 300 + 700 = 7 000

2 Ich bin fit im halbschriftlichen Addieren und Subtrahieren. . . . . Kapitel: Addition und Subtraktion, S. 44

a) 3 800 + 4 900 = 8 700
3 800 + 4 000 = 7 800
7 800 + 900 = 8 700

b) 7 400 – 5 600 = 1 800
7 400 – 5 000 = 2 400
2 400 – 600 = 1 800

c) 3 530 + 5 600 = 9 130
3 530 + 5 000 = 8 530
8 530 + 600 = 9 130

3 Ich bin fit im schriftlichen Addieren und Subtrahieren. . . . . Kapitel: Addition und Subtraktion, S. 47–51

a)

	T	H	Z	E
	4	2	7	2
+	4	5	2	6
	8	7	9	8

b)

	T	H	Z	E
	3	9	2	6
+	4	2	5	1
	1			
	8	1	7	7

c)

	T	H	Z	E
	2	5	7	4
+	4	6	5	4
	1	1		
	7	2	2	8

d)

	T	H	Z	E
	8	9	3	7
–	1	8	2	6
	7	1	1	1

e)

	T	H	Z	E
			13	
	6	4	~~3~~	5
–	4	1	7	4
		1		
	2	2	6	1

f)

	T	H	Z	E
			10	13
	4	5	~~0~~	~~3~~
–	1	2	5	9
		1	1	
	3	2	4	4

4 Ich bin fit im Umrechnen von Gewichten. . . . . Kapitel: Gewichte, S. 60–63

a) 1,274 kg = 1 274 g **b)** 2 t 631 kg = 2 631 kg **c)** 5 899 kg = 5,899 t

5 Ich bin fit im Rechnen mit Gewichten. . . . . Kapitel: Gewichte, S. 64–66

a)

	g	mg		
	2	3	8	0
+	6	9	4	4
	1	1		
	9	3	2	4

b)

	kg	g		
			18	
	8	3	~~8~~	9
–	7	1	9	3
		1		
	1	1	9	6

c)

	t	kg		
		15		15
	5	~~5~~	5	~~5~~
–	3	6	4	8
	1		1	
	1	9	0	7

6 Ich bin fit im Umrechnen von Längen. . . . . Kapitel: Längen, S. 70–72, 74–75

a) 67 mm = 6,7 cm **b)** 4 m 26 cm = 4,26 m **c)** 5 673 m = 5,673 km

Lösungen: Bist du fit?

7 Ich bin fit im Beschreiben von Winkelarten. . . . . Kapitel: Winkel, S. 18–20

a) Ein rechter Winkel ist 90° groß.

b) Ein stumpfer Winkel kann zwischen 91° und 179° groß sein.

c) Ein Winkel mit einer Größe von 180° ist ein gestreckter Winkel.

8 Ich bin fit im Zeichnen von Kreisen. . . . . .Kapitel: Kreise, S. 92

a)

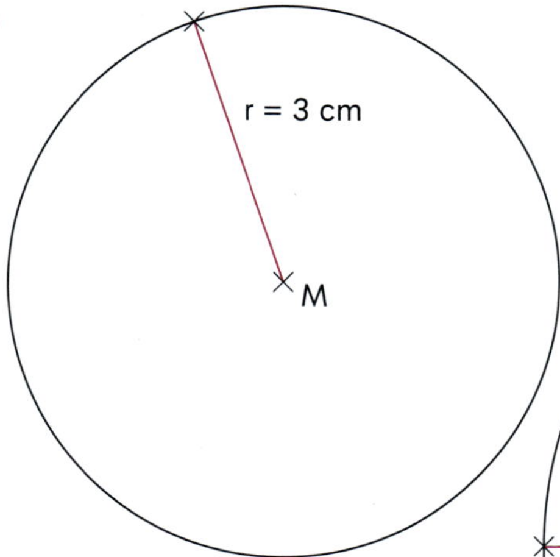

b)

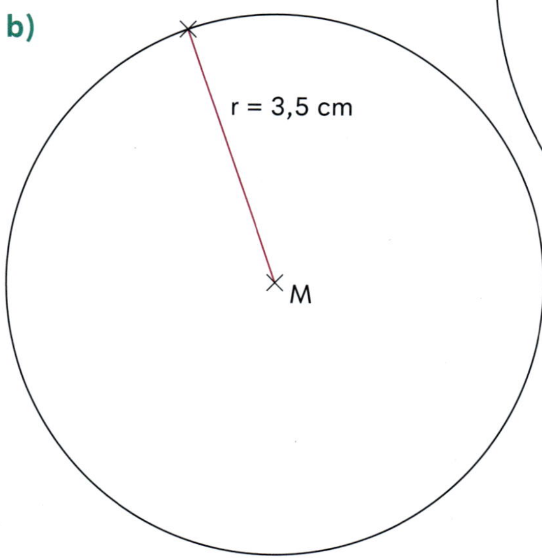

c) d = 9 cm
r = 4,5 cm

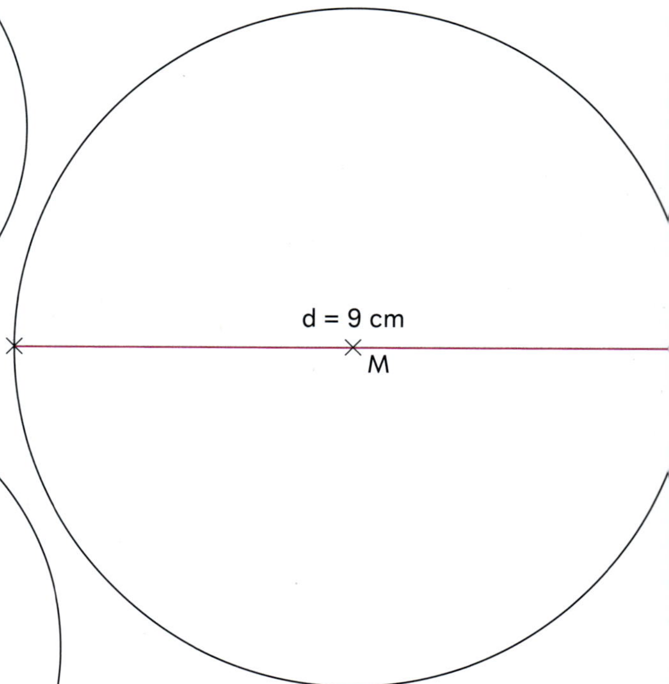

9 Ich bin fit im Berechnen von Umfängen. . . . . Kapitel: Umfang, S. 81–83, 87

a) $u_{\triangle} = a + b + c$
$u_{\triangle} = 16\text{ cm} + 17\text{ cm} + 18\text{ cm}$
$u_{\triangle} = 51\text{ cm}$

b) $u_{\square} = 2 \cdot a + 2 \cdot b$
$u_{\square} = 2 \cdot 3\text{ cm} + 2 \cdot 5\text{ cm}$
$u_{\square} = 6\text{ cm} + 10\text{ cm}$
$u_{\square} = 16\text{ cm}$

c) $u_{\square} = 4 \cdot a$
$u_{\square} = 4 \cdot 12\text{ mm}$
$u_{\square} = 48\text{ mm}$

d) $u_{\triangle} = 3 \cdot a$
$u_{\triangle} = 3 \cdot 10\text{ m}$
$u_{\triangle} = 30\text{ m}$

Lösungen: Bist du fit?

10 Ich bin fit im Auswerten von Umfragen. . . . . Kapitel: Daten und Zufall, S. 36–38

a) Am meisten Stimmen gab es dafür, dass die Schule einen Schulhund bekommen soll. Am wenigsten Stimmen gab es dagegen aufgrund einer Allergie.

b) Individuelle Lösungen. Die meisten Kinder sind für den Schulhund, es sollte aber Rücksicht auf das Kind mit der Allergie und den Kindern mit Angst vor Hunden genommen werden.

Bist du fit? S. 188, 189

1 Ich bin fit im halbschriftlichen Rechnen. . . . . Kapitel: Addition und Subtraktion, S. 44
. . . . Kapitel: Multiplikation, S. 102–103
. . . . Kapitel: Division, S. 135
. . . . Kapitel: Rechnen mit System, S. 180

a)
$3\,500 + 2\,400 = 5\,900$
$3\,500 + 2\,000 = 5\,500$
$5\,500 + 400 = 5\,900$

b)
$9\,400 - 6\,300 = 3\,100$
$9\,400 - 6\,000 = 3\,400$
$3\,400 - 300 = 3\,100$

c)
$1\,200 \cdot 4 = 4\,800$
$1\,000 \cdot 4 = 4\,000$
$200 \cdot 4 = 800$

d)
$6\,930 : 3 = 2\,310$
$6\,000 : 3 = 2\,000$
$900 : 3 = 300$
$30 : 3 = 10$

2 Ich bin fit im schriftlichen Rechnen. . . . . Kapitel: Addition und Subtraktion, S. 47–51
. . . . Kapitel: Multiplikation, S. 104–108
. . . . Kapitel: Division, S. 136–142
. . . . Kapitel: Rechnen mit System, S. 180

a)

	T	H	Z	E
	4	3	1	6
+	3	9	4	1
	1			
	8	2	5	7

b)

	T	H	Z	E
		18		
	9	~~8~~	2	4
–	2	9	1	3
	1			
	6	9	1	1

c)

			1	2	5	6	· 7
~~1~~	~~3~~	~~4~~		8	7	9	2

d)

8	5	2	8	:	4	=	2	1	3	2
8										
0	5									
	4									
	1	2								
	1	2								
		0	8							
			8							
			0							

Lösungen: Bist du fit?

3 Ich bin fit im Rechnen mit Vorrangregeln. . . . . Kapitel: Start ins Schuljahr, S. 15
. . . . Kapitel: Rechnen mit System, S. 180

a) Punkt vor Strich

$125 + 5 \cdot 5$
$= 125 + 25$
$= 150$

b) Klammern zuerst

$2 \cdot (764 - 64)$
$= 2 \cdot 700$
$= 1\,400$

c) Punkt vor Strich

$786 - 36 : 6$
$= 786 - 6$
$= 780$

d) Klammern zuerst

$(473 - 53) : 7$
$= 420 : 7$
$= 60$

4 Ich bin fit im Berechnen von Flächeninhalten
von Quadraten und Rechtecken. . . . . Kapitel: Flächeninhalt, S. 119–121

a) $A_{\square} = a \cdot a$
$A_{\square} = 6\text{ cm} \cdot 6\text{ cm}$
$A_{\square} = 36\text{ cm}^2$

b) $A_{\square} = a \cdot b$
$A_{\square} = 7\text{ cm} \cdot 8\text{ cm}$
$A_{\square} = 56\text{ cm}^2$

c) $a = 60\text{ mm} = 6\text{ cm}$
$A_{\square} = a \cdot b$
$A_{\square} = 6\text{ cm} \cdot 9\text{ cm}$
$A_{\square} = 54\text{ cm}^2$

5 Ich bin fit im Berechnen von Flächeninhalten
von zusammengesetzten Figuren. . . . . Kapitel: Flächeninhalt, S. 122–123

a)

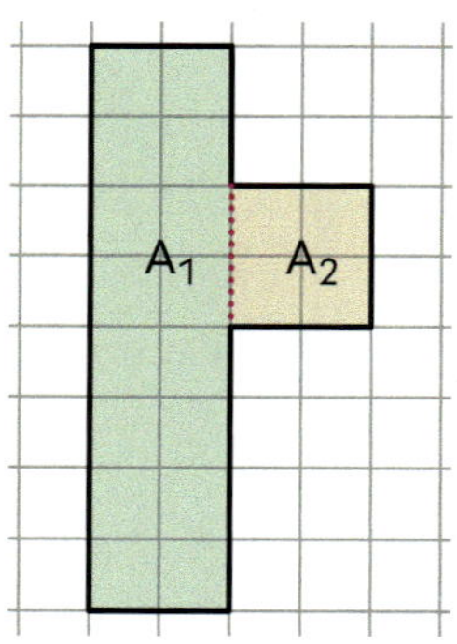

$A_1 = 1\text{ cm} \cdot 4\text{ cm} = 4\text{ cm}^2$
$A_2 = 1\text{ cm} \cdot 1\text{ cm} = 1\text{ cm}^2$
$A = A_1 + A_2$
$A = 4\text{ cm}^2 + 1\text{ cm}^2 = 5\text{ cm}^2$

b)

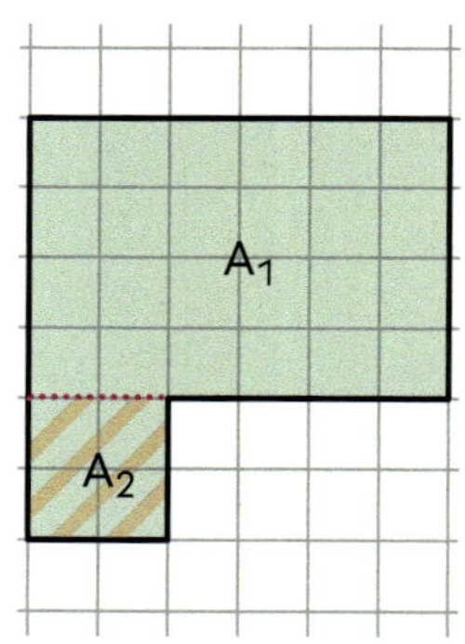

$A_1 = 3\text{ cm} \cdot 2\text{ cm} = 6\text{ cm}^2$
$A_2 = 1\text{ cm} \cdot 1\text{ cm} = 1\text{ cm}^2$
$A = A_1 + A_2$
$A = 6\text{ cm}^2 + 1\text{ cm}^2 = 7\text{ cm}^2$

c)

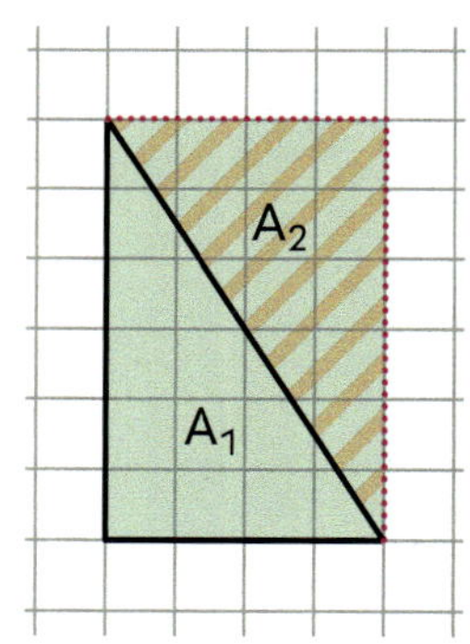

$A_{\square} = 2\text{ cm} \cdot 3\text{ cm} = 6\text{ cm}^2$
$A_{\triangle} = A_{\square} . 2$
$A_{\triangle} = 6\text{ cm}^2 \cdot 2 = 3\text{ cm}^2$

6 Ich bin fit im Ergänzen zum vollen Liter. . . . . Kapitel: Rauminhalte, S. 177

a) 370 ml + **630 ml** = 1 l
b) 540 ml + **460 ml** = 1 l
c) 725 ml + **275 ml** = 1 l
d) 639 ml + **361 ml** = 1 l
e) 192 ml + **808 ml** = 1 l
f) 487 ml + **513 ml** = 1 l

7 Ich bin fit im Schreiben von Anteilen als Bruch. . . . . Kapitel: Brüche, S. 159–160

a) $\frac{1}{3}$ **b)** $\frac{3}{4}$ **c)** $\frac{2}{9}$

8 Ich bin fit im Bearbeiten von Sachaufgaben zu Zeitdauern und Zeitpunkten. . . . . Kapitel: Zeit, S. 149–151

a) Frage: Wann steht Murat auf?
gesucht: Zeitpunkt nach 9 Stunden
gegeben: Zeitpunkt 21:00 Uhr, Zeitdauer 9 Stunden
Rechnung: 21:00 + 3h = 0:00 0:00 + 6h = 6:00
Antwort: Er steht um 6:00 Uhr auf.

b) Frage: Wie lange hat Murat geschlafen?
gesucht: Zeitdauer Schlafen
gegeben: Zeitpunkt 22:00 Uhr, Zeitpunkt 9:00
Rechnung: 22:00 + 2 h = 0:00 0:00 + 9 h = 9:00 2 h + 9 h = 11 h
Antwort: Er hat 11 Stunden geschlafen.

9 Ich bin fit im Spiegeln einer Figur. . . . . Kapitel: Achsenspiegelung, S. 128–129

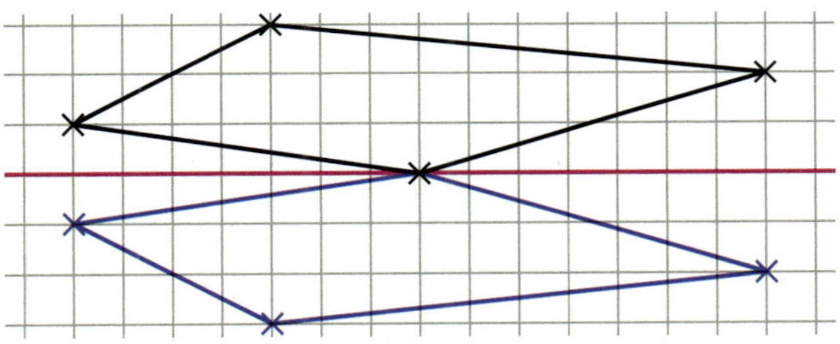

10 Ich bin fit im Vervollständigen von Würfelnetzen. . . . . .Kapitel: Körper, S. 169–170
Beispiele:

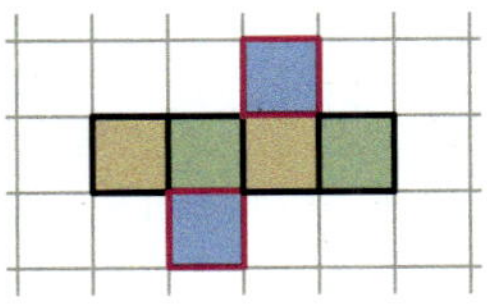

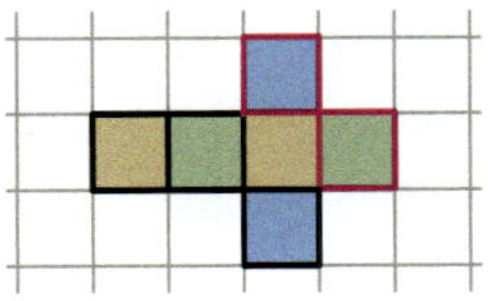

Bildquellenverzeichnis

Illustrationen:

Cornelsen/Martin Frech: (geometrisch mathematische Formen, Winkel, Geraden, Geodreiecke, Zahlenstrahl, Dienes-Material, Würfelgebäude, Uhren, Kreismuster, Taschenrechner, Zahlbilder, Bruchbilder, Diagramme, Thermometer, Tabellenkalkulation)

Cornelsen/Matthias Pflügner: S. 12, S. 23/o.r., S. 25/m.r., S. 32, S. 34/o., S. 46/o.r., S. 52, S. 56, S. 59/o.r., S. 60/m.r., S. 62/2, S. 64/1, S. 73, S. 76/1, S. 77, S. 91/3,1, S. 91/3,2, S. 95/3, S. 96/1, S. 103, S. 105/o.r., S. 110, S. 126/2, S. 130/o., S. 131/5, S. 131/6, S. 132,1u.,2, S. 133, S. 136, S. 137, S. 138/1, S. 140/3, S. 141/5, S. 142, S. 144/o.l., S. 154/o., S. 155/3,4, S. 155/5, S. 156/1 r., S. 156/3, S. 157/3, S. 157/o.r., S. 160/8, S. 161/1, S. 161/2, S. 161/3, S. 161/u.r, S. 162/o.r., S. 162/u.r., S. 164, S. 165/6B, S. 165/6C, S. 169/2/2, S. 169/2/3, S. 172/1, S. 175/3l.,4, S. 176, S. 181, S. 182, S. 183, S. 184, S. 186/1;

Cornelsen/Timo Grubing: S. I u.l. + u.r., S. II, S. 3–6 (Vignetten, sowie die Vignetten oben auf allen ungeraden Seiten 9–191), S. 3, S. 4, S. 5, S. 6, S. 9/1, S. 14 o., S. 15, S. 17, S. 21/m.l., S. 22/o., S. 24/m.r., S. 36, S. 41/1, S. 46/7, S. 48/o., S. 55, S. 58/o., S. 62/3, S. 65, S. 67, S. 68, S. 90, S. 94/1, S. 98/o., S. 100, S. 104, S. 105/5 D, S. 107, S. 108/5, S. 111, S. 114/o., S. 115, S. 119/m.l., S. 135, S. 138/3, S. 140/1, S. 141/7, S. 147/u., S. 155/6, S. 159/o.l., S. 165/6D, S. 168/2, S. 170/4, S. 174, S. 188 o., S. 191, S. 192, S. 193, S. 195/u.;

Cornelsen/Timo Grubing, bearbeitet durch Matthias Pflügner: S. 7, S. 8, S. 9/m.r., S. 14/u., S. 19/o.r., S. 20/o.l., S. 26/o., S. 27/o., S. 27/u., S. 42/o., S. 45, S. 46/m.l., S. 46/m.r., S. 47, S. 48/u., S. 49, S. 50, S. 51, S. 58/u., S. 59/a, S. 59/b, S. 59/c, S. 59/d, S. 60/o., S. 61, S. 62/1, S. 63, S. 64/4, S. 70, S. 71, S. 72, S. 74, S. 75, S. 76/3, S. 76/4, S. 78/o.l., S. 78/o.r., S. 80/o.r., S. 80/u.r., S. 81/o.r., S. 82/o.l., S. 83/o.l., S. 84/o.l., S. 84/u.r., S. 94/u.r., S. 95/4/1, S. 95/4/2, S. 95/4, S. 95/5 r., S. 98/u., S. 105/5 B, S. 106, S. 108/3, S. 109, S. 113, S. 117/m.l., S. 118/o.l., S. 118/u.r., S. 121/m.r., S. 121/u.r., S. 122/o.r., S. 123/o.r., S. 124/o.r., S. 127/4, S. 128/o.l., S. 132/o., S. 145/5, S. 146/1, S. 147/o., S. 148, S. 149, S. 150/1, S. 150/4, S. 151, S. 152, S. 158/6, S. 158/o.m., S. 165/5, S. 165/6A, S. 166, S. 169/1, S. 169/2/1, S. 175/3r. r., S. 177, S. 179, S. 190, S. 194.

Fotos:

S. 1: Cornelsen/Inhouse/Anne Weingarten; S. 18/1 l.: stock.adobe.com/jojoo64; S. 18/1 m.: stock.adobe.com/reeel; S. 18/1 r.: stock.adobe.com/reeel; S. 24/A: stock.adobe.com/Philphot; S. 24/B: stock.adobe.com/Taalvi; S. 24/C: stock.adobe.com/mmuenzl; S. 24/D: stock.adobe.com/Arthur Palmer; S. 33/u.: stock.adobe.com/pierrot46; S. 66/Ei: mauritius images/Rick & Nora Bowers/Alamy; S. 66/Falter: ClipDealer GmbH; S. 66/Puppe: stock.adobe.com/zhang yongxin; S. 66/Raupe: stock.adobe.com/Karmena; S. 167/m.m.: stock.adobe.com/exopixel; S. 167/m.r.: stock.adobe.com/volff.